Sammlung feuerpolizeilicher Vorschriften für Baupolizei und Feuerschau in Bayern

Herausgegeben von

Otto Hofmiller

Brandversicherungsrat I. Kl.
bei der Bayerischen Versicherungskammer in München

München 1929
J. Schweitzer Verlag (Arthur Sellier)

Druck von Dr. F. P. Datterer & Cie., Freising-München

Inhaltsverzeichnis.

I. Allgemeine feuerpolizeiliche Bestimmungen.

Auszug aus dem Reichsstrafgesetzbuch.

§ 330. Wer bei der Leitung oder Ausführung eines Baues wider die allgemein anerkannten Regeln der Baukunst dergestalt handelt, daß hieraus für andere Gefahr entsteht, wird mit Geldstrafe bis zu neunhundert Mark oder mit Gefängnis bis zu einem Jahre bestraft.

§ 360 Ziff. 10. Mit Geldstrafe bis zu einhundertfünfzig Mark oder mit Haft wird bestraft:

wer bei Unglücksfällen oder gemeiner Gefahr oder Not von der Polizeibehörde oder deren Stellvertreter zur Hilfe aufgefordert, keine Folge leistet, obgleich er der Aufforderung ohne erhebliche eigene Gefahr genügen konnte.

§ 367. Mit Geldstrafe bis zu einhundertfünfzig Mark oder mit Haft wird bestraft:

4. wer ohne die vorgeschriebene Erlaubnis Schießpulver oder andere explodierende Stoffe oder Feuerwerke zubereitet;
5. wer bei der Aufbewahrung oder bei der Beförderung von Giftwaren, Schießpulver oder Feuerwerken, oder bei der Aufbewahrung, Beförderung, Verausgabung oder Verwendung von Sprengstoffen oder anderen explodierenden Stoffen, oder bei Ausübung der Befugnis zur Zubereitung oder Feilhaltung dieser Gegenstände, sowie der Arzeneien die deshalb ergangenen Verordnungen nicht befolgt;

5a. wer bei Versendung oder Beförderung von leicht entzündlichen oder ätzenden Gegenständen durch die Post die deshalb ergangenen Verordnungen nicht befolgt;

6. wer Waren, Materialien oder andere Vorräte, welche sich leicht von selbst entzünden oder leicht Feuer fangen, an Orten oder in Behältnissen aufbewahrt, wo ihre Entzündung gefährlich werden kann, oder wer Stoffe, die nicht ohne Gefahr einer Entzündung bei einander liegen können, ohne Absonderung aufbewahrt;

13. wer trotz der polizeilichen Aufforderung es unterläßt, Gebäude, welche dem Einsturz drohen, auszubessern oder niederzureißen;
14. wer als Bauherr, Baumeister oder Bauhandwerker einen Bau oder eine Ausbesserung, wozu die polizeiliche Genehmigung erforderlich ist, ohne diese Genehmigung oder mit eigenmächtiger Abweichung von dem durch die Behörde genehmigten Bauplane ausführt oder ausführen läßt.

§ 368. Mit Geldstrafe bis zu sechzig Mark oder mit Haft bis zu vierzehn Tagen wird bestraft:

3. wer ohne polizeiliche Erlaubnis eine neue Feuerstätte errichtet oder eine bereits vorhandene an einen anderen Ort verlegt;
4. wer es unterläßt, dafür zu sorgen, daß die Feuerstätten in seinem Hause in baulichem und brandsicherem Zustande unterhalten, oder daß die Schornsteine zur rechten Zeit gereinigt werden;
5. wer Scheunen, Ställe, Böden oder andere Räume, welche zur Aufbewahrung feuerfangender Sachen dienen, mit unverwahrtem Feuer oder Licht betritt, oder sich denselben mit unverwahrtem Feuer oder Licht nähert;
6. wer an gefährlichen Stellen in Wäldern oder Haiden, oder in gefährlicher Nähe von Gebäuden oder feuerfangenden Sachen Feuer anzündet;

7. wer in gefährlicher Nähe von Gebäuden oder feuerfangenden Sachen mit Feuergewehr schießt oder Feuerwerke abbrennt;
8. wer die polizeilich vorgeschriebenen Feuerlöschgerätschaften überhaupt nicht oder nicht in brauchbarem Zustande hält oder andere feuerpolizeiliche Anordnungen nicht befolgt.

§ 369. Mit Geldstrafe bis zu einhundert Mark oder mit Haft bis zu vier Wochen werden bestraft:

3. Gewerbetreibende, welche in Feuer arbeiten, wenn sie die Vorschriften nicht befolgen, welche von der Polizeibehörde wegen Anlegung und Verwahrung ihrer Feuerstätten, sowie wegen der Art und der Zeit, sich des Feuers zu bedienen, erlassen sind.

Auszug aus dem Polizeistrafgesetzbuch für Bayern.

Art. 2 Ziff. 9. In bezug auf § 367 Ziff. 5 werden die vorgesehenen Verordnungen, ... soweit dieselben die Aufbewahrung, Beförderung, Zubereitung oder Feilhaltung von Schießpulver oder anderen explodierenden Stoffen oder Feuerwerken betreffen, durch Verordnung oder oberpolizeiliche Vorschriften erlassen.

Art. 2 Ziff. 14. In bezug auf § 368 Ziff. 8 werden die Anordnungen über die polizeilich vorgeschriebenen Feuerlöschgerätschaften, sowie die Feuerlöschordnungen durch distrikts- oder ortspolizeiliche Vorschriften, sonstige feuerpolizeiliche Anordnungen durch Verordnung oder ortspolizeiliche Vorschrift erlassen.

Art. 2 Ziff. 16. Die im § 369 Ziff. 3 vorgesehenen Vorschriften über die Anlegung und Verwahrung der Feuerstätten von Gewerbetreibenden, welche in Feuer arbeiten, sowie über die Art und Zeit, sich des Feuers zu bedienen, können durch Verordnung, ober- oder ortspolizeiliche Vorschriften erlassen werden.

Art. 27. Wer Personen, welche bei Unglücksfällen, bei drohender oder bereits eingetretener Feuersgefahr oder anderer öffentlicher Gefahr oder Not, Hilfe oder Dienste leisten, an solcher Hilfe oder Dienstleistung vorsätzlich stört oder ohne hinreichenden Grund von solcher Hilfeleistung abhält, wird an Geld bis zu einhundertfünfzig Mark oder mit Haft gestraft.

Art. 101 Abs. 1 und 2. An Geld bis zu einhundertfünfzig Mark oder mit Haft werden Bauherrn, Baumeister und Bauhandwerker gestraft, wenn sie den baupolizeilichen Vorschriften zuwiderhandeln.

Baupolizeiliche Vorschriften können in bezug auf Festsetzung und Einhaltung der Bau- und Vorgartenlinien, dann zum Zwecke der Feuersicherheit und Festigung der Bauführung, sowie der Gesundheit durch Verordnung, ober- oder ortspolizeiliche Vorschrift erlassen werden.

Art. 105. In den Fällen des § 367 Ziff. 13—15 und § 368 Ziff. 3 und 4 des Strafgesetzbuches für das Deutsche Reich und der Art. 101 und 102 des gegenwärtigen Gesetzes hat der Richter im Strafurteile auszusprechen, daß die Polizeibehörde berechtigt ist, die Beseitigung des ordnungswidrigen Zustandes anzuordnen und zu diesem Zwecke die Sicherstellung, Abänderung, den gänzlichen oder teilweisen Abbruch des betreffenden Bauwerkes oder der betreffenden Vorrichtung zu verfügen.

Besteht Gefahr auf dem Verzuge, so ist die Polizeibehörde berechtigt, die im vorstehenden Absatze bezeichneten Maßregeln, vorbehaltlich der Strafverfolgung, sofort vorzukehren.

Art. 131 Abs. 1. Wer den Verordnungen über Prüfung, Aufstellung und Gebrauch von Dampf- und anderen sicherheitsgefährlichen Maschinen und dazu gehörigen Vorrichtungen und Leitungsröhren zuwiderhandelt, wird an Geld bis zu einhundertfünfzig Mark gestraft.

Die Polizeibehörde ist berechtigt, den Gebrauch der in Abs. 1 bezeichneten Gegenstände bis zur erfolgten Prüfung oder Herstellung des entsprechenden Zustandes zu untersagen.

Verordnung vom $\frac{27.6.62}{31.12.67}$ die Verhütung von Feuersgefahren betreffend.

§ 1. Feuer darf in Gebäuden nicht außer den bauordnungsmäßig hergestellten und erhaltenen, offenen oder geschlossenen Feuerstätten angezündet werden.

§ 2. In Lokalen, in welchen Vorräte von Holz oder sonstigen leicht entzündlichen Stoffen lagern oder verarbeitet werden, sind offene Feuerstätten unzulässig. Die Öfen in solchen Lokalen müssen von außen heizbar oder, wo dies untunlich ist, mit verschließbaren Vorgelägen versehen sein.

§ 3. Ist die Benützung von offenem Feuer oder von Glut in solchen Lokalen unvermeidlich, so müssen hiebei feuerfeste, von hölzernen Unterlagen, Wänden und Decken isolierte, gegen Ausstreuen von Glut oder Asche und Verbreitung der Flamme Sicherheit bietende Behältnisse und Vorrichtungen in gehöriger Entfernung von leicht entzündlichen Stoffen und Abfällen angewendet werden. Feuer und Glut müssen bei zeitweiser Aussetzung oder Beendigung der Arbeit völlig ausgelöscht oder die Reste der Feuerung in einem sicheren Lokale verwahrt werden. Gleiches hat zu gelten, wenn Feuer oder Glut auf oder an Gebäuden gebraucht wird.

Das Anmachen offenen Feuers im Freien innerhalb der Ortschaften ist außer Notfällen nur mit ortspolizeilicher Genehmigung zulässig.

§ 4. Feuerstätten müssen stets unter Aufsicht gehalten und so abgeschlossen oder verwahrt werden, daß eine Verstreuung der Brandstoffe nicht erfolgen kann.

§ 5. Asche darf von den Feuerstätten nur in Gefäße aus feuersicherem Material gebracht, oder nur in solchen Gefäßen oder in gemauerten Räumen, niemals aber in Holzlagen, Schupfen, Dachräumen und überhaupt an Orten verwahrt werden, wo brennbare Materialien gelagert sind.

Torfasche ist nur nach sorgfältigem Begießen mit Wasser ins Freie zu bringen.

§ 6. Gluthäfen und Pfannen, sowie Räucherpfannen dürfen in geschlossenen Räumen, in Marktbuden und Stallungen nur benützt werden, wenn sie aus feuersicherem Material bestehen und Gluthäfen und Pfannen überdies feuersicher geschlossen sind.

Derlei Behältnisse dürfen nicht auf oder an brennbarem Material niedergestellt werden.

§ 7. Der zum Unterhalte von Feuer und Glut nötige Vorrat von Brennmaterial muß so verwahrt werden, daß eine Entzündung desselben von der Feuerstätte aus nicht stattfinden kann.

§ 8.[1] Offenes gegen Berührung mit Brennbarem nicht genügend gesichertes Licht darf niemals ohne Aufsicht gelassen und weder im Freien noch in geschlossenen Räumen gebraucht werden, wo brennbare Stoffe offen lagern, wie in Stallungen, Scheunen, Schupfen, Remisen, Magazinen, auf Dachböden und Holzplätzen.

§ 9.[1] Müssen solche Räume oder Plätze mit Licht betreten werden, so ist sich hiebei einer geschlossenen und wohlverwahrten Laterne zu bedienen, welche nicht an brennbarem Material niedergestellt oder aufgehängt werden darf.

[1]) Zu den §§ 8 und 9 vgl. § 368, Ziff. 5 und 6 des Reichsstrafgesetzbuches.

Wand- oder Hängelampen müssen in solchen Räumen abseits von Brennbarem und an einem Platz sicher angebracht werden, wo sie einer Beschädigung nicht ausgesetzt sind.

§ 10. 1. In Getreide-, Öl-, Farb- und Lohnmühlen, Lack- und Firnissiedereien, Branntweinbrennereien, Fournierschneidereien, Strohflechtereien und ähnlichen Arbeitsstätten ist zur Beleuchtung nur geschlossenes, durch Laternen, Glaskugeln oder Zylinder gegen die Berührung mit feuerfangenden Stoffen gesichertes Licht zu benützen.

2. In Schreiner-, Wagner- und Drechsler-Werkstätten darf auch offenes Licht verwendet werden; dasselbe muß jedoch entweder feststehend an durchaus feuersicheren Stellen der Werkstätten angebracht sein oder sich auf einem eisenblechenen Leuchter befinden, welcher eine Unterlage von wenigstens sechs Zoll Breite im Durchmesser und einen Umfassungsrand von einem Zoll Höhe hat.

Licht in den vorbezeichneten Lokalen ohne Aufsicht zu lassen, ist verboten

§ 11. Holzspäne, Schleißen und ähnliche, Glut- und Aschen-Abfall ergebende Materialien dürfen zur Beleuchtung nur in Wohnstuben und Küchen und auch da nur gebraucht werden, wenn die Stelle, wo die Beleuchtung unterhalten wird, von Holzwänden und Decken genügend entfernt ist.

§ 12. Fackeln, Windlichter, Pechkränze und Leuchtpfannen dürfen in der Nähe von Gebäuden nur mit ortspolizeilicher Bewilligung und unter Beobachtung der hiebei ergehenden Bestimmungen gebraucht werden.

Das Abschlagen von Fackeln und Windlichtern an anderen als feuersicheren Stellen ist verboten.

§ 13. Die Aufbewahrung von Reibfeuerzeugen in den Haushaltungen hat in Behältern von Stein, Metall, Ton oder wenigstens in gut schließenden, dichten Schächtelchen unter gehöriger Entfernung von leicht entzündbaren Gegenständen an nicht zu warmen Orten stattzufinden.

In Scheunen, Stallungen, Holzlegen, Werkstätten von Holz- Flachs-, Wolle- ꝛc. Arbeitern, in Mühlen und überhaupt in allen zur Aufbewahrung leicht entzündbarer Gegenstände benützten Gebäuden und Lagerplätzen dürfen Reibzünder nur mit gehöriger Vorsicht und nur an Stellen gebraucht werden, welche von brennbarem Material genügend entfernt sind.

§ 14. Leicht entzündliche Gegenstände, wie Öl, Pech, Talg, Kamphin, Spiritus und dergl., sowie Brennzeug der Branntweiner dürfen nicht in offenen Höfen und Lokalen gelagert werden. Mit solchen Stoffen, dann mit Heu, Stroh, Wolle, Hanf und dergl. beladene Wägen sollen innerhalb der Ortschaften zur Nachtzeit in geschlossene Räume gebracht oder, wenn sie im Freien stehen bleiben, überwacht werden.

§ 15. In Scheunen, Stallungen, Schupfen, Holzlegen, Futter- und Dachböden, dann sonstigen Räumen, Plätzen und Werkstätten, in welchen leicht entzündliche Stoffe oder größere Massen brennbaren Materials sich befinden, ist das Tabakrauchen verboten.

§ 16. Gebrannte Kalksteine an oder in hölzernen Gebäuden ohne sichere Bewahrung vor Benetzung zu lagern, ist verboten.

§ 17. Aus Dachluken, Fenstern und Zuglöchern dürfen nirgends brennbare Stoffe hervorragen, Stroh oder ähnliches Material darf zur Verstopfung derselben, mit Ausnahme der Kellerfenster, nicht verwendet werden.

§ 18. Das Auslassen größerer Quantitäten von Schmalz und Talg, das Sieden von Öl, Pech, Lack, Firnis und dergl. darf nur bei geschlossenem Feuer oder in feuersicher gewölbtem Raum unter Bereithaltung gut schließender, feuerfester Deckel vorgenommen werden.

§ 19. Das Auspichen der Fässer darf nur auf ortspolizeilich bestimmten Plätzen abseits von Gebäuden vorgenommen werden.

§ 20. Geringere Vorräte von Brennmaterial in Heizungsvorlagen an Kaminen oder sonst in Räumen aufzubewahren, wo besondere Gefahr durch Feuer und Licht zu besorgen steht, ist verboten.

§ 21. Größere Vorräte von Futter, unausgedroschenem Getreide, Streu- und Brennmaterial, sowie von gewerblichen Fahrnissen und Rohstoffen leicht entzündlicher oder schwer zu löschender Beschaffenheit, wie Werk- und Nutzholz, Fässer, Rinden, Talg, Pech und Wachs dürfen nur in solchen Räumen gelagert werden, welche den einschlägigen Bauvorschriften entsprechen.

Die Bestimmung über die zulässige Quantität solcher Lagerungen, sowie über deren Statthaftigkeit im Freien bleibt in Städten und Märkten der ortspolizeilichen Zuständigkeit vorbehalten.

Auf dem Lande sind dieselben im Freien auf solchen Stellen ausgeschlossen, welche polizeilich als feuergefährlich erklärt worden sind.

§ 22. Das Flachs- und Hanfdörren darf niemals mittels Feuerstätten in oder an Wohngebäuden, sondern nur in isoliert gelegenen, bauordnungsmäßig hergestellten und erhaltenen Backöfen oder in eigenen Dörrlokalen außer den Ortschaften geschehen.

Das Bläuen, Brechen, Schwingen und Hecheln des Flachses und Hanfes soll nur bei Tag vorgenommen werden.

Nur wenn zu solchen Arbeiten feuersichere Lokale oder isolierte Räume benützt werden, dürfen die Arbeiten bei Licht in Laternen vorgenommen werden.

Für die Lagerung von rohem oder bearbeitetem Flachs und Hanf gelten die in § 21 gegebenen Bestimmungen.

§ 23 ist aufgehoben durch die VO. v. 26. 3. 03.

§ 24. Den Ortspolizeibehörden bleibt es vorbehalten, in Gemäßheit der Art. 166, Abs. 1 des PStGB. weitere ortspolizeiliche Vorschriften zu erlassen, soweit es die örtlichen Verhältnisse erfordern oder rätlich machen.

§ 25. Die gegenwärtige Verordnung tritt am 1. Juli lfd. Js. für das ganze Königreich in Wirksamkeit. Von diesem Zeitpunkt an erlöschen alle bestehenden gesetz- und verordnungsmäßigen Bestimmungen über die Verhütung von Feuersgefahren für Gebäude.

Auszug aus der Verordnung vom 10. 1. 72, die Verhütung von Feuersgefahren betr.

§ 1. Dienstherrschaften, Arbeitgebern und Familienhäuptern ist verboten, feuergefährliche Handlungen ihrer Dienstleute oder Arbeiter, Familienglieder oder Hausgenossen zu dulden; desgleichen ist verboten, Kindern, Blödsinnigen, Wahnsinnigen oder Betrunkenen Feuer, Licht oder leicht entzündliche Stoffe anzuvertrauen.

§ 4. Wer in seiner Wohnung oder in einem dazu gehörigen Gebäude oder Hofraum einen ausgebrochenen Brand wahrnimmt, hat alsbald die öffentliche Hilfe anzurufen.

Jede zur Entdeckung von Feuersbrünsten dienstlich verpflichtete Person hat von einem von ihr wahrgenommenen Brande sofort die ihr obliegende Anzeige zu erstatten.

Auszug aus dem Forstgesetz für Bayern r. d. Rheins vom 26. 9. 79.

Art 45. Das Feueranmachen in den Waldungen oder in einer Nähe derselben von 300 bayerischen Schuhen (87,6 m) darf nur unter Beobachtung der zur Verhütung von Waldbränden nötigen Vorsichtsmaßregeln geschehen.

Bei besonders trockener Witterung kann das Feuermachen von der Forstpolizeibehörde gänzlich verboten werden.

Wer Feuer anzündet ist verpflichtet, dasselbe, ehe er sich entfernt, vollständig auszulöschen.

Die Vorschrift des Abs. 1 findet auch auf das Verkohlen von Holz Anwendung.

Art. 17. Wenn in Waldungen oder in einer Nähe derselben von 1500 bayerischen Schuhen (437,8 m), was immer für Gebäude, insbesondere zum Zwecke neuer Ansiedlungen oder zur Errichtung von Ziegelbrennereien, Teeröfen oder anderen feuergefährliche Anlagen, aufgeführt werden wollen, so ist vor Erteilung der baupolizeilichen Genehmigung das Forstamt mit seiner Erinnerung zu vernehmen.

Entschließung des Staatsministeriums des Innern vom 3. 5. 82, die Verhütung von Feuersgefahren betr.

Wiederholt ist die Wahrnehmung gemacht worden, daß die zur Reinigung von Metall (Maschinen ꝛc.) benützte und durch den Gebrauch gefettete Putzwolle, wenn dieselbe in größeren Quantitäten oder in zusammengepreßter Lage oder an Orten mit ungenügendem Luftzutritte aufbewahrt wird, sich leicht von selbst entzündet und dadurch für die Umgebung gefahrbringend wird.

Das Staatsministerium des Innern sieht sich veranlaßt, unter Hinweis auf die Strafbestimmung in § 367 Ziffer 6 des Reichs-Strafgesetzbuches hierauf mit dem Bemerken aufmerksam zu machen, daß es sich empfiehlt, gebrauchte Putzwolle, welche zur Wiederverwendung gelangen soll, in lediglich zu diesem Zwecke bestimmten eisernen oder steinernen, mit dicht verschließbaren eisernen Deckeln versehenen Behältnissen aufzubewahren, vollständig abgenützte aber entweder auf gefahrlose Weise zu beseitigen oder, soferne eine Ansammlung zum Zwecke der Reinigung in Putzwollwäschereien beabsichtigt ist, nur in gemauerten Gruben mit gut schließenden eisernen Deckeln in entsprechender Entfernung von Gebäuden und sonstigen brennbaren Gegenständen zu verwahren und die angesammelten Massen von Zeit zu Zeit mit einer Wasserglaslösung gut zu benetzen.

Auszug aus der Entschließung des Staatsministeriums des Innern vom 6. 10. 87, Handhabung der Feuerpolizei betr.

(Min.-Amtsbl. 1887, Nr. 35.)

— — — — Es ist bekannt, daß durch Spielen von Kindern mit Zündhölzchen und durch Feueranmachen in der Nähe von Wohn- und sonstigen Gebäuden häufig Brände verursacht werden. Auf die gehörige Verwahrung von Feuerzeug ist daher besonders Bedacht zu nehmen und dafür zu sorgen, daß derartige feuergefährliche Handlungen von den Eltern nicht geduldet werden.

Nicht minder ist auf die Beseitigung feuergefährlicher Zustände, namentlich bei Gelegenheit der Feuerbeschau hinzuwirken. Als ein bezüglicher Mißstand, der vielfach nicht beachtet wird, ist die Lagerung größerer Quantitäten von Holz in Mitte oder in unmittelbarer Nähe von Ortschaften hervorzuheben. — — — —

Entschließung des Staatsministeriums des Innern vom 10. 11. 91, Verhütung von Feuersgefahren durch Petroleumhängelampen betreffend.

Nach Mitteilung des bayer. Landesfeuerwehrausschusses haben die Erfahrungen der letzten Jahre gelehrt, daß durch eine ungenügende Befestigung oder ungeeignete Anbringung von Petroleumhängelampen öfters Brandfälle entstanden sind.

Diese Lampen werden häufig in unmittelbarer Nähe der oft nur verlatteten Zimmerdecke mit mangelhaften Sicherheitsglocken angebracht, so daß infolge der intensiven Hitze der Flamme mit der Zeit eine Lockerung der Befestigungsschraube und eine Entzündung des Deckmaterials entstehen muß, wodurch dann eine Gefährdung sowohl des betreffenden Raumes und der dortselbst beim allenfallsigen Herabfallen der Lampe befindlichen Menschen, als auch der darüber, insbesondere auf dem Lande häufig mit leicht entzündlichen Gegenständen, wie Heu, Stroh usw., angefüllten Lokalität herbeigeführt wird.

Die Distrikts- und Ortspolizeibehörden werden hiemit angewiesen, diesen Mißständen die gebotene Beachtung zu schenken und die mit der gemeindlichen Feuerbeschau betrauten Organe zu beauftragen, der Befestigung und den Sicherheitsglocken von Petroleumhängelampen ein besonderes Augenmerk zuzuwenden, bezügliche feuergefährliche Zustände sofort abzustellen und im Feuerbeschauprotokolle hierüber Vormerkung zu machen.

Auszug aus der allgemeinen Bayerischen Bauordnung vom 17. 2. 01

abgeändert durch VO. vom 3. August 1910 und 10. Juli 1918.

I. Baulinien und Höhenlage (Niveau); Pläne hierüber und Bauplätze.

§§ 1 mit 5.

II. Baugenehmigung und Baupläne.

§ 6. I Baupolizeiliche Genehmigung ist zu erholen:

zur Herstellung von neuen Haupt- und Nebengebäuden, zur Verlegung von solchen an einen anderen Ort, sowie zur Vornahme einer Hauptreparatur oder Hauptänderung an denselben.

II Baupolizeiliche Genehmigung ist nicht erforderlich:

a) in Städten für die Herstellung von Kegelstätten und Sommerhäuschen ohne Feuerungsanlagen, von offenen Schutzdächern, unheizbaren Federviehställen, Taubenschlägen und dergleichen geringfügigen Bauwerken für wirtschaftliche Zwecke;

b) in Märkten und auf dem Lande außerdem:

1. für offene oder nur mit Latten und dergleichen geschlossene Schupfen, Holzhütten und Remisen, für gewöhnliche Schweineställe und für sonstige Bauten ohne Feuerungsanlagen mit nur Einem Geschosse und höchstens 70 qm Grundfläche, sofern solche Bauten nicht zur Lagerung besonders feuergefährlicher Materialien, wie Pech, Petroleum, Spiritus und dergleichen bestimmt sind, dann mit Ausnahme der Feldkapellen;
2. für Ziegeltrockenstädel und Getreide- und Heuschupfen außerhalb der Ortschaften, für Alpen-, Jagd- und Waldhütten.

§ 7. Als Hauptreparaturen oder Hauptänderungen an Bauten sind zu betrachten:

1. die Veränderung der Höhe, Länge oder Breite eines Gebäudes;
2. die Schwächung, Versetzung, Beseitigung oder Erneuerung von Umfassungen, soferne die Änderung auf eine ganze Gebäudeseite sich erstreckt oder von solcher Bedeutung ist, daß bei ordnungsmäßigem Verfahren besondere technische Vorsichtsmaßregeln hierzu erforderlich werden;
3. die Anlegung neuer und die Versetzung oder konstruktive Änderung bestehender Feuerstätten oder Kamine, soweit es sich nicht lediglich um das Setzen von Öfen oder Herden zum häuslichen Gebrauch handelt;

4. in Städten und in Märkten mit geschlossener Bauweise die Erneuerung oder konstruktive Änderung eines Dachstuhles, sowie die Wohnbarmachung von Räumen im Kellergeschosse oder im Dachraume;
5. die bauliche Änderung der Fassaden von Gebäuden an Straßen und öffentlichen Plätzen in Städten von mehr als 20000 Seelen und auch in anderen Orten, insoferne im Interesse der Verschönerung baupolizeiliche Vorschriften erlassen sind (Art. 101 Abs. III des Polizeistrafgesetzbuches).

§ 8. Durch ortspolizeiliche Vorschrift kann angeordnet werden, daß auch zur Herstellung oder wesentlichen Veränderung von Brunnenschachten, Kellern, Haus- und Straßenkanälen, von Abtritten, Dung- und Versitzgruben, von Zäunen und Einfriedungen aus Mauer- oder geschlossenem Holzwerk oder Metall an öffentlichen Plätzen, Straßen oder Wegen, oder wo Baulinien in Frage kommen, dann in Städten zum Anbau von Balkonen, Altanen, Erkern, Galerien und Gängen polizeiliche Genehmigung zu erwirken, oder daß der Ortspolizeibehörde zur Wahrung bestehender Vorschriften binnen bestimmter Frist vor dem Beginne der Ausführung dieser baulichen Anlagen Anzeige zu erstatten ist. Als wesentliche Veränderungen baulicher Anlagen sind Änderungen anzusehen, die nach § 7 bei Gebäuden als Hauptreparatur oder Hauptänderung zu betrachten wären.

§§ 9 mit 11. Baupläne, Bauten des Staatsärars, offenes Bausystem.

III. Vorschriften für die Bauführung.

1. Allgemeine Vorschriften.

§ 12. I Sämtliche Bauarbeiten bei Bauführungen jeder Art, insbesondere auch an Gerüsten und anderen provisorischen Bauvorrichtungen müssen fest und sicher und den Rücksichten auf Leben und Gesundheit entsprechend nach Maßgabe des genehmigten Planes und der etwaigen besonderen Anordnungen und unter Einhaltung sämtlicher baupolizeilicher Vorschriften ausgeführt werden.

II Die in den bestehenden Verordnungen oder ortspolizeilichen Vorschriften begründeten baupolizeilichen Anordnungen müssen auch bei solchen Bauten eingehalten werden, zu deren Herstellung, Reparatur oder Abänderung eine polizeiliche Genehmigung oder eine vorgängige Anzeige nicht erforderlich ist.

2. Baumaterial.

§ 13. I Die Wahl des Baumaterials ist dem Bauherrn anheimgegeben; das gewählte Material muß jedoch diejenigen Dimensionen und jene Beschaffenheit haben, welche eine feste und feuersichere sowie den gesundheitspolizeilichen Anforderungen entsprechende Bauführung, insbesondere die Herstellung trockener Wände ermöglichen.

II Solid hergestellte sogenannte Schwemmsteine sind den Ziegelsteinen gleich zu achten.

III Welche weiteren Materialien und Konstruktionen, als den in nachstehenden Bestimmungen genannten gleichwertig, zum Ersatz derselben verwendet werden dürfen, wird durch Ministerialvorschrift bestimmt.

3. Fundierung und Stärke der Mauern.

§ 14. I Sämtliche massive Mauern eines Gebäudes, diejenigen Hof- und sonstigen Schutz- und Einfriedungsmauern, welche den Boden um mehr als 2 m überragen, dann alle Stützmauern, Tragpfeiler und Säulen müssen auf festem natürlichen oder künstlich befestigtem Grunde unter Frosttiefe fundiert werden.

II Bei Kleinhausbauten kann von der Fundierung bis unter Frosttiefe bei massiven Mittelmauern abgesehen werden, ferner auch bei Umfassungsmauern, soweit es sich um Fachwerksbauten handelt, die lediglich aus einem Erdgeschoß und Dachboden bestehen.

III Kleinhausbauten im Sinne des Abs. II sind Einfamilien- und Mehrfamilienhäuser (Einzelhaus, Doppelhaus und Reihenhaus), die nur aus höchstens zwei Vollgeschossen (Erdgeschoß und Obergeschoß oder Erdgeschoß und ausgebautem Dachgeschoß) bestehen und als Mehrfamilienhäuser in jedem Vollgeschoß höchstens 3 Kleinwohnungen im Sinne des § 62 Abs. VI Ziff. 2 enthalten. Dabei dürfen Dachgeschosse über zwei Vollgeschossen nur bis zur Hälfte der Dachraumfläche zu Wohnräumen ausgebaut sein, die lediglich als Zubehör der Geschoßwohnungen, nicht aber als selbständige Wohnungen dienen.

§ 15. I Die Stärke der Umfassungs- und Tragmauern der Gebäude ist vorbehaltlich weitergehender, durch den Zweck oder die besondere Beschaffenheit eines Gebäudes gerechtfertigter Anforderungen nach folgenden Grundsätzen zu bemessen:

a) die Umfassungsmauern mehrstöckiger Wohngebäude müssen im obersten Stockwerke bei Anwendung von Ziegel- und Quadersteinen eine Stärke von mindestens 0,38 m (1½ Stein) erhalten; bei Anwendung von Bruchsteinen ist ein Mindestmaß von 0,45 m anzuwenden und auch dieses nur unter der Voraussetzung zulässig, daß dieselben lagerhaft sind und die Erstellung eines schichtenmäßigen Gemäuers in entsprechendem Verbande ermöglichen.

Diese Vorschrift gilt auch für einstöckige Wohngebäude, deren Stockwerkshöhe 3,50 m und deren freitragende Balkenlänge 6 m überschreitet.

b) Für die Umfassungsmauern einstöckiger Wohngebäude, deren Stockwerkshöhe und freitragende Balkenlänge die vorbezeichneten Ausmaße nicht überschreitet, ist im ersten Stockwerke eine Mauerstärke von 0,25 m (1 Stein) bei Anwendung von Ziegel- oder Quadersteinen zulässig; bei Verwendung von Bruchsteinen muß auch hier die geringste Stärke von 0,45 m eingehalten werden.

Die Erdgeschoßmauern solcher Wohngebäude müssen eine Stärke von 0,38 m bei Anwendung von Ziegel- oder Quadersteinen und eine solche von 0,52 m bei Verwendung von Bruchsteinen erhalten.

c) Bei Wohngebäuden, welche lediglich aus einem Erdgeschoß bestehen und welche weder die unter lit. a Abs. 2 bezeichneten Ausmaße überschreiten, noch eine außergewöhnlich große Belastung zu erhalten bestimmt sind, darf bei Verwendung von Ziegeln oder Quadern die Mauerstärke auf 0,25 m abgemindert werden; Bruchsteinmauern müssen auch in diesem Falle 0,45 m stark ausgeführt werden. Die gleiche Abminderung ist bei Kleinhausbauten (§ 14 Abs. III) im Erdgeschoß und Obergeschoß zulässig.

d) Auf Gebäude, welche Wohnzwecken nicht dienen, finden im allgemeinen vorstehende Bestimmungen ebenfalls Anwendung; jedoch kann von der Baupolizeibehörde im einzelnen Falle unter Berücksichtigung der Höhe der Gebäude, des Baumaterials, der Verbindung, in welcher die Mauern zueinander stehen, der Bestimmung der Gebäude und der Konstruktion der Decken auch eine größere oder geringere Stärke der massiven Mauern festgesetzt werden.

e) Mittelmauern, die durch Balkenlagen belastet sind, müssen im obersten Stockwerk in einer Stärke von mindestens 0,25 m ausgeführt werden und nach unten von zwei zu zwei Stockwerken um mindestens 0,13 m (½ Stein) zunehmen. Wenn sie durch Balkenlagen nicht belastet sind oder wenn bei ebenerdigen oder einstöckigen Gebäuden die freitragende Balkenlänge 5 m und die Zimmerhöhe 3 m nicht überschreiten, so genügt eine Stärke der Mittelmauern von 0,12 m.

Die Baupolizeibehörde kann für Mittelmauern eine geringere Stärke zulassen, wenn durch eine statische Berechnung die genügende Tragfähigkeit nachgewiesen wird: Insbesondere können bei Kleinhausbauten (§ 14 Abs. III) durch Balken belastete Mittelmauern in einer Stärke von 0,12 m und durch Balken nicht belastete Mittelmauern in einer Stärke von 0,07 m (gestellter Stein) zugelassen werden, letztere, wenn sie in jedem Stockwerk entsprechend verspannt sind.

f) Soll ein Gebäude zu ebener Erde massiv und in den oberen Stockwerken aus Riegelwerk ausgeführt werden, so haben die Umfassungsmauern bei Anwendung von Ziegeln oder Quadern

α) wenn nur Ein Stockwerk aus Riegelwänden aufgesetzt wird, eine Stärke von mindestens 0,25 m,

β) wenn mehrere Stockwerke aus Riegelwänden aufgesetzt werden, eine Stärke von mindestens 0,38 m zu erhalten.

Bei Anwendung von Bruchsteinen muß die Umfassungsmauer auch in dem Falle unter lit. a mindestens 0,45 m stark sein.

g) Die Stärke der Umfassungsmauern aller mehrstöckigen Wohngebäude muß von oben nach unten bei Anwendung von Ziegeln oder Quadern von zwei zu zwei Stockwerken um wenigstens 0,13 m (½ Stein) und bei Anwendung von Bruchsteinen von Stockwerk zu Stockwerk um wenigstens 0,07 m zunehmen.

h) Riegel- oder Fachwerk muß in jedem Stockwerk wenigstens 0,12 m stark sein.

i) Stockwerksaufsetzungen auf bestehende Gebäude sind nur dann zulässig, wenn die in Vorstehendem unter lit. a mit h festgesetzten geringsten Stärken ohne Anblendung von Steinen an die bestehenden Mauern noch eingehalten werden können.

II Bei sämtlichen vorstehend bestimmten Mauerstärken darf der Verputz nicht mitgerechnet werden.

III Eine Abweichung von den Vorschriften über Verstärkung der Mauern von oben nach unten kann bei Stockwerksaufsetzungen, dann beim Wiederaufbau abgebrannter oder aus anderen Anlässen teilweise abgebrochener Gebäude gestattet werden, wenn das in Verwendung kommende Baumaterial und die Beschaffenheit des bestehenden Gemäuers auch bei einer geringen Stärke desselben vollständige Gewähr für die Festigkeit und Dauerhaftigkeit des Gesamtbaues bietet.

IV Bei Anwendung besonderer Konstruktionen und Materialien (Eisen, Beton) können ferner Abweichungen von den vorgeschriebenen Mauerstärken durch die Baupolizeibehörden bewilligt werden, wenn genügende Festigkeit und Tragfähigkeit nachgewiesen ist.

§ 16. 1. Brandmauern müssen in der Stärke der Umfassungsmauern hergestellt, noch am Firste unter der Dachfläche bei Verwendung von Ziegeln oder Quadern 0,25 m, bei Bruchsteinen aber mindestens 0,45 m stark gehalten und bis dicht unter die Dacheindeckung aufgeführt werden.

Die Baupolizeibehörde kann bei Brandmauern die nach § 15 Abs. I erforderliche Mauerverstärkung ganz oder teilweise erlassen, wenn die Standfestigkeit gewährleistet ist und durch eine statische Berechnung genügende Tragfähigkeit nachgewiesen wird. Auch in diesem Falle hat am Firste unter der Dachfläche die Mauerstärke noch mindestens 0,25 m zu betragen.

Bei Gebäuden, die unter § 47 fallen, bei Gebäuden mit mehr als 2 Obergeschossen, wobei ein bewohntes Dachgeschoß als Obergeschoß anzusehen ist, und bei Gebäuden, die nicht vollständig mit Stein oder Metall eingedeckt sind, müssen die Brandmauern in den im Abs. 1 angegebenen Stärken 0,30 m über die Dachfläche geführt werden; zu ihrer Abdeckung darf nur feuersicheres Material mit Ausschluß aller Holzteile verwendet werden.

2. Auf Brandmauern darf der Dachfuß nur dann aufgelegt werden, wenn durch geeignete Vorkehrungen ein entsprechender Schutz gegen Feuerübertragung geschaffen wird. Zu diesem Zwecke muß die von der Brandmauer aufsteigende Dacheindeckung aus unverbrennlichem Materiale hergestellt und mindestens auf eine Entfernung von 3,5 m, wagrecht vom Mittel der Brandmauer an gemessen, mit einem dauerhaften, gegen Witterungsein-

flüsse widerstandsfähigen, unverbrennlichen Material unmittelbar unterlegt werden; Dachöffnungen müssen feuersicher hergestellt und abgeschlossen werden; unterhalb der Dachtraufe angebrachte Gesimse sind aus unverbrennlichem Materiale, Dachrinnen aus Eisen- oder Kupferblech herzustellen. Die Baupolizeibehörde kann von der Forderung der Dachunterlegung absehen, wenn für den betreffenden Teil der Dacheindeckung diese selbst sicheren Schutz gegen Feuerübertragung gewährt.

3. Werden an den Brandmauern Blindfeldungen, Sitzbänke, Wandkästchen, Nischen, Kamine oder dergl. angebracht, so müssen die Brandmauern an den entsprechenden Stellen immer noch wenigstens 0,25 m stark sein.

4. Öffnungen in Brandmauern sind im allgemeinen unzulässig. Die Baupolizeibehörde kann jedoch, wenn ein Bedürfnis hiezu nachgewiesen ist, Öffnungen bei Gebäuden gestatten, die nicht zur Herstellung, Bearbeitung oder Lagerung größerer Mengen leicht entzündlichen oder schwer zu löschenden Materials (§ 47) bestimmt sind. Die Öffnungen dürfen im Lichten höchstens 2 qm Fläche erhalten; sie müssen im Erdgeschoß auf einer, in den oberen Stockwerken auf jeder Seite der Brandmauer dicht verschließbar gemacht werden, und zwar entweder durch starke, fest versteifte Türen oder Läden aus unverbrennlichem Material oder durch Holztüren (= Läden) von mindestens 3 cm gleichmäßiger Stärke, die in Nut und Feder zusammengefügt, fest versteift und allseitig, also auch an den Rändern mit einer wenigstens 1 mm starken Eisenblechverkleidung versehen sind. Die (Türen) Läden müssen allseitig mindestens 6 cm breite Stein-, Beton- oder Eisenfälze überdecken. Die Kegel müssen haltbar eingekittet sein; zu ihrer Befestigung darf leicht schmelzbares Material, wie Schwefel, Blei und dergl. nicht verwendet werden. Bei Hauptreparaturen oder Hauptänderungen im Sinne des § 7 Ziff. 1—3 können solche Verschlüsse auch für bereits bestehende Brandmaueröffnungen angeordnet werden.

5. Die Dacheindeckung ist mit der Brandmauer dicht und dauerhaft zu verbinden; Dachlatten und Dachverschalungen dürfen weder über die Brandmauer hinweg-, noch durch diese hindurch geführt werden; sie sind durch die Brandmauer in deren ganzer Stärke zu trennen.

Holzbalken, Holzschwellen, Holzpfetten, Holzsparren und sonstige Holzteile dürfen durch Brandmauern nicht hindurch geführt werden und in diesen sich nicht berühren; sie müssen an den Enden, selbst im Dachraume noch, durch ein wenigstens 0,12 m starkes Mauerwerk verdeckt oder geschieden sein. Auch dürfen Hölzer der Länge nach nur dann in die Brandmauer eingefügt werden, wenn hiedurch die Standfestigkeit im Brandfalle nicht gefährdet wird. Eiserne Träger und Stützen dürfen in Brandmauern nur dann eingefügt werden, wenn sie glutsicher ummantelt sind.

6. Wo Brandmauern vorgeschrieben sind, müssen sie auch die Dach- und Gesimsvorsprünge, Dachrinnen und dergl. vollständig trennen. Die Baupolizeibehörde kann Ausnahmen zulassen, wenn die Dach- und Gesimsvorsprünge durchaus massiv und die Dachrinnen aus Kupfer- oder Eisenblech hergestellt sind. Auch bei hölzernen Dachvorsprüngen kann die Baupolizeibehörde von der Trennung durch die Brandmauer Umgang nehmen, wenn die über die Umfassung vortretenden Teile der Sparren und der Dachverschalung zu beiden Seiten der Brandmauer auf eine Länge von mindestens je 2,5 m aus Eichenholz hergestellt werden.

7. Die Brandmauern und die Einrichtungen, die sonst nach den vorstehenden Ziffern 2, 4—6 zur feuersicheren Abtrennung der Gebäude geboten sind, müssen stets in bauordnungsmäßigem Zustand unterhalten werden.

4. Feuerstätten und Kamine (Schornsteine).

§ 17. 1. Kamine sind aus gelegten Backsteinen auf feuerfester Unterlage mindestens 0,80 m über die Dachfläche zu mauern, im einzelnen Falle aber soweit über die Dachung hinauszuführen, als es die Baupolizeibehörde aus feuer- oder gesundheitspolizeilichen Rücksichten; sowie zur Fernehaltung erheblicher Belästigung der Nachbarschaft fordert; sie sind innen und außen auf die ganze Höhe zu verputzen und feuersicher abzudecken; sie dürfen horizontal ineinander nicht eingeleitet werden. Im Kellergeschoß dürfen Kamine aus Beton hergestellt werden, soweit dort keine Feuerungen eingeleitet sind. Treten Kamine am First oder in unmittelbarer Nähe des Firstes aus der Dachfläche, so genügt eine Hinausführung über die Firstlinie auf 0,40 m Höhe.

2. Holzteile dürfen in Kaminmauern nicht eingefügt, Holzverschalungen an denselben nicht angebracht werden und allenfallsige eiserne oder steinerne Träger der Kamine nicht auf den Balkenlagen aufruhen.

3. Freistehende und außerhalb der Gebäude befindliche Kamine für Fabriken und sonstige industrielle Unternehmungen dürfen mit baupolizeilicher Bewilligung auch von Eisen hergestellt werden.

4. Die Stärke der Kaminmauern ist nach der Lage und Höhe derselben und nach der Stärke und Zahl der einmündenden Feuerungen zu bemessen und darf bei außergewöhnlichen Feuerungen nicht unter 0,25 m, bei den gewöhnlichen Feuerungen nicht unter 0,12 m betragen.

5. Die innere Weite der besteigbaren Kamine muß mindestens 0,50 m im Quadrate betragen.

6. Schlotmäntel und Rauchkutten sind aus unverbrennlichem Materiale herzustellen.

§ 18. Bei Anwendung nicht besteigbarer Kamine sind nachstehende besondere Vorschriften zu beobachten:

1. solche Kamine müssen eine Lichtweite von nicht unter 0,15 m und nicht über 0,33 m je nach der Stärke und Zahl der einmündenden Feuerungen erhalten;

2. metallene Rauchrohre müssen, wo es die Feuersicherheit erfordert, in einem Abstande von 0,03 m mit einem Eisenblechrohre umgeben und die Zwischenräume mit Asche, Zement, Sand und dergl. ausgefüllt werden;

3. die Stärke der Zungen darf nicht unter 0,10 m betragen;

4. in der Regel sind solche Kamine an Mauerwerk zu stellen; wo sie freistehen, müssen sie mit Strebepfeilern versehen oder durch Eisenwerk mit massiven Mauern verbunden werden, wenn der freistehende Teil des Kamins das Zehnfache der unteren äußeren Stärke übersteigt;

5. die Putzöffnungen der Kamine müssen mit genau schließenden, versperrbaren Doppeltürchen aus Eisenblech geschlossen werden;

6. der unter diesen Putzöffnungen befindliche Bretterboden muß auf 0,45 m Entfernung mit Metall belegt werden;

7. zwischen je zwei Putzöffnungen darf die Form und Weite der Kamine nicht geändert werden.

§ 19. I Rauchrohre müssen von Holzteilen 0,45 m, von mit Mörtel verputzten hölzernen Decken 0,25 m abstehen.

II Rauchrohre sind in Kamine einzuleiten; Ausnahmen kann in Notfällen die Baupolizeibehörde in widerruflicher Weise bewilligen.

§ 20. Offene Feuerstätten dürfen nur an massiven Mauern angebaut werden und müssen, wenigstens soweit Funken und Flammen reichen, mit feuersicherem Boden umgeben und mit Rauchkutten versehen sein, soferne sie nicht eingewölbt sind.

§ 21. 1. Zimmeröfen und geschlossene Herde dürfen nicht auf hölzerne Gestelle aufgesetzt werden.

Wenn sie auf Bretterboden oder Balkenlagen zu stehen kommen, müssen sie gemauerte Sockel oder eiserne, auf einer Pflasterung oder auf Stein- oder Metallplatten ruhende Gestelle haben.

2. Werden Zimmeröfen oder geschlossene Herde in Räumen mit Fach- oder Riegelwänden oder mit Wänden aus verputztem Lattenwerk errichtet, so müssen diese Wände in der Richtung gegen die Heizöffnungen auf

0,60 m, nach allen übrigen Richtungen aber auf mindestens 0,30 m Entfernung, von den Enden der Ofen- oder Herdseiten an gerechnet, durch massives Mauerwerk ersetzt werden.

3. Die Heiz- und Aschenabfallöffnungen der Öfen und Herde müssen durch metallene, gut schließende Türchen, die Vorgelegeöffnungen der Kamine unter allen Umständen mit wohlverschließbaren, eisenblechenen Türen abgeschlossen sein.

Der Boden vor den Heiz- und Aschenabfallöffnungen muß gepflastert oder mit Metall belegt oder sonstwie feuersicher sein.

4. Die Heizung darf keine Gefahr für die Gesundheit bieten. Die Anbringung von Sperrklappen in den Rauchabzugsrohren, welche einen Zimmerofen mit einem Kamin verbinden, ist verboten. Die Vorrichtungen zur Regulierung des Zuges sind lediglich an den Heiztüren anzubringen.

§ 22. I Räucherkammern sind auf feuerfester Unterlage an Wänden und Decken massiv auszuführen und die Öffnungen mit eisenblechenen Türen dicht zu schließen.

II Kommen die Räucherkammern auf den Dachraum zu stehen, so müssen überdies Doppeltüren von Eisenblech an den Eingängen dieser Kammern angebracht und die vor dem Eingange befindlichen Bodenteile feuersicher hergestellt werden.

§ 23. I Backöfen müssen feuersicher hergestellt sein und Kamine und Vorgewölbe erhalten.

II Von dem Erfordernisse der Kamine und Vorgewölbe kann je nach der Größe, dem Zwecke und der Einrichtung der Backöfen Umgang genommen werden, wenn hiedurch die Feuersicherheit nicht beeinträchtigt wird.

§ 24. I Neu anzulegende Malzdörren müssen mit gut fundierten Mauern in einer Stärke von mindestens 0,25 m bei Ziegeln oder Quadern und 0,45 m bei Bruchsteinen umgeben und gewölbt werden.

II Sämtliche Öffnungen in den Umfassungen des Dörr-Raumes müssen steinerne Wanderungen und feuersichere Verschlüsse erhalten, die allseitig mindestens 6 cm breite Steinfälze überdecken.

III Der Dunstkamin darf nur in Stein oder Metall ausgeführt werden und ist mit einer im Brandfalle selbstschließenden metallenen Klappe zu versehen.

5. Höhe der Gebäude und deren Abteilung in Stockwerke.

§ 25. I Die Gebäude an den Baulinien sowohl als abseits von denselben dürfen nur eine solche Höhe erhalten, daß mit Rücksicht auf die anliegenden Straßen, freien Plätze, Hofräume und dergleichen keine Gefährdung der Gesundheit zu befürchten ist und die Anwendung der Feuerlöschgerätschaften gesichert erscheint; insbesondere darf die Höhe der Privatgebäude an einer Straße, sie mögen neu errichtet oder durch Stockwerkaufsetzung erhöht werden, die Breite der Straße mit Einschluß der Trottoire und etwaiger Vorgärten nicht überschreiten. Ist die Straße ungleich breit, so ist die mittlere Breite zwischen den beiden nächsten Querstraßen maßgebend.

II Ausnahmsweise kann eine größere Höhe von der Baupolizeibehörde mit Rücksicht auf bereits bestehende Nachbargebäude oder beim Wiederaufbau eines Gebäudes mit Rücksicht auf die frühere Höhe desselben gestattet werden.

III In Straßen unter 12 m Breite kann, abgesehen von vorstehender Ausnahme eine Höhe bis zu 12 m bewilligt werden.

IV Als Maximalhöhe für Wohngebäude werden 22 m festgesetzt; auch dürfen dieselben nicht mehr als 5 Geschosse einschließlich etwaiger Zwischengeschosse und Mansardenwohnungen enthalten.

V Bei Eckhäusern ist für die zulässige Gebäudehöhe die breitere der angrenzenden Straßen maßgebend; in der engeren Straße darf aber diese Höhe nur auf die Länge von 18 m beibehalten werden.

VI Die Höhe eines Gebäudes wird in der Mitte der Front von der Unterkante des Sockels bis zur oberen Kante des Dachgesimses gemessen. Wird der Aufbau von Giebeln, Türmen, Dacherkern usw. auf der Frontwand über die hienach zulässige Höhe hinaus beabsichtigt, so werden diese Aufbauten nach dem Durchschnitt ihrer Fläche in die zulässige Gebäudehöhe eingerechnet.

§ 26. I Die Abteilung der Gebäude in Stockwerke muß in vollkommen sicherer Weise durch Einwölbung oder entsprechend starke Balkenlagen geschehen.

II Die Balken dürfen nicht weiter auseinander gelegt werden, als nach deren Tragkraft und mit Rücksicht auf den Zweck des Gebäudes zulässig ist.

III Dieselben müssen genügend oft auf Tragmauern oder festen Durchzügen ruhen.

IV Wenn zur Scheidung der Stockwerke in Gebäuden mit Feuerstätten nicht wegen besonderer Verhältnisse Einwölbung angeordnet wird, müssen die zur Abteilung der Stockwerke dienenden Balkenlagen in den mit Feuerstätten versehenen Lokalitäten entweder Weißdecken oder Holzdecken mit an den Fugen aufgenagelten Leisten erhalten.

V Zwischen diesen Decken und den Fußböden der unmittelbar darüber befindlichen Räume sind Fehlböden anzubringen und diese Fehlböden nach erfolgtem Verstriche der Fugen 6—8 cm hoch mit reinem, trockenen und unverbrennlichen Material auszufüllen; Urbau darf hiezu nicht verwendet werden.

VI Auf gleiche Weise oder durch einen Estrichboden sind auch die Speicherräume von den unmittelbar darunter liegenden Räumen mit Feuerstätten zu trennen.

VII Die Vorschriften der Abs. V und VI sind für Bauten in Märkten und auf dem Lande sowie für Kleinhausbauten (§ 14 Abs. III) nicht bindend.

§ 27. Die Fußböden der ebenerdigen Wohn- und jener Arbeitsräume eines neuen Gebäudes, bei welchen es der Betrieb des Geschäftes zuläßt, müssen das Niveau des anstoßenden natürlichen Geländes mindestens um 0,30 m überragen und es kann, wenn es nach der Bodenbeschaffenheit aus gesundheitspolizeilichen Rücksichten notwendig erscheint, auch verlangt werden, daß solche Fußböden, insoweit sie nicht unterkellert sind, entweder um mehr als 0,30 m über das natürliche Gelände gelegt oder von demselben durch eine Betonlage isoliert werden.

§ 28. I Unter Wohnräumen befindliche Keller, Stallungen, Futterräume und Waschküchen, dann Lokale mit starken Feuerungen müssen eingewölbt werden und es ist bei denselben weiter noch für den nötigen Luftwechsel durch Anlage entsprechender Vorrichtungen zu sorgen.

II In Märkten mit nicht geschlossener Bauweise und auf dem Lande kann bei kleineren unter Wohnräumen befindlichen Stallungen oder Futterräumen (nicht über 30 qm Grundfläche) von Einwölbung Umgang genommen werden; dieselben müssen aber von den Wohnräumen durch Weißdecken, Lehmwickeldecken oder Holzdecken mit an den Fugen aufgenagelten Leisten abgeschieden werden.

III Bei Kleinhausbauten (§ 14 Abs. III) kann für Keller und Waschküchen unter Wohnräumen statt Einwölbung eine Holzbalkenlage mit Fehlboden und Weißdecke oder eine gleichwertige Bauart zugelassen werden.

6. Höhe und Fenster der Wohn- und Arbeitsräume.

§ 29. I Die lichte Höhe der Wohnräume und der Arbeitsräume muß bei Neubauten, bei neuen An- oder Aufbauten sowie beim Umbau bestehender Gebäude in Städten mit mehr als 10000 Einwohnern auf mindestens 2,60 m bemessen werden. In den anderen Städten und in Märkten mit geschlossener Bauweise genügt eine Höhe von 2,40 m, in anderen Orten eine solche von 2,20 m. Bei Gebäuden, die nur Kleinwohnungen im Sinne des § 62 Abs. VI Ziff. 2 enthalten, sowie bei Kleinhausbauten (§ 14 Abs. III) genügt in Städten und in Märkten mit geschlossener Bauweise für alle Wohngeschosse eine lichte Höhe von 2,30 m.

II Bei den in Abs. I bezeichneten Bauführungen muß jeder Wohnraum, jedes Schlafgemach, jede Küche und jeder Abtritt mindestens ein unmittelbar ins Freie gehendes Fenster von ausreichender Größe und entsprechender Lage erhalten.

7. Dachungen.

§ 30. I Die Stärke des Dachstuhlgebälkes, dann die Form und Höhe der Dächer muß nach Lage, Höhe, Tiefe, Breite und Tragkraft der Gebäude, sowie mit Rücksicht darauf bemessen werden, daß nicht eine übermäßige Höhe bei entstehendem Feuer die Gefahr vermehre.

II Über der zulässigen Fronthöhe der Gebäude dürfen die Dächer nicht steiler als 60° sein.

§ 31. I Zur Eindeckung der Gebäude darf im Allgemeinen vorbehaltlich der in Abs. V und § 56 zugelassenen Ausnahmen nur feuersicheres Material verwendet werden.

II Diese Bestimmung ist vorbehaltlich der erwähnten Ausnahmen auch für bestehende Gebäude maßgebend, wenn an denselben eine Erneuerung oder konstruktive Änderung des Dachstuhles vorgenommen, oder wenn mindestens die Hälfte einer Dachseite neu eingedeckt wird und die baulichen Zustände des Gebäudes die Eindeckung mit ortsüblichem feuersicheren Material gestatten.

III Insoferne nach Vorstehendem die Reparatur oder teilweise Erneuerung einer nicht feuersicheren Eindeckung zulässig ist, sind die Strohdächer den Schindeldächern gleich zu achten.

IV Bei neuen Ziegeldachungen sind Unterlagen von sogenannten Strohfiedern unzulässig.

V Für die in § 6 Abs. 2 bezeichneten Bauten ist in den betreffenden Ortschaften die Eindeckung mit nicht feuersicherem Material gestattet, wenn dieselben nicht mehr als 30 qm Grundfläche einnehmen oder außerhalb der Ortschaften aufgeführt werden; Ziegeltrockenstädel sind jedoch auch in letzterem Falle feuersicher einzudecken.

§ 32. I Bei Dachvorsprüngen und bei überhängenden Gespärren dürfen zwischen den Sparren in der Ebene der Umfassungswände keine Öffnungen belassen werden.

II Hölzerne Dachgesimse müssen durch einen Metallüberzug oder durch Mörtelverputz oder feuersicheren Anstrich gesichert werden und dürfen beim Anschluß an Nachbargebäude mit ihren Holzteilen nicht unmittelbar aneinander anstoßen, sondern müssen beiderseits auf je 0,25 m Länge durch feuersicheres Material getrennt werden. Bei Kleinhausbauten (§ 14 Abs. III) ist die feuersichere Trennung von hölzernen Dachgesimsen beim Anschluß an Nachbargebäude nur bezüglich des Anschlusses an die nach § 40 Abs. III vorgeschriebene Brandmauer notwendig.

III Bei zusammenhängenden Gebäuden in Städten und Märkten dürfen Dachrinnen nur aus feuersicherem Material hergestellt werden.

8. Kellerwohnungen.

§ 33. — — —

9. Dachwohnungen.

§ 34. I Dachwohnungen oder einzelne heizbare Lokale im Dachraume sind nur in Gebäuden von nicht mehr als drei Stockwerken über dem Erdgeschoß und nur unter folgenden Bedingungen zulässig:

1. Die lichte Höhe solcher Räume muß in Städten mit mehr als 10000 Einwohnern wenigstens 2,50 m und in allen anderen Orten wenigstens 2,30 m betragen und zwar mindestens für die Hälfte der Fußbodenfläche jeder einzelnen Räumlichkeit. Bei Gebäuden, die nur Kleinwohnungen im Sinne des § 62 Abs. VI Ziff. 2 enthalten, sowie bei Kleinhausbauten (§ 14 Abs. III) genügt es auch in Städten mit mehr als 10000 Einwohnern, wenn jeder Wohnraum im Dachgeschoß eine lichte Höhe von 2,30 m auf mindestens die Hälfte der Fußbodenfläche erhält;

2. die einzelnen heizbaren Lokale, sowie die sämtlichen, eine Dachwohnung bildenden Räume müssen von gehörig fundierten, massiven oder doch ausgemauerten Fach- und Riegelwerkwänden umschlossen sein. Scheidewände aus verputztem Lattenwerk sind nur zulässig, wenn die Herstellung vorschriftsmäßiger Scheidewände nach der Besonderheit des Falles nicht tunlich ist;

3. jedes Gemach muß durch mindestens ein Fenster gehöriges Licht erhalten. Auf eine Gangbelichtung kann verzichtet werden;

4. der Zugang zu solchen Gelassen darf nicht durch einen offenen Dachraum führen, sondern muß nach Ziff. 2 umschlossen und mit einer Decke nach Vorschrift der Ziff. 7 versehen sein;

5. die Stiege muß in Städten und Märkten mit geschlossener Bauweise den Anforderungen des § 54 entsprechen;

6. jede Feuerung muß zur Ableitung des Rauches mit einem Kamine in Verbindung gebracht werden;

7. die Decken der Gemächer müssen nach Vorschrift des § 26 hergestellt werden, während die schrägen Flächen mit Brettern und Lattenverputz oder mit Holzstückung, Lehmumwicklung und Rohrverputz herzustellen sind; am Dachfuß muß für den gehörigen Abfluß des Regenwassers gesorgt werden;

8. die Festigkeit des Dachstuhles darf durch die Herstellung von Dachzimmern oder Dachwohnungen nicht benachteiligt werden.

II Sollen solche in bereits bestehenden Gebäuden eingerichtet werden, so kann in Orten von nicht mehr als 10000 Seelen, wenn gesundheitliche Erwägungen nicht entgegenstehen, das Mindestmaß der lichten Höhe baupolizeilich bis zu 2,20 m zurückgeführt werden.

III Die Herstellung von Dachwohnungen oder einzelnen heizbaren Lokalen über dem Kehlgebälk ist untersagt.

10. Äußere Aufgangsstiegen, Erker und Oberlichtschachte.

§ 35. I Hölzerne äußere Aufgangsstiegen sind nur ausnahmsweise bei freistehenden Gebäuden bis zum ersten Stock (über eine Stiege) zulässig und müssen, wenn sie einer Dachung bedürfen, feuersichere Eindeckung erhalten.

II In bestehenden Wohngebäuden sind solche Aufgangsstiegen, wenn sie zu höheren Stockwerken führen, bei Vornahme von Hauptreparaturen oder Hauptänderungen in das Innere der Gebäude zu verlegen und in Städten und in Märkten mit geschlossener Bauweise nach Vorschrift des § 54 herzustellen.

§ 36. I Hölzerne Erker sind in der Regel unzulässig.

II Nur bei freistehenden Gebäuden kann deren Herstellung gestattet, zugleich aber Metallüberzug oder feuersicherer Anstrich vorgeschrieben werden.

§ 37. I Oberlichtschachte müssen mit Mauern oder ausgemauertem und verputztem Riegel- oder Fachwerk oder in Eisen ausgeführt werden.

II Die Lichtöffnungen in den Dachräumen und die sogenannten Aufzüge müssen mit einem Verschlusse versehen sein. Ihre Größe kann mit Rücksicht auf die Feuersicherheit und die Benützungsweise der Dachräume bei den Plangenehmigungen ausdrücklich bestimmt werden.

11. Altanen, Balkone und Galerien.

§ 38. I Altanen, Balkone und Galerien dürfen über die Baulinie nicht mehr als 1,30 m vorspringen, nur in Straßen, welche einschließlich der Trottoire eine Breite von wenigstens 12 m haben, und nur in einer Höhe von mindestens 3,50 m über dem darunter befindlichen Trottoir oder öffentlichen Wege angebracht werden.

II Sind Vorgärten von mindestens 5 m Tiefe vorhanden, so kann von der Baupolizeibehörde die Herstellung solcher Vorbauten von Grund auf, jedoch höchstens bis 2,50 m über die Baulinie hinaus gestattet werden.

III Erfolgt die Herstellung nicht von Stein oder Metall und stehen die Gebäude nicht frei und entfernt von der Straße, so müssen wenigstens die Untersicht und das Geländer feuersicher gemacht werden.

§ 39. I Galerien und Gänge, welche sonst nicht zugängliche Wohnräume unter sich oder mit der Stiege, oder welche zwei Gebäude miteinander verbinden, müssen, wenn sie nicht von unten auf massiv fundiert sind, aus unverbrennlichem Material ausgeführt werden.

II Andere Galerien und Gänge müssen von unten mit Lattenverputz, und wenn sie unbedeckt sind, mit feuersicherem Boden und Geländer, wenn sie aber gedeckt sind, mit einer feuersicheren Eindeckung versehen sein, die mindestens 0,05 m unter dem Dachgesimse anzubringen ist.

III Bei Gebäuden von nicht mehr als einem Stockwerk über dem Erdgeschoß ist die Herstellung aus Holz gestattet, jedoch die etwaige Eindeckung feuersicher herzustellen.

12. Bauten mit Feuerstätten.

§ 40. I Bauten mit Feuerstätten sind vorbehaltlich der §§ 41 und 42 mit massiven Umfassungen von Stein oder Eisen auszuführen und, wenn sie mit anderen Gebäuden zusammenhängend gebaut werden sollen, von diesen durch Brandmauern (§ 16) zu trennen.

II Das Letztere hat auch dann zu geschehen, wenn ein bestehendes Gebäude in mehrere selbständige Anwesen abgeteilt wird.

III Bei Reihenhäusern, die mit Einschluß des Dachgeschosses nicht mehr im Sinne des § 62 Abs. VI Ziff. 2 enthalten, kann die Baupolizeibehörde die Herstellung von Brandmauern innerhalb eines Abstandes von 25 m erlassen, doch müssen die einzelnen Gebäude durch Mauern getrennt sein, die bis zur Dachfläche reichen. Bei Kleinhausbauten (§ 14 Abs. III) kann der Abstand der Brandmauern bis auf 40 m vergrößert werden; die einzelnen Gebäude sind jedoch durch Mauern zu trennen, die in einer durchgehenden Stärke von mindestens 0,12 m bis zur Dachfläche reichen.

IV Stallungen oder Lagerplätze für Futter und dergleichen, welche in Gebäuden mit Feuerstätten angebracht werden, müssen von den daneben befindlichen Wohnräumen durch Mauern getrennt sein.

§ 41. Ausnahmen vom Massivbau sind zulässig:

1. bei kleinen Nebengebäuden bis zu 50 qm Grundfläche und einer Wandhöhe bis zu 6 m; diese dürfen aus ausgemauertem Fachwerk hergestellt werden;
2. bei Kleinhausbauten (§ 14 Abs. III); hier dürfen Erdgeschoß und Obergeschoß in ausgemauertem Fachwerk auf gemauertem Sockel hergestellt werden; soweit es die klimatischen Verhältnisse erfordern, kann entweder Verputz der Außenseite oder Isolierung der Innenseite oder beides verlangt werden;
3. bei Fabrikgebäuden und bei Gebäuden für Werkstatt- und Arbeitsräume, welche mindestens 10 m von der Nachbargrenze und 5 m von anderen Gebäuden entfernt sind oder an überragende Brandmauern angebaut werden; diese Gebäude dürfen, sofern nicht § 47 Anwendung findet, ebenfalls aus ausgemauertem Fachwerk hergestellt werden;

4. bei Gebäuden zu vorübergehenden Schaustellungen und anderen vorübergehenden Zwecken; diese dürfen mit besonderer Genehmigung von Holz, jedoch stets nur in provisorischer Weise errichtet werden. Notstandsbauten für Zwecke der Kleinwohnungen sind hieher zu rechnen.

§ 42. I In Märkten mit nicht geschlossener Bauweise und auf dem Lande brauchen nur die Umfassungswände des Erdgeschosses der Wohngebäude massiv hergestellt zu werden, während die oberen Stockwerke auch mit Umfassungswänden von ausgemauertem Fach- oder Riegelwerk ausgeführt werden dürfen.

II Überdies kann in Märkten mit nicht geschlossener Bauweise und auf dem Lande nach Umständen gestattet werden, daß die Umfassungswände des Erdgeschosses der Wohngebäude auf gemauertem Sockel von ausgemauertem Fach- oder Riegelwerk, die Umfassungswände der oberen Stockwerke dagegen, insoweit letztere nicht zu Wohnräumen bestimmt sind, in gestücktem und verputztem Fach- oder Riegelwerk oder auch als Blockwände mit oder ohne Verschalung, Verschindelung oder Verschieferung hergestellt werden.

§ 43. I Scheidewände aus Holz sind in Gebäuden mit Feuerstätten nur insoweit zulässig, als auch die Umfassungswände von Holz aufgeführt werden dürfen.

II Scheidewände, welche keine Tragmauern bilden und an ihren beiden Enden an massive Mauern anstoßen, dann von Feuerstätten und Kaminen mindestens 0,45 m entfernt sind, können aus verputztem Lattenwerke hergestellt werden.

III Abteilungen in Dachräumen, ferner die Umfassungen kleiner verschlagartiger Räume dürfen aus Latten oder Brettern errichtet werden.

13. Bauten ohne Feuerstätten.

§ 44. I Bauten ohne Feuerstätten, welche nicht zur Herstellung, Bearbeitung oder Lagerung größerer Quantitäten leicht entzündlichen oder schwer zu löschenden Materials bestimmt sind, können mit ausgemauertem Fach- oder Riegelwerk auf gemauertem Sockel hergestellt werden.

II Nach Umständen sind auch Umfassungen aus gestucktem oder verputztem Fach- oder Riegelwerke auf gemauertem Sockel zulässig.

III Stoßen solche Bauten an Gebäude mit Feuerstätten, so müssen sie durch Brandmauern von denselben getrennt werden.

IV Liegen dieselben von anderen Gebäuden mindestens 5 m und von der Nachbargrenze 2,50 m entfernt, so ist deren Herstellung auch mit Holzwänden auf gemauertem Sockel gestattet.

V Die in § 6 Abs. 2 bezeichneten Bauten dürfen in den betreffenden Ortschaften ohne Rücksicht auf die Entfernung aus Holz hergestellt werden.

§ 45. In Märkten mit nicht geschlossener Bauweise und auf dem Lande treten folgende Erleichterungen ein:

1. Werden an Wohngebäude Stallungen, Scheunen oder Schupfen angebaut, so dürfen diese Anbauten aus Holz auf gemauertem Sockel hergestellt werden.

Erfolgt der Anbau unter einem Winkel, so muß, soweit eine Brandmauer geboten ist, die an dieselbe anstoßende Umfassung der Anbauten im einspringenden Winkel auf die Entfernung von 5 m mindestens mit ausgemauertem Fach- oder Riegelwerk hergestellt werden.

Eine Brandmauer ist nicht geboten, wenn die Grundfläche der Anbauten nicht mehr als 200 qm beträgt; in diesem Falle genügt statt der Brandmauer eine Mauer, welche bis zur Höhe der Wohnräume reicht.

Beträgt die Grundfläche der Anbauten über 200 qm, jedoch nicht mehr als 400 qm und stößt an die Brandmauer ein gewölbter Raum an, so ist zu ebener Erde ein feuersicherer Tür- und Fensterverschluß der Brandmaueröffnungen nicht geboten.

2. Wenn Stallungen, Scheunen oder Schupfen nicht an das Wohnhaus angebaut werden und von diesem oder anderen Gebäuden weniger als 5 m oder von der Nachbargrenze weniger als 2,5 m entfernt sind, so müssen nur diejenigen Teile der Umfassungen, welche die vorgeschriebene Entfernung von 5 m bzw. 2,5 m nicht haben, auf die ganze Höhe des Gebäudes mindestens mit ausgemauertem Fach- oder Riegelwerk hergestellt werden, und auch dies ist nicht geboten, wenn entweder ein solches Nebengebäude nicht mehr als 200 qm Grundfläche einnimmt, oder wenn an einer der sich gegenüberliegenden Gebäudeseiten eine massive Mauer ohne Holzvorsprung vorhanden und das Gebäude feuersicher eingedeckt ist.

14. Bauten von mehr als gewöhnlicher Ausdehnung und Brandgefahr.

§ 46. I Bei Neubauten, deren obere Stockwerke zu größeren Versammlungen oder öffentlichen Lustbarkeiten bestimmt sind, müssen die Zugänge zu den Versammlungs- oder Gesellschaftsräumen mit unverbrennlichen Treppen versehen werden.

II Dasselbe kann bei Fabrikgebäuden von mehr als einem Geschosse gefordert werden.

III Die Baupolizeibehörde kann für die in Abs. 1 und 2 bezeichneten Gebäude im Interesse der Gesundheitspflege auch die zur Sicherung einer entsprechenden Ventilation erforderlichen Vorkehrungen anordnen, ohne Rücksicht darauf, ob die fraglichen Lokalitäten sich im Erdgeschoß oder in oberen Stockwerken befinden.

IV Bei derartigen Gebäuden von geringerem Umfange dürfen hölzerne Treppen zugelassen werden, deren Wangen aus Mauerwerk oder anderem unverbrennlichem Materiale bestehen.

V Wohn- und Fabrikgebäude von größerer Ausdehnung müssen auf angemessene Entfernung von der Hauptstiege mit Nebentreppen versehen werden, deren Zahl und Lage die Baupolizeibehörde zu bestimmen hat.

VI Wohngebäude von der im § 25 Abs. 4 als zulässig erklärten Maximalhöhe müssen bis zum Dachboden in massiv gemauerten Stiegenhäusern liegende Treppen von unverbrennlichem Material erhalten.

VII Alle Lokale, welche für größere Versammlungen oder öffentliche Lustbarkeiten bestimmt sind, müssen eine entsprechende Anzahl von Ausgängen erhalten, welche leicht und schnell nach außen sich öffnen lassen. Von den Ausgängen solcher Räume bis zu den Ausgangstüren aus den Gebäuden ins Freie müssen die Hausfluren, Gänge und Treppen eine angemessene Breite, massive Umfassungen und gewölbte Decken erhalten. Die Anzahl der Ausgänge, sowie die Breite derselben, dann die Breite der Gänge, Hausfluren und Treppen hat in jedem einzelnen Falle die Baupolizeibehörde festzusetzen.

VIII Vorstehende Bestimmungen finden auch auf schon bestehende Lokale und Gebäude Anwendung, welche für die bezeichneten Zwecke eingerichtet werden sollen.

§ 47. I Gebäude, welche zur Herstellung, Bearbeitung oder Lagerung größerer Quantitäten leicht entzündlicher oder schwer zu löschenden Materials bestimmt sind, müssen mit massiven Mauern umgeben und, wenn sie mit anderen Gebäuden zusammenhängend gebaut werden sollen, von diesen durch Backsteinbrandmauern getrennt werden.

II Es kann aber auch eine allseitig freie Lage bis zu 9 m Entfernung von anderen Gebäuden, die Einwölbung, unverbrennliches Stiegenwerk, dann ein Verschluß der Brandmaueröffnungen nach § 16 Ziff. 4, ein feuerfester Boden und, wenn solche Gebäude mehr als 400 qm Grundfläche haben, deren Abscheidung durch Backsteinbrandmauern in Einzelräume, wie sie dem Betriebe des Geschäfts und der Konstruktion des Baues angemessen sind, gefordert werden.

III Die durch Brandmauern getrennten Räume dürfen verbunden werden:

a) mittels eines unter Ausschluß aller Holzteile aus Eisen oder Stein und Glas konstruierten Balkones, welcher durch in die Langmauer eingefügte Türen von der in § 16 Ziff. 4 Abs. 4 näher beschriebenen Beschaffenheit zugänglich ist;

b) durch einen an die Brandmauer anstoßenden Einbau, der den mittelbaren Zugang in den abgetrennten Gebäudeteil ermöglicht; dieser Einbau ist aus mindestens 0,25 m starkem Backsteinmauerwerk herzustellen und in allen Stockwerken zu wölben; derselbe darf weder eine Stiege noch Holzteile enthalten und auch nicht zur Lagerung irgendwelcher Stoffe dienen.

Die Türen des Einbaues müssen die in § 16 Ziff. 4 Abs. 4 vorgeschriebene Beschaffenheit erhalten und im rechten Winkel zur Türe in der Brandmauer stehen; etwaige Fenster sind in der Langmauer anzubringen und deren Stärke und Rahmen aus unverbrennlichem Materiale herzustellen.

Öffnungen zur unmittelbaren Verbindung der zu trennenden Räume sind in der Brandmauer nur insoweit gestattet, als sie zur Führung von Transmissionswellen unumgänglich nötig sind. Solche Öffnungen müssen an beiden Seiten durch Büchsen geschlossen werden, deren Flanschen in die Brandmauer eingeschraubt sind. Zwischen den Büchsen und der Peripherie der Transmissionswelle ist ein Spielraum von höchstens 15 mm zulässig.

IV Vorstehende Bestimmungen finden keine Anwendung auf Stallungen Scheunen und Schupfen.

§ 48. Bei Theatern mit Schnürboden und Versenkungen kann gefordert werden:

a) Trennung des Bühnen- und Zuschauer-Raumes durch zwei mindestens 1 m voneinander entfernt stehende, mindestens 1 m starke und ebenso hoch über die Dachfläche reichende Backsteinbrandmauern, die im Proszeniums-Ausschnitte durch Backsteingewölbe oder Eisenkonstruktionsteile verbunden sind; — eine weitere Verbindung beider Räume ist nur nach § 47 Abs. III lit. a zulässig;

b) die Aufsetzung von Blitzableitern;

c) die Herstellung und Einwölbung von Vorfluren, Treppenräumen, Gängen und Dachaustritten in genügender Menge, ferner die Herstellung und Einwölbung von eigenen Gebäuden oder Räumen für Gasometer und Heizungsanlagen;

d) die Herstellung von Gangböden und Treppen aus unverbrennlichem Materiale;

e) die Verwendung von Gaslicht oder elektrischer Beleuchtung, von Dampf- oder Heißwasserheizung und die Herstellung von eisernen Vorhängen, Ventilationsapparaten und Löschvorrichtungen.

15. Winkel, Hofräume und Rückgebäude.

§ 49. I Winkel und sogenannte Reihen (Ehegräben rc.) zwischen den einzelnen Bauten müssen, wo nur immer möglich, vermieden, unter allen Umständen aber so gepflastert werden, daß ein entsprechender Wasserablauf ermöglicht ist.

II Vorrichtungen zur Einleitung des Inhaltes von Abtritten in solche Reihen sind unzulässig und zur Einleitung von Schmutzwasser nur dann erlaubt, wenn eine hinreichende Spülung mit reinem Wasser bewirkt werden kann.

§ 50. I Bei allen Wohnhausneubauten müssen Hofräume vorhanden sein und sollen sowohl die neu anzulegenden, als auch die bereits bestehenden

Hofräume in einer den Anforderungen der Feuersicherheit und Gesundheitspflege entsprechenden Größe, welche in jedem einzelnen Falle nach dem Umfange und der Höhe der Gebäude, jedoch nicht auf weniger als ein Viertel der zur Überbauung bestimmten Fläche zu bemessen ist, unüberbaut erhalten werden.

II Solche Hofräume dürfen auch nicht durch Bauten, welche nach § 6 Abs. II polizeilicher Genehmigung nicht bedürfen, weiter verkleinert werden.

III Die Überdachung eines Hofraumes mit Glas kann unter besonderen Verhältnissen gestattet werden.

§ 51. I Alle Hofräume, in welchen Rückgebäude zur Benützung als Wohnungen, Arbeitslokalitäten, Magazine oder Stallungen sich befinden oder hergestellt werden, müssen eine den Verhältnissen angemessene Zufahrt von der Straße aus haben, welche mindestens 2,30 m Breite und 2,70 m Höhe erreichen muß.

II Bei unbewohnten kleineren Rückgebäuden genügt ein äußerer Zugang von 2 m Breite, doch darf die Höhe dieses Zugangs nicht unter 2,70 m betragen.

III Desfallsigen Mängeln bei bestehenden Bauanlagen muß bei Hauptreparaturen oder Hauptänderungen des an die Zufahrt anstoßenden Gebäudeteils abgeholfen werden.

IV Die Baupolizeibehörde kann nach Lage der Verhältnisse gebotene Erleichterungen für Kleinhäuser (§ 14 Abs. III) zulassen.

16. Abtritte, Dung- und Versitzgruben.

§ 52. — — —

17. Besondere Bestimmungen.

a) Für Städte und Märkte mit geschlossener Bauweise.

§ 53. I An bestehende oder nach den Baulinienplänen neuanzulegende öffentliche Plätze, Straßen und Wege sollen in der Regel nur Hauptgebäude gestellt werden; wegen besonderer Verhältnisse können Ausnahmen gestattet werden.

II Bei dem Anstrich der Gebäude ist die Anwendung der reinen Kalkweiße sowie aller grellen Farben untersagt.

III Wettermäntel von Holz sind nur bei freistehenden Gebäuden oder an Mauern ohne Fenster und Türöffnungen zulässig.

IV In Städten von mehr als 20000 Seelen ist bei allen Neubauten und Hauptreparaturen an der Straßenseite den Anforderungen der Ästhetik zu genügen. Dieser Anforderung zuwiderlaufende Pläne sind abzuändern und festzusetzen, ohne daß jedoch durch die für notwendig erkannten Abänderungen die Kosten der Bauführung wesentlich vermehrt werden dürfen.

§ 54. I Die Räume, in welche hölzerne Haupttreppen in Wohngebäuden zu stehen kommen, müssen mit massiven Mauern von mindestens 0,25 m Stärke umgeben und von den Speichern nach § 26 Abs. 5 und 6 getrennt, die Treppen aber von unten mit einer verputzten Decke versehen werden.

II Auch die vom obersten Stockwerke zu dem Dachraume führenden Treppen müssen zwischen massiven Mauern von vorbezeichneter Stärke liegen.

III Bei Kleinhausbauten (§ 14 Abs. 3) kann für Treppenraummauern, an die sich hölzerne Stockwerkstreppen bzw. deren Wangen anlehnen, eine Ziegelmauerstärke von 0,12 m zugelassen werden. Beim Einzelhaus können massive Treppenmauern und Trennung von den Speichern nach § 26 Abs. 5 und 6 erlassen werden; die Herstellung einer verputzten Treppenuntersicht ist nur insoweit notwendig, als die Treppe den Abschluß gegen den Keller bildet.

IV Haupttreppen müssen in jedem Stockwerk mit mindestens Einem leicht zu öffnenden Fenster von gehöriger Größe versehen sein, welches direkt ins Freie geht.

V Diese Vorschriften sind auf bestehende Gebäude, wo es möglich ist, dann anzuwenden, wenn wenigstens ein ganzes Stockwerk eine wesentliche Umgestaltung erhält.

VI Die Baupolizeibehörde kann bei Einfamilienhäusern, die mit Einschluß des Dachgeschosses nicht mehr als zwei bewohnbare Obergeschosse haben, dann bei Miethäusern, die mit Einschluß des Dachgeschosses nur ein bewohnbares Obergeschoß haben, die nach den gegebenen Verhältnissen und mit Rücksicht auf die Sicherheit der Personen tunlichen Erleichterungen gewähren.

b) Für Märkte mit nicht geschlossener Bauweise und für Bauten auf dem Lande, dann im Hochgebirge usw.

§ 55. In Märkten mit nicht geschlossener Bauweise und auf dem Lande sind zwar gleichfalls die Rücksichten auf Feuersicherheit, Festigkeit der Bauführung und auf Gesundheit im allgemeinen maßgebend, jedoch kann von den Bestimmungen der §§ 25, 32, 33, 34, 35, 36, 38 und 39 insoweit Umgang genommen werden, als dies mit Rücksicht auf die Baulinie, die Feuersicherheit und Gesundheit nach den örtlichen Verhältnissen von der Baupolizeibehörde für zulässig erachtet wird.

§ 56. I Im Hochgebirge, im bayerischen Wald, in den mit diesem Walde oder mit dem Böhmerwalde in gleicher Höhenlage befindlichen und denselben klimatischen Verhältnissen unterliegenden Waldbezirken der Oberpfalz, im Fichtel- und Rhöngebirge, im Spessart, Odenwalde und im fränkischen Walde kann gestattet werden, daß Wohn- und Nebengebäude in Dörfern mit nicht geschlossener Bauweise, in Weilern und Einöden auch aus Blockwänden mit oder ohne Verschalung, Verschindelung oder Verschieferung auf gemauertem Sockel ausgeführt werden. Bei Nebengebäuden ohne Feuerstätten kann auch von Blockwänden abgesehen werden.

II In den in Abs. 1 bezeichneten Gegenden kann in Dörfern mit nicht geschlossener Bauweise, dann in Weilern und in Einöden die Verwendung von Holzschindeln zur Eindeckung von Gebäuden von der Baupolizeibehörde unter der Voraussetzung gestattet werden, daß die mit diesem Material einzudeckenden Bauten mindestens 30 m von fremden Gebäuden entfernt sind.

III Die gänzliche oder teilweise Erneuerung einer nicht feuersicheren Eindeckung an bestehenden Gebäuden in den in Abs. I bezeichneten Gegenden ist allgemein ohne Unterscheidung der Eigenschaft und der Bauart der Ortschaften und ohne Rücksicht auf das Eindeckungsmaterial sowie auf die Entfernung der Gebäude unter sich zulässig.

IV Unter „Hochgebirge“ werden beim Vollzuge vorstehender Bestimmungen alle Gegenden der Alpen und Voralpen sowie des ihnen angeschlossenen gebirgigen Vorlandes verstanden, bei denen die Höhenlage und die klimatischen Verhältnisse in ähnlicher Weise wie in den übrigen in Abs. I bemerkten Gegenden gestaltet sind.

c) Für Villenbauten (Landhäuser).

§ 57. Bei freistehenden Villen darf mit baupolizeilicher Bewilligung ausnahmsweise von den bestehenden Vorschriften abgewichen werden, wenn hierdurch keinerlei Gefahr für Nachbargebäude erwächst und die Festigkeit der Bauführung nicht beeinträchtigt wird; die Bestimmungen über Feuerstätten und Kamine müssen aber auch in diesem Falle eingehalten werden.

VI. und V. Zuständigkeit, Verfahren und Schlußbestimmungen.

§§ 58 mit 82.

Auszug aus der Verordnung vom 10. 2. 01 die Wohnungsaufsicht betreffend.

(GVBl. S. 73.)

§ 13. Die Heizvorrichtungen und Feuerungen müssen so beschaffen sein, daß durch ihren Gebrauch die Gesundheit nicht gefährdet wird.

§ 15 Abs. IV. Die als Schlafstellen benutzten Räume dürfen in bezug auf die Möglichkeit einer Rettung bei Feuersgefahr keinem Bedenken unterliegen.

Entschließung des Staatsministeriums des Innern vom 29. 9. 14 die Verhütung von Fehlbodenbränden betr.

Die Ursache vieler Fehlbodenbrände liegt erfahrungsgemäß in der nachlässigen Anbringung der Bretter der Fehlböden und der Weißdecken. Diese werden häufig bis hart an das noch unverputzte Kamin-Mauerwerk herangeführt oder gar zur Erzielung besseren Haltes in dessen Fugen eingeklemmt. Die Vermeidung dieser Fehler wird zur Erhöhung der Feuersicherheit wesentlich beitragen.

Die Distriktspolizeibehörden werden deshalb angewiesen, durch die Baukontrollorgane mit allem Nachdruck auf die sorgsame Ausführung der Kamine und die sorgfältige Anbringung der in ihrer Nähe befindlichen Holzteile den hierfür geltenden Vorschriften entsprechend dringen zu lassen. Als eine zweckmäßige Maßnahme ist es dabei zu erachten, wenn der Raum zwischen Kamin und Gebälk mit Beton oder steifem Mörtel und dergl. aufgefüllt wird, da hierdurch der Fehlboden an dieser Stelle entbehrlich wird, ferner wenn die Schalbretter für die Weißdecke in der unmittelbaren Nähe des Kamines durch Rabitzgewebe ersetzt werden.

Bekanntmachung des Staatsm. d. Innern vom 26. 6. 26 über das Verbot des Rauchens beim Dreschen.

Das Rauchen beim Dreschen ist besonders feuergefährlich. Nach § 15 der VO. vom 27. 6. 1862/31. 12. 1867 ist das Tabakrauchen an Plätzen, an welchen leichtentzündliche Stoffe oder größere Massen brennbaren Materials (Getreide, Stroh usw.) sich befinden, verboten.

Es ergeht die Weisung, dieses Verbot insbesondere beim Betrieb der Dreschmaschinen auf das strengste zu vollziehen.

Die Bezirkspolizeibehörden haben die notwendigen weiteren Anweisungen zu erlassen.

II. Feuerschau und Kaminkehrerwesen.

Verordnung vom 17. 6. 98 die Feuerbeschau betreffend.

§ 1. I Die Feuerbeschau ist Gegenstand der Ortspolizei.

II Jede Gemeinde bildet einen Feuerbeschaubezirk. Größere Gemeinden können in mehrere Feuerbeschaubezirke eingeteilt werden.

§ 2. I Für jeden Feuerbeschaubezirk wird eine Feuerbeschaukommission gebildet.

II Die Feuerbeschaukommission besteht aus einem Vertreter der Ortspolizeibehörde und einem von der Gemeinde aufgestellten, obrigkeitlich verpflichteten, bauverständigen Feuerbeschauer (Bautechniker, Maurer- oder Zimmermeister).

III Der Ortspolizeibehörde ist anheimgestellt, nach Bedarf auch einen Kaminkehrer oder andere Sachverständige zur Feuerbeschau zuzuziehen.

IV Ferner ist das Kommando der Ortsfeuerwehr berechtigt, einen Vertreter zur Teilnahme an der Feuerbeschau abzuordnen.

V Veranlaßten Falles können den Feuerbeschaukommissionen seitens der Bezirksämter die Amtstechniker oder andere Sachverständige beigegeben werden.

§ 3. I Die Ortspolizeibehörde veranlaßt den Zusammentritt der Feuerbeschaukommission alle zwei Jahre mindestens einmal zu einer allgemeinen Feuerbeschau und zwar während der Heizperiode.

II Gebäude, welche zur Herstellung, Bearbeitung oder Lagerung größerer Quantitäten leicht entzündlichen oder schwer zu löschenden Materials dienen, mit Ausnahme der Stallungen, Scheunen und Schupfen, müssen alljährlich mindestens einmal der Feuerbeschau unterzogen werden.

III Außerdem können von der Distriktsverwaltungs- oder Ortspolizeibehörde erforderlichen Falls jederzeit für den gesamten Bezirk oder für ein einzelnes Anwesen oder Gebäude außerordentliche Feuerbeschauen angeordnet werden.

§ 4. I Die Feuerbeschau erstreckt sich nicht nur auf die Privatgebäude, sondern auch auf alle Hof-, Staats-, Gemeinde- Kirchen- und Stiftungs-Gebäude.

II Die Besitzer von Gebäuden und Anwesen beziehungsweise deren Stellvertreter in der Verwaltung und Benützung der Gebäude, wie Verwalter, Mieter, Aftermieter usw., sind verpflichtet, die Feuerbeschau ungehindert vornehmen zu lassen.

§ 5. I Bei Vornahme der Feuerbeschau sind die Anwesen und Gebäude nach innen und außen auf das Vorhandensein feuergefährlicher Zustände und sicherheitsgefährlicher Baugebrechen gründlich zu untersuchen, hiebei ist insbesondere den Kaminen und Feuerstätten, sowie der Beobachtung der zur Verhütung von Feuersgefahren erlassenen Vorschriften ein besonderes Augenmerk zuzuwenden, sowie darauf zu sehen, ob die Kaminkehrer ihren Verpflichtungen nachgekommen sind.

II In die Beschau sind nicht nur die Hauptgebäude, sondern auch die Nebengebäude, sowie die Hofräume rc. einzubeziehen.

III In den Gebäuden sind, soweit möglich, sämtliche einzelnen Gelasse zu besichtigen.

IV Bei Erledigung der vorbezeichneten Aufgaben ist darauf Rücksicht zu nehmen, daß die Bewohner der Gebäude nicht ungebührlich belästigt werden.

§ 6. I Die Feuerbeschaukommission hat die Anwesens- beziehungsweise Wohnungsinhaber auf die vorgefundenen Mängel aufmerksam zu machen.

II Handelt es sich um Zustände, welche ohne Schwierigkeit sofort beseitigt werden können, so ist der hiefür verantwortliche Anwesens- oder Wohnungsinhaber zur sofortigen Abstellung zu veranlassen und vor Wiederholung zu verwarnen.

III In anderen Fällen ist zur Beseitigung eine entsprechende Frist zu bestimmen, welche abgesehen von größeren Bauvornahmen vier Wochen nicht überschreiten darf.

IV Besonders gefährliche Zustände, welche sofortige Abhilfe erheischen, hat die Feuerbeschaukommission unverzüglich der Ortspolizeibehörde anzuzeigen.

§ 7. I Spätestens einen Monat nach beendigter Beschau ist eine Nachbeschau vorzunehmen, wobei die Zuziehung eines Sachverständigen in einfach gelagerten Fällen unterbleiben kann.

II Wo zu einer größeren Bauvornahme eine längere Frist gewährt wurde, ist nach deren Ablauf eine gesonderte Nachbeschau vorzunehmen.

§ 8. I Der Befund der Beschau und der Nachbeschau ist in ein Protokoll einzutragen, welches der Ortspolizeibehörde mit den Anträgen der Feuerbeschaukommission vorzulegen ist.

II Die Führung der Protokolle wird durch Ministerialvorschrift geregelt.

§ 9. Die einem Bezirksamte untergeordneten Ortspolizeibehörden bringen demselben die Feuerbeschauprotokolle ohne Verzug in Vorlage und äußern sich, soweit veranlaßt, zu den einzelnen Anträgen der Feuerbeschaukommission.

§ 10. I Seitens der Distriktsverwaltungsbehörden werden die Feuerbeschauprotokolle einer Durchsicht unterzogen und die erforderlichen Verfügungen[1]) getroffen zur Beseitigung derjenigen Mängel, welche inhaltlich der Feuerbeschauprotokolle und nach den etwa weiter gepflogenen Erhebungen der Abhilfe bedürfen.

II Gegen derartige Verfügungen ist Beschwerde im polizeilichen Instanzenzuge zulässig. Die Beschwerden sind an eine Frist von 14 Tagen gebunden.

III Die Besitzer von Gebäuden und Anwesen beziehungsweise deren Stellvertreter in der Verwaltung oder Benützung derselben sind auch in denjenigen Fällen, welche nicht durch anderweitige feuerpolizeiliche Anordnungen im Sinne des Artikels 2 Ziffer 14 des Polizeistrafgesetzbuches getroffen werden, verpflichtet, den Verfügungen der Distriktsverwaltungsbehörde in bezug auf Abstellung feuergefährlicher Zustände in oder an[2]) den Gebäuden und Anwesen innerhalb der hiefür von der Behörde festgesetzten Frist nachzukommen.

§ 11. I In denjenigen Fällen, welche eine strafrichterliche Einschreitung erheischen, werden von den Distriktsverwaltungsbehörden die erforderlichen Anzeigen bei dem Staatsanwalte beziehungsweise dem Amtsanwalte erstattet.

II Veranlaßten Falles haben die Distriktsverwaltungsbehörden mit der Versicherungskammer, Abteilung für Brandversicherung, ins Benehmen zu treten.

---

[1]) § 10 ermächtigt die zuständigen Behörden zur Erlassung besonderer Anordnungen zur Behebung feuergefährlicher Zustände jeder Art. Er verpflichtet die in Abs. III genannten Personen den Anordnungen Folge zu leisten. Zuwiderhandlungen unterliegen der Strafbestimmung des § 368 Nr. 8 des RStrGB.

§ 12. Für die Feuerbeschau an Hof- und Staats-, Kirchen- und Stiftungs-Gebäuden gelten folgende Bestimmungen:

1. Von der Vornahme der Feuerbeschau ist den mit der unmittelbaren Verwaltung der betreffenden Gebäude betrauten unteren Behörden und Organen beziehungsweise Personen vorher besondere Mitteilung zu machen.
2. Die Vornahme der Feuerbeschau darf nur in Gegenwart der von diesen Behörden und Organen beziehungsweise Personen bezeichneten Vertreter betätigt werden.
3. Für jedes Gebäude ist, falls eine Beanstandung erfolgt, ein gesondertes Feuerbeschauprotokoll aufzunehmen und sofort nach Vornahme der Feuerbeschau der Ortspolizeibehörde beziehungsweise durch diese der Distriktsverwaltungsbehörde vorzulegen.
4. Die weiteren Verhandlungen mit den einschlägigen Behörden beziehungsweise Verwaltungen über die Abstellung der vorgefundenen Mängel werden von der Bezirksverwaltungsbehörde betätigt.

§ 13. Die Kosten der Feuerbeschau fallen, soweit sie nicht durch Abordnung von Sachverständigen seitens der Bezirksämter veranlaßt werden, den Gemeinden zur Last.

§ 14. Zuwiderhandlungen gegen die Vorschriften in § 4 Absatz II und § 10 Absatz III unterliegen der Strafbestimmung des § 368 Ziffer 8 des Reichs-Strafgesetzbuches.

§ 15. In Städten, in welchen zur Vornahme der Feuerbeschau technisch gebildete Bedienstete in ständiger Eigenschaft aufgestellt sind, kann mit Genehmigung des K. Staatsministeriums des Innern eine von vorstehenden Bestimmungen abweichende Regelung der Feuerbeschau getroffen werden.

§ 16. Sämtliche über die Feuerbeschau bestehenden verordnungsmäßigen Bestimmungen werden aufgehoben.

Bekanntmachung des Staatsministeriums des Innern vom 19. 6. 98, die Feuerbeschau betreffend.

Zum Vollzuge der Verordnung vom 17. ds. Mts., die Feuerbeschau betreffend, wird nachstehendes bekannt gegeben:

Zu § 2. a) Zur Vertretung der Ortspolizeibehörde in der Feuerbeschaukommission ist nach Artikel 94 beziehungsweise Artikel 138 Absatz I und V der Gemeindeordnung für die Landesteile diesseits des Rheins und Artikel 71 Absatz I und V der Gemeindeordnung für die Pfalz in erster Linie der Bürgermeister berufen.

Nach Artikel 94 der Gemeindeordnung für die Landesteile diesseits des Rheins kann in Gemeinden mit städtischer Verfassung der Bürgermeister — unbeschadet dessen, was Artikel 101 Absatz II und Artikel 121 hinsichtlich der Stellvertretung bestimmen — die Feuerbeschau unter seiner Leitung durch ein anderes Magistratsmitglied oder durch einen höheren Gemeindebediensteten besorgen lassen; in Landgemeinden sind gemäß Artikel 139 Absatz I der Beigeordnete und die Gemeindebevollmächtigten abgesehen von dem was Artikel 125 Absatz III hinsichtlich der Stellvertretung bestimmt, — verpflichtet, sich nach Anordnung des Bürgermeisters zur Vornahme der Feuerbeschau verwenden zu lassen, und in den vom Wohnsitz des Bürgermeisters entfernten Orten kann nach Absatz II des Artikels 139 auch ein vom Gemeindeausschuß gewählter Ortsführer hiemit beauftragt werden.

Die Gemeindeordnung der Pfalz enthält in Artikel 56 Absatz III über die Stellvertretung der Bürgermeister, in Artikel 72 über die Aufstellung von Polizeikommissären und in Artikel 73 über die Wahl von Adjunkten Bestimmungen, welche auch für die Vertretung der Ortspolizeibehörde in der Feuerbeschaukommission maßgebend sind.

b) Die von den Gemeinden aufgestellten Feuerbeschauer erscheinen als Organe der Ortspolizei, als Ortspolizei-Personal im Sinne der Artikel 38 und 141 der Gemeindeordnung für die Landesteile diesseits des Rheins beziehungsweise des Artikels 75 der Gemeindeordnung für die Pfalz.

Demgemäß dürfen als Feuerbeschauer nur geeignete, genügend erfahrene und vollkommen verlässige Persönlichkeiten aufgestellt werden. Im Interesse der gleichmäßigen Vornahme der Feuerbeschau wird es sich empfehlen, auf dem Lande für möglichst viele Gemeinden eines Amtsbezirkes den gleichen Sachverständigen aufzustellen; auch der amtliche Techniker kann mit dieser Stellung betraut werden, wenn seine sonstigen Dienstesaufgaben hiedurch keinen Abbruch erleiden. Andererseits ist es auch nicht zu beanstanden, wenn eine Gemeinde etwa einen Maurermeister und einen Zimmermeister als Feuerbeschauer bestellt und durch dieselben abwechselungsweise die Feuerbeschau besorgen läßt.

Die Aufstellung der Feuerbeschauer erfolgt in den Gemeinden diesseits des Rheins gemäß Artikel 85 und 132 der Gemeindeordnung durch den Magistrat, beziehungsweise den Gemeindeausschuß, in den pfälzischen Gemeinden durch den Gemeinderat gemäß Artikel 75 Absatz III der einschlägigen Gemeindeordnung. In bezug auf die Widerruflichkeit des Dienstverhältnisses vgl. Artikel 77 Absatz III und Artikel 141 Absatz I der Gemeindeordnung für die Landesteile diesseits des Rheins beziehungsweise Artikel 75 Absatz I der Gemeindeordnung für die Pfalz.

Auf die Verpflichtung der Feuerbeschauer findet Artikel 79 Absatz II und Artikel 141 Absatz III der Gemeindeordnung für die Landesteile diesseits des Rheins beziehungsweise Artikel 75 Absatz IV der Gemeindeordnung für die Pfalz Anwendung. Anläßlich der Verpflichtung sind die Feuerbeschauer mit ihren Obliegenheiten genauestens bekannt zu machen und über die einschlägigen Gesetze und polizeilichen Vorschriften zu unterrichten. Im Interesse einer nachdrücklichen Belehrung empfiehlt es sich dringend, daß die Feuerbeschauer vor der Verpflichtung von der Gemeinde mit einer gedruckten Zusammenstellung der bezüglichen Bestimmungen versehen werden.

Ungeeignete Persönlichkeiten können nötigenfalls im Wege des staatsaufsichtlichen Verfahrens entfernt werden; Pflichtverletzungen der Feuerbeschauer unterliegen den Disziplinarvorschriften der Gemeindeordnung.

c) Der Kaminkehrer des Bezirks gehört an und für sich der Feuerbeschaukommission nicht an, da derselbe schon vermöge seines Berufs[1]) zur Anzeige der bei Ausübung seines Geschäftes wahrgenommenen feuergefährlichen Zustände verpflichtet ist, und die Feuerbeschaukommission gemäß § 5 Absatz I a. E. gerade auch die Aufgabe hat, den Geschäftsbetrieb des Kaminkehrers zu kontrollieren.

Durch § 2 Absatz III ist übrigens den Ortspolizeibehörden anheimgegeben, im Bedarfsfalle auch einen Kaminkehrer zur Feuerbeschau zuzuziehen, und ist es in das Ermessen der Ortspolizeibehörde gestellt, ihre Wahl auf einen anderen als den für den Bezirk bestellten Kaminkehrer zu richten, wenn wegen vorliegender Verdachtgründe eine besondere Untersuchung der bezüglichen Verhältnisse geboten erscheint.

d) Die Beiziehung anderer Sachverständiger kann insbesondere da, wo größere gewerbliche oder industrielle Werkstätten sich befinden zweckmäßig erscheinen.

e) Um dem Kommando der Ortsfeuerwehr die rechtzeitige Abordnung eines Vertreters zu ermöglichen, ist demselben womöglich drei Tage vorher von dem Beginne der Feuerbeschau Kenntnis zu geben.

f) Besonderer Wert ist auf die in § 2 Absatz V vorgesehene Mitwirkung der Amtstechniker zu legen. Nur hiedurch werden die Bezirks-

---

[1]) Vgl. § 2 Abs. IV der Verordnung vom 26. März 1903, die Kaminkehrer betreffend

ämter in die Lage gesetzt, die Vornahme der Feuerbeschau innerhalb bestimmter Perioden in sämtlichen Gemeinden ihrer Bezirke zu kontrollieren und auf einen gleichmäßigen, verständnisvollen Vollzug hinzuwirken.

Zu § 3. a) Zur Vornahme der Feuerbeschau eignet sich am besten eine Zeit, zu welcher zwar die Feuerstätten in Tätigkeit, aber die Dächer frei von Schnee sind, damit die Gebäude nach innen und außen einer gründlichen Beschau unterzogen werden können.

b) Nach der Verordnung unterliegt ein Anwesen in der Regel nur alle zwei Jahre der allgemeinen Feuerbeschau. Dabei ist vorausgesetzt, daß die verminderte Häufigkeit der Beschauen durch eine um so größere Gründlichkeit ausgeglichen wird.

In größeren Gemeinden kann die allgemeine Feuerbeschau im Interesse einer gründlichen Vornahme auf die beiden Jahre der Beschauperiode, unter Umständen überdies auf Frühjahr und Spätjahr verteilt und demgemäß eine entsprechende Bildung von Feuerbeschaubezirken vorgenommen werden.

c) Die Anordnung einer außerordentlichen Feuerbeschau kann z. B. bei Häufung von Brandfällen oder bei Bekanntwerden feuergefährlicher Zustände erforderlich erscheinen. Besondere Beachtung ist in dieser Hinsicht etwaigen Anträgen des Feuerwehrkommandos zuzuwenden. Von den Bezirksämtern werden außerordentliche namentlich zum Zwecke der Kontrolle unter Mitwirkung der Amtstechniker (vgl. oben lit. f zu § 2) veranlaßt werden.

Zu § 4. a) Der Feuerbeschau unterliegen als Staatsgebäude selbstverständlich auch die Militärgebäude.

b) Die Bestimmungen über Besichtigung der Löscheinrichtungen öffentlicher Gebäude durch die Chargierten der Feuerwehr werden durch die Verordnung nicht berührt.

Zu § 5. Es ist nicht Aufgabe der Kommission, zu untersuchen, ob die der Feuerbeschau unterliegenden Anlagen die erforderliche polizeiliche Genehmigung erhalten haben.

Jedoch wird der der Kommission angehörende Vertreter der Ortspolizeibehörde darauf achten, ob nicht ohne polizeiliche Erlaubnis Feuerstätten errichtet oder verlegt oder sonstige Bauarbeiten ausgeführt worden sind.

Zu § 8. a) In das Feuerbeschauprotokoll sind die vorgefundenen Mängel in der Reihenfolge der besichtigten Anwesen, innerhalb der einzelnen Anwesen in der Reihenfolge der besichtigten Gebäude, Wohnungen und Gelasse nach dem in der Anlage beigefügten Muster aufzunehmen; es empfiehlt sich, hiezu gedruckte Formulare zu verwenden.

Diejenigen Mängel, welche sofort beseitigt wurden, müssen nur dann aufgenommen werden, wenn entweder die Vormerkung für eine allenfallsige Strafeinschreitung in einem späteren Wiederholungsfalle veranlaßt ist, oder wenn die Schwere des Falles (z. B. ein besonders feuergefährlicher Zustand), die Nichtbeachtung früherer Verwarnungen oder andere Umstände eine strafgerichtliche Einschreitung angezeigt erscheinen lassen.

Alle Mängel, welche nicht sofort beseitigt wurden, müssen in das Protokoll aufgenommen werden, und es ist, falls ein Mangel überhaupt nicht oder nicht gehörig beseitigt wurde, in Spalte 10 des Formulars Antrag zu stellen, ob und inwieweit auf Beseitigung gedrungen werden soll.

b) Nach beendigter Feuerbeschau beziehungsweise Nachbeschau ist das Feuerbeschauprotokoll von sämtlichen Teilnehmern (§ 2 der Verordnung) zu unterzeichnen.

Die Anträge in Spalte 10 des Formulars gelten als beschlußmäßige Äußerungen der Teilnehmer; jeder Teilnehmer ist jedoch berechtigt, seiner Unterschrift ein abweichendes Gutachten beizufügen.

c) Die Vorlage des Feuerbeschauprotokolls an die Ortspolizeibehörde ist um deswillen, weil etwa zu einer größeren Bauvornahme eine längere

Anlage.

Protokoll

über die

allgemeine Feuerbeschau 189*9*

in

der Gemeinde *Neudorf*

(Feuerbeschaubezirk . . *I* . . .).

Vorgelegt dem Bezirksamte N. ohne Erinnerung gegen die Anträge der Feuerbeschaukommission.

Zu Ziffer 5 wurden die nötigen Sicherheitsmaßregeln getroffen.

Neudorf, am 16. April 1899

Gemeindeverwaltung Neudorf

Pfister, Bürgermeister.

Lfde. Nr.	Ortschaften (Straßen)	Haus-Nr.	Name und Stand des verantwortlichen Anwesenbesitzers bezw. Stellvertreters	Befund bei der Beschau	Auftrag der Feuerbeschau-Kommission
1	2	3	4	5	6
1	*Dorfstraße*	*4*	*Anton Kapfhamer, Bauer*	*Zuglöcher der Scheune mit Stroh verstopft; wurde sofort abgestellt*	—
2	"	*7*	*Philipp Reisert, Kaufmann*	*10 Pfd. Schießpulver im Laden*	*5 Pfd. zu entfernen*
3	"	*17*	*Lorenz Strähuber, Taglöhner*	*Asche in hölzerner Kiste*	*feuersicheres Gefäß anzuschaffen*
4	"	*26*	*Franz Niebler, Schreiner*	*Ofen in der Werkstätte von innen heizbar*	*Ofen mit verschließbarem Vorgeläge zu versehen*
5	*Schulgasse*	*33*	*Michael Bergmann, Gütler*	*Umfassung der Scheune an der Straßenseite baufällig*	*Mauer neu herzustellen*
6	*An der Gänseweide*	*56*	*Joseph Wagner, Gütler*	*Kamin zeigt im Dachraume Sprünge; hätte vom Kaminkehrer angezeigt werden sollen*	*Kamin vom Dachraum an neu herzustellen*

Neudorf, am 15. März 1899.

Die Feuerbeschaukommission.

Pfister, Bürgermeister.

Angermaier, Maurermeister

Kohl, Feuerwehrkommandant

Frist für Erfüllung des Auftrags	Unterschrift des Beauftragten	Befund bei der Nachbeschau	Antrag der Feuerbeschaukommission. Soll auf Beseitigung des Mangels gedrungen werden?	Bemerkungen
7	8	9	10	11
—	—	—	—	*Kapfhamer wurde schon bei der vorigen Feuerbeschau wegen der gleichen Verfehlung verwarnt.*
sogleich	*Unterschrift verweigert*	—	*ja*	—
18. März	*Lorenz Strähuber*	*befolgt*	—	—
1. April	*Franz Niebler*	*nicht befolgt*	*ja*	*Außenheizung kann nicht eingerichtet werden.*
15. Juli	*Michael Bergmann*	*Nachbeschau vorbehalten*	*Antrag vorbehalten*	*Der Ortspolizeibehörde wurde Anzeige erstattet.*
12. April	*Joseph Wagner*	*oberflächlich ausgebessert*	*nein*	*Das Haus wird im Sommer ohnehin umgebaut; der Kamin, welcher zu einem Zimmerofen gehört, wird nicht mehr benützt*

Neudorf, am 15. April 1899.

Die Feuerbeschaukommission.

Pfister, Bürgermeister.

Angermaier, Maurermeister.

als vierwöchentliche Frist gewährt wurde, nicht zu verzögern. In diesem Falle wird aber die Distriktsverwaltungsbehörde das Protokoll so rechtzeitig zurückgeben, daß die noch veranlaßte gesonderte Nachbeschau nicht aufgehalten wird.

Zu § 11. Ein Benehmen mit der Versicherungskammer, Abteilung für Brandversicherung, erscheint veranlaßt hinsichtlich besonders baufälliger oder feuergefährlicher Zustände, dann bezüglich unbewohnter und verlassener Gebäude mit bau- oder feuerpolizeilichen Mängeln.

Die Versicherungskammer ist alsdann in der Lage, eine Schätzungsrevision gemäß Art. 29 des Brandversicherungsgesetzes vornehmen zu lassen.

Zu § 13. a) Die Gemeindebehörden haben mit den Feuerbeschauern, sowie im Falle der Beiziehung von Kaminkehrern oder anderen Sachverständigen auch mit diesen Teilnehmern die Gebühren zu vereinbaren. Das gleiche wird zu geschehen haben, wenn der Vertreter der Ortsfeuerwehr eine Vergütung beansprucht und die Ortspolizeibehörde seiner Teilnahme nicht entraten zu sollen glaubt.

b) Bezüglich der Verwendung und Entschädigung der Amtstechniker für die Feuerbeschau bleibt den Distriktsgemeinden die nähere Regelung in den Dienstverträgen und Instruktionen vorbehalten.

Zu § 16. a) Die Aufhebung erstreckt sich auch auf § 3 der Verordnung vom 10. Januar 1872, die Verhütung von Feuersgefahren betreffend. Die dienstlichen Verfehlungen der Feuerbeschauer unterliegen nunmehr disziplinärer Ahndung (vgl. oben lit. b zu § 2 a. E.).

b) Soweit bisher die Verpflichtung zur Befolgung besonderer Verfügungen der Distriktsverwaltungsbehörden in bezug auf Abstellung feuergefährlicher Zustände durch ortspolizeiliche Vorschriften ausgesprochen war, erscheinen letztere durch § 10 Abs. III der Verordnung ersetzt.

Richtlinien für die Vornahme der Feuerschau.

Aufgestellt von der Versicherungskammer, Abteilung für Brandversicherung, und vom Staatsministerium des Innern mit Entschließung vom vom 1. 7. 26 Nr. 3744 a 38 gebilligt.

1. Allgemeines.

Bei Durchführung der Feuerschau soll der Anwesenbesitzer oder dessen Stellvertreter beigezogen werden. Der Feuerschauer darf sich nicht mit bloßen Angaben der Anwesenbesitzer begnügen, er soll deren Angaben auch durch Augenschein nachprüfen. Die Feuerschau soll sich nicht allein auf die Kamine und Feuerungsanlagen, sondern auch auf andere Gebäudeteile, wie Brandmauern, Haus- und Hofzufahrten, sowie auf Blitzableiter, auf offenkundige Mängel elektrischer Anlagen und Feuerlöscheinrichtungen erstrecken. Auch auf die in Betrieben und in Lagerräumen oder sonstwie vorhandenen gefährlichen Stoffe, wie Benzin, Benzol, Spiritus, Petroleum, Pulver, Sprengstoffe usw. hat der Feuerschauer zu achten.

Es ist scharf darauf zu achten, daß in Scheunen, Stallungen, Schupfen, Holzlegen, Futter- und Dachböden und in der Nähe leicht entzündlicher Stoffe und Flüssigkeiten nicht geraucht wird. An den Zugängen von Räumen mit größerer Brandgefahr soll durch deutliche Aufschriften vor dem unvorsichtigen Gebrauch von offenem Licht und vor dem Rauchen gewarnt sein.

2. Umfassungen von Gebäuden mit Feuerstätten.

Feuerungsanlagen dürfen in der Regel nur in Gebäuden mit massiven oder Steinfachwerkumfassungen vorhanden sein.

Werden in **Holzbauten** Feuerungsanlagen vorgefunden, so ist dies in der Niederschrift über die Feuerschau zu vermerken, damit die Baupolizeibehörde prüfen kann, ob der Einbau der Feuerungsanlage ausnahmsweise genehmigt wurde. Die vorschriftsmäßige und feuersichere Anlage solcher Feuerstätten ist mit ganz besonderer Sorgfalt zu prüfen.

3. Dachung.

Um das Eindringen von Funken in den Dachraum zu verhindern, müssen Dachlucken dicht schließen. Zerbrochene Fensterscheiben in Dachfenstern sind zu beanstanden. Stroh und Heu darf aus Zuglöchern nicht herausragen. Bei Gebäuden mit Holzschindeldachung dürfen die Holzschindel nicht bis an das Kaminmauerwerk heranreichen. Die Kamine müssen vielmehr mit einer Einfassung aus unverbrennlichen Stoffen versehen sein.

Ist eine Blitzschutzanlage vorhanden, so ist durch Augenscheinnahme zu prüfen, ob die Leitungen nicht beschädigt sind.

4. Decken.

Räume mit Feuerstätten sollen in der Regel Weißdecken haben. Bei Holzdecken müssen Fugendeckleisten aufgenagelt sein, damit nicht Stroh, Heu oder andere brennbare Stoffe durch die Fugen der Decke dringen.

5. Brandmauern.

Bei Brandmauern ist darauf zu achten, ob an etwaigen Öffnungen feuersichere Türverschlüsse vorhanden sind, ob in den Obergeschoßen und im Dachraum auf **jeder** Seite der Brandmauer eine Türe angebracht ist, ob diese Türen dicht schließen und ob etwa an der Brandmauer Änderungen vorgenommen wurden, welche den Wert der Brandmauer mindern oder aufheben.

6. Kamine.

Kamine müssen von Grund auf aus gelegten Backsteinen aufgemauert, fugendicht sein und die Dachfläche um mindestens 80 cm überragen. Treten sie am Frist aus dem Dach heraus, so müssen sie den First um 40 cm überragen. Unbeschadet dieser Mindestforderungen sind sie soweit über die Dachung hinauszuführen, als zur Erzielung eines guten und ungestörten Kaminzuges und aus Gründen der Feuersicherheit notwendig ist. Der Kaminkopf muß in gut baulichem Zustand sein. Wo Kamine in bestehende Gebäude eingebaut wurden, ist besonders darauf zu achten, daß sie nicht an altes Mauerwerk angeblendet sind, da sich sonst infolge Setzen des neuen Mauerwerkes häufig gefährliche Risse bilden.

Es ist ferner zu untersuchen, ob wirkliche Feuerungskamine und nicht etwa nur Entlüftungskamine oder sonstige Hohlräume zur Ableitung der Rauchgase benützt werden. Ton- und Chamotterohre dürfen zur Ableitung der Rauchgase nicht verwendet werden.

Sind Kamine abgerastet, so müssen hiezu unverbrennliche Baustoffe (Eisenträger, Betonplatten) verwendet sein, die mit ihren beiden Enden auf massivem Mauerwerk aufliegen.

Werden von altersher bestehende deutsche Kamine angetroffen, die aus gestellten Backsteinen hergestellt und auf Holz abgerastet sind, so können sie nur dann unbeanstandet bleiben, wenn sie sich in einem guten, brandsicheren Zustande befinden. Besonders ist darauf zu achten, daß die Holzrast mit Steinplatten so verkleidet ist, daß das Inbrandgeraten der Holzteile ausgeschlossen erscheint. Rauchrohre müssen in solche Kamine so eingeführt werden, daß die Rohre über die Holzrast etwa 15 cm hinausragen.

Zur Verhinderung von Ofenexplosionen und Selbstausbrennen der Kamine ist zu untersuchen, ob Kamine nicht etwa durch Anschluß zu vieler Feuerstätten überlastet sind.

Die Lichtweite nicht besteigbarer Kamine für Haushaltungsöfen und Herde soll mindestens betragen:

a) wenn eine Feuerung einmündet 14/14 Zentimeter,
b) wenn zwei Feuerungen einmünden 18/18 Zentimeter,
c) wenn drei Feuerungen einmünden 21/21 Zentimeter,
d) wenn vier Feuerungen einmünden 25/25 Zentimeter.

Mehr als vier Feuerungen sollen in einen nicht besteigbaren Kamin nicht eingeleitet werden.

Der Querschnitt der Kamine soll in Form und Größe gleichmäßig beibehalten sein. Gewerbliche Feuerungsanlagen, Backöfen, Siedekessel, Schmiedeessen, Waschkessel usw. müssen immer eigene Kamine haben.

Holzteile dürfen weder in das Kaminmauerwerk eingefügt sein, noch am Kaminmauerwerk anliegen. Wo Holzteile an Kaminen vorbeiziehen, ist auf besonders guten Verputz zu achten. Kamine dürfen nicht in Fachwerkwände eingebunden sein. Holzverschalungen dürfen an Kaminen nicht angebracht sein.

Kamine sind innen und außen auf ihre ganze Höhe dauerhaft zu verputzen. Auf den inneren Verputz kann verzichtet werden, wenn gute Backsteine verwendet und sachgemäß verbandet sind. Der über Dach ragende Teil des Kamines darf auch verfugt sein. Wenn irgend möglich, ist festzustellen, ob Kamine auch an den Deckendurchgangsstellen verputzt sind und ob keine Holzteile anliegen oder einbinden. Verschieferte Kamine sind in der Regel zu beanstanden, da sie meist verschalt sind, um die Verschiefung befestigen zu können.

Führen Kamine durch Heu-, Stroh- oder Futterböden, so müssen sie in 60 cm Abstand mit versperrbaren, bis dicht unter die Dachfläche reichenden Lattenverschlägen umgeben sein. Der Zugang zu den Lattenverschlägen muß stets frei gehalten werden.

Die Putzöffnungen der Kamine müssen mit eisernen Doppeltürchen oder mit Türchen, die vom Staatsministerium für diesen Zweck besonders zugelassen sind, versehen sein. Die Türchen müssen den Lichtweiten der Kamine entsprechen und gut schließen; sie dürfen nicht schadhaft sein. Der Boden unter dem Kaminputztürchen muß auf 45/45 cm aus unverbrennlichen Stoffen z. B. Beton bestehen oder mit Blech belegt sein.

7. Räucherkammern.

In offenen Dachräumen sind nur **gemauerte** Räucherkammern zulässig, die auf einer unverbrennlichen Unterlage stehen und mindestens 12 cm stark gemauerte und verputzte Wände und eine verputzte Massivdecke haben. Die Räucherkammer ist mit einer doppelten Eisenblechtüre zu verschließen, die in unverbrennliche Fälze einschlägt. Holzfußböden vor den Räucherkammern sind mindestens in der ganzen Ausdehnung der Türöffnung mit einem 45 cm breiten Bodenblech zu belegen. Rauchschieber zur Umleitung des Rauches dürfen nur innerhalb der Räucherkammern angebracht und nur von innen bedienbar sein. Rauchabzüge von Räucherkammern in Dachräumen müssen immer gemauert sein. Sogenannte Patenträucherkammern aus Eisenblech sind wie Feuerstätten zu beurteilen und dürfen nicht in offenen Dachräumen aufgestellt werden.

8. Öfen und Herde.

Öfen und Herde müssen, wenn sie auf Bretterboden oder Balkenlagen stehen, gemauerte Sockel oder eiserne, auf einer Pflasterung oder auf Stein oder Metallplatten ruhende Gestelle haben. Auch Kachelöfen und vollgesetzte Herde müssen als Unterlage doppeltes Ziegelsteinpflaster mit Fugenwechsel haben.

Feuerstätten müssen an gemauerte Kamine angeschlossen sein. Die Ableitung der Rauchgase durch Rauchrohre unmittelbar ins Freie ist feuergefährlich.

Zur Einleitung der Rauchgase in Kamine sind metallene Rauchrohre zu verwenden. Die Rauchrohre sowie deren Einmündungen in Kamine müssen dicht sein. Zement- oder Tonrohre sind unzulässig. Lange Rauchrohre und Rauchkanäle müssen Putzöffnungen in entsprechender Anzahl und an passenden Stellen haben. Rauchrohre sind von verputzten Holzteilen (Weißdecken, Holzteilen von Fachwerkwänden usw.) 25 cm, von unverputzten Holzteilen 45 cm entfernt zu halten. Wo Rauchrohre nicht genügend weit von Holzteilen entfernt gehalten werden können, sind sie in 3 cm Abstand mit einem Überrohr zu versehen; der Zwischenraum muß mit unverbrennlichen Stoffen (z. B. Asche, Sand) dicht ausgefüllt sein. Sperrklappen sind in Rauchrohren nur dann zulässig, wenn sie ¼ des Querschnittes für den Rauchabzug freilassen und für die Reinigung kein Hindernis bieten.

Unbenützte Rauchrohröffnungen in Kaminen dürfen nicht mit Lumpen, Papier und dergl. ausgestopft sein, sondern müssen entweder zugemauert oder mit einer gut schließenden Blechkapsel mit 10 cm langer Zarge verschlossen werden.

Ausgemauerte Fachwerkwände, verputzte oder unverputzte Holz- oder Riegelwände müssen hinter Feuerstätten in der Richtung gegen die Heizöffnung auf 60 cm, nach allen übrigen Richtungen auf 30 cm Entfernung, von den Enden der Öfen und Herdseiten an gemessen, durch massives Mauerwerk ersetzt oder durch eine 12 cm starke, verputzte Vormauerung oder durch einen Tonplattenbelag auf Ziegeldrahtputz gesichert sein. Die Heiz- und Aschenabfallöffnungen der Öfen und Herde müssen durch gut schließende, eiserne Türchen abgeschlossen sein. Der Boden vor den Heiz- und Aschenabfallöffnungen muß auf 45/45 cm gepflastert oder mit Blech belegt sein. Öfen und Herde in Räumen, in denen leicht brennbare Stoffe verarbeitet oder gelagert werden z. B. in Schreinereien und Wagnereien, müssen mit einem unverbrennlichen Vorgelege versehen sein, das auch den Aschenkasten umschließt.

9. Aufbewahrung von Asche usw.

Die Aufbewahrung der Asche darf nur in feuersicheren Behältern oder in gemauerten Gruben mit Eisendeckeln erfolgen. In oder an Gebäuden dürfen die Sammelbehälter nur an massiven Mauern und auf unverbrennlichem Fußboden aufgestellt werden.

10. Backöfen.

Backöfen müssen ein Vorgewölbe haben. Das Backofengewölbe selbst muß von Holzteilen aller Art abgeschieden und mit einem entsprechenden Sicherheitsgewölbe (etwa doppeltes Ziegelpflaster mit Lehmbelag) abgedeckt sein. Der Fußboden vor der Heizöffnung der Backöfen muß unverbrennlich sein.

11. Schmiedeessen.

Schmiedeessen müssen gemauerte Kamine haben und dürfen nur an massiven Wänden stehen. Über den Schmiedeessen müssen unverbrennliche Rauchkutten angebracht sein. Holzfußböden um die Schmiedeessen sind unzulässig. Für Feldschmieden in Werkstätten gelten die gleichen Bestimmungen wie für feste Schmiedeessen.

12. Leim- und Firniskocher.

Diese Kocher müssen so eingerichtet sein, daß die Flüssigkeit beim Überkochen sich nicht an der Feuerung entzünden kann.

13. Malzdarren.

Malzdarren müssen von gemauerten Wänden umschlossen, eingewölbt und mit einem gemauerten Dunstschacht versehen sein. Sämtliche Öffnungen zu den Malzdarren müssen mit feuersicheren, selbstschließenden Verschlüssen versehen sein, die in 6 cm tiefe Stein- oder Eisenfälze einschlagen. Die Saurohre müssen so abgedeckt sein, daß herunterfallende Keime nicht auf den Saurohren liegen bleiben und sich entzünden können. Die Darrenbesitzer sind darauf hinzuweisen, daß Saurohre in gutem, feuersicheren Zustande erhalten werden und der Sauraum stets von Keimen sorgfältig gereinigt wird.

14. Flachsdarren.

Darröfen müssen vollkommen massiv hergestellt und mit einem Vorgewölbe und einem vorschriftsmäßig aufgemauerten Kamin versehen sein. Sie dürfen nicht in Wohngebäuden, sondern müssen vollkommen freistehend nach Art der Backhäuschen errichtet sein. Die vielfach noch vorhandenen alten Darranlagen, sogen. Darrkessel oder Darrgruben, dürfen wegen ihrer Feuergefährlichkeit nur dann betrieben werden wenn sie im Freien außerhalb der Ortschaften liegen und von Gebäuden mindestens 9 m entfernt sind. Es ist streng verboten, den Flachs in Herd- oder Ofenrohren, auf Zimmeröfen oder in Backöfen in oder am Wohngebäude zu darren.

15. Hopfendarren.

Bei Hopfendarren aller Art müssen die durch den unteren Darrraum führenden Heizrohre stets in gutem, brandsicheren Zustand sich befinden. Besonders wichtig ist der Abstand zwischen Heizrohren und den Horden. Sind Darranlagen von massiven Mauern umschlossen, eingewölbt und mit feuersicheren Türen von übrigen Gebäudeteilen abgeschlossen, so genügt ein Abstand zwischen Heizrohr und Horde von 1,50 m. Bei Hopfendarren mit gemauertem oder aus Blech hergestelltem Heißluftschacht muß der Abstand zwischen Heizrohr und Horde 2 m betragen; außerdem muß noch durch doppelte Blechabdeckung und durch Anbringen von engmaschigen Gittern dafür gesorgt sein, daß Hopfenteilchen nicht in den Heißluftschacht oder auf die Heizrohre fallen können. Bei weniger feuersicherer Anlage ist ein Abstand zwischen Heizrohr und Horde von 3 m notwendig. Heizrohr und Heißluftschacht müssen regelmäßig und sorgfältig gereinigt werden.

16. Feuerungsanlagen im Freien.

Werden bewegliche Feuerungsanlagen (Kartoffeldämpfer, Waschkessel usw.) im Freien angetroffen, so ist zu prüfen, ob nicht etwa durch die Feuerungsanlage in der Nähe befindliche Gegenstände gefährdet sind. Solche Feuerungsanlagen dürfen nur dann unmittelbar an Gebäude gestellt werden, wenn die Gebäude massive Umfassungen haben und die Rauchrohre in gemauerte Kamine eingeleitet sind. Andernfalls müssen solche Feuerstätten von Gebäuden mit feuersicheren Umfassungswänden und harter Dachung 1 m von der Traufkante und, wenn die Gebäude leichtentzündliche Gegenstände enthalten, 3 m von der Traufkante entfernt sein. Von Gebäuden mit Holzumfassungen oder mit Stroh- oder Schindeldachung sind 5 m Abstand von der Traufkante einzuhalten. Auch von Stroh- Reisighaufen und dgl. muß mindestens dieser Abstand gewahrt sein. Unter besonderen Verhältnissen, z. B. wenn bei niedrigen Rauchrohren hölzerne Dachvorsprünge gefährdet erscheinen, sind größere Abstände zu verlangen.

Feuerungsanlagen, die in Höfen landwirtschaftlicher Anwesen benützt werden, müssen mit einem verschließbaren Vorgelege aus Mauerwerk oder Eisen umgeben sein, das auch den Aschenkasten umschließt. Das Rauchrohr muß mit einem wirksamen Funkenfänger versehen sein.

17. Lokomobile.

Beim Aufstellen von Lokomobilen zum Dreschen muß der Mindestabstand von der Traufkante gemauerter Scheunen 3 m, von der Traufkante hölzerner Scheunen, von Strohhaufen und dgl. 5 m betragen. Bei Verwendung von Brennstoffen, die zum Funkenwerfen neigen, wie Braunkohle, Torf, Holz usw. müssen noch größere Entfernungen eingehalten werden. Die Lokomobile muß einen wirksamen Funkenfänger haben. Neben dem Kessel sind Eimer mit Wasser oder Handfeuerlöscher bereitzuhalten.

18. Benzinmotoren usw.

Motoren, die mit leichtentzündlichen, flüssigen Stoffen betrieben werden, müssen in eigenen Räumen mit feuersicheren Wänden und Weißdecken aufgestellt sein. In den Wänden des Motorraumes dürfen keine ungesicherten Riemenschlitzöffnungen vorhanden sein. Solche Öffnungen müssen vielmehr mindestens mit dicht an die Wände des Motorraumes anschließenden Zementrabitzkästen gesichert sein, die die Riemenscheibe auf der Antriebwelle einschließen. Auspufftöpfe und Auspuffleitungen müssen von Holzteilen 45 cm entfernt sein.

Treibmittel dürfen im Motorraum nicht gelagert werden, sondern sind vorschriftsmäßig unterzubringen.

Werden Feuerstätten, Karbid- oder Petroleumlampen in Motorräumen angetroffen, so ist die sofortige Beseitigung zu veranlassen.

19. Kraftfahrzeuge.

Kraftfahrzeuge dürfen nicht in Hauseinfahrten, Scheunen oder Räumen, die auch anderen Zwecken dienen, eingestellt werden.

Einstellräume für Kraftfahrzeuge dürfen mit Öfen, die vom Einstellraum aus bedienbar sind, nicht beheizt werden. Sie dürfen nur elektrisch beleuchtet werden. Kaminputzöffnungen dürfen nicht in Kraftwageneinstellräume münden, Rauchrohre nicht durch Einstellräume gehen. Die Lagerung von Treibmitteln in den Einstellräumen ist verboten.

20. Lichtspiele.

Werden in Sälen Lichtspiele vorgeführt, so ist dies in die Niederschrift aufzunehmen, soferne nicht der Besitzer nachweist, daß die Lichtspiele behördlich genehmigt sind.

21. Elektrische Beleuchtungs- und Kraftanlagen.

Der Feuerschauer hat sein Hauptaugenmerk auf die Sicherungen zu richten und zu prüfen, ob diese nicht mit Draht, Nägeln und dgl. vorschriftswidrig überbrückt sind. Lose hängende Drähte und schlecht befestigte Rohrleitungen sind zu beanstanden. Dachständereinführungen dürfen nicht in solche Teile von Räumen einmünden, die zur Aufnahme leicht brennbarer Stoffe z. B. Heu, Stroh usw. bestimmt sind. In Räumen mit leicht brennbarem Inhalt, sowie in Räumen, worin mit großer Staubentwicklung gerechnet werden muß, sollen Motoren und Anlasser, Schalter und Sicherungen wo immer möglich vermieden werden, Glühlampen mit Überglocken versehen und durch Schutzkörbe gegen Zerschlagen gesichert sein. Motoren nebst Zubehör müssen innerhalb dieser Räume in eigenen, feuersicheren und staubdichten Kammern eingebaut sein oder gekapselte Ausführung haben. Auch in unmittelbarer Nähe gekapselter Motoren dürfen leicht brennbare Stoffe nicht gelagert werden.

Bewegliche Anschlußleitungen für Motoren usw. sind auf ihren Zustand zu prüfen. Beschädigte Kabel sind auszuwechseln, gelockerte Anschlüsse an den Steckern instandzusetzen und neu zu isolieren.

22. Azetylenanlagen.

Bei Azetylenanlagen ist festzustellen, ob die Azetylenanlage der einschlägigen Bezirkspolizeibehörde angezeigt wurde. Der Nachweis hierüber ist vom Besitzer zu erbringen; andernfalls ist Vormerkung in der Niederschrift zu machen. Karbid darf nur in trockenen Räumen und in wasserdicht verschlossenen Gefäßen gelagert werden. Mehr als ein Karbidgefäß darf zu gleicher Zeit nicht geöffnet sein. Offene Kalkschlammgruben sind zu umwehren, dicht bedeckte mit einer wirksamen Entlüftung zu versehen.

23. Petroleumlampen.

Petroleumlampen müssen von Holzwänden, verputzten und unverputzten Holzdecken und anderen Holzteilen einen genügenden Abstand haben und mit Sicherheitsglocken, sowie genügend großem Schutzschirm versehen sein. Auf die Befestigung der Petroleumlampen ist besonders zu achten. Hängelampen sollen regelmäßig an zwei seitlich angeordneten Haken befestigt sein.

24. Leicht entzündliche flüssige Stoffe.

In jedem Anwesen, wo leicht entzündliche, flüssige Stoffe, wie Benzin usw. vorhanden sind oder sein können, ist auf Einhaltung der bestehenden Vorschriften zu dringen. Ergeben sich Zweifel, so ist die Bezirksverwaltungsbehörde zu verständigen.

25. Sprengstoffe.

Von Sprengstoffen, wie Pulver, Sprengsalpeter, brennbarer Salpeter, Feuerwerkskörpern oder Zündplättchen dürfen im Kaufladen nicht mehr als 2½ kg vorrätig gehalten werden. Die Aufbewahrung des übrigen Vorrats, der nicht mehr als 10 kg betragen darf, muß in einem auf dem Dachboden gelegenen, mit keinem Schornsteinrohr in Verbindung stehenden, eigenen Raum erfolgen, welcher unter Verschluß gehalten werden muß und mit Licht nicht betreten werden darf. Die Sprengstoffe müssen in Holzkisten mit verschlossenen Deckeln oder in verschlossenen, metallenen Behältern verwahrt werden.

26. Zündhölzer.

Zündhölzer sind so aufzubewahren, daß sie Kindern nicht zugänglich sind.

27. Putzwolle.

Putzwolle und ölige Putzlappen sind stets in dicht verschließbaren Blechkästen aufzubewahren.

Werden herumliegende ölige Putzlappen oder Putzwolle vorgefunden, so ist der Besitzer wegen der Gefahr der Selbstentzündung zur ordnungsmäßigen Verwahrung anzuhalten.

28. Ungelöschter Kalk.

Ungelöschter Kalk ist vollkommen trocken zu lagern. Die Lagerung an der Innenseite von Gebäuden mit Holzumfassungen ist unzulässig, da bei Regengüssen durch die Umfassung der Kalk feucht werden und so die Holzumfassung zur Entzündung bringen kann.

29. Die Lagerung von Holz und dergl.

Die Lagerung von Holz, Reisig und dgl. an oder über den Feuerstätten (auch bei Kachelöfen) ist verboten. Ebenso ist das Trocknen von Wäschestücken unmittelbar an oder über den Öfen unzulässig.

Die Lagerung größerer Mengen Brennstoffe in offenen Dachräumen ist unstatthaft.

Größere Holzstöße, Reisighaufen und dgl. dürfen nur an Brandmauern oder in einer Entfernung von 10 m von Gebäuden aufgeschichtet werden.

30. Feimen.

Feimen, d. s. Strohhaufen, die längere Zeit stehen bleiben, müssen mindestens 30 m von Gebäuden entfernt sein.

31. Zu- und Hofeinfahrten.

Die Zufahrten für die Feuerlöschgeräte müssen frei gehalten sein, Hofzufahrten dürfen nicht mit Fahrzeugen, Kisten und dgl. verstellt sein.

32. Rettungswege.

Wenn bei Räumen, welche zum Aufenthalt von Menschen dienen, die gewöhnlichen Ausgänge im Brandfalle gefährdet sein können, so ist auf die Anlage der Fenster zu achten; Fenstergitter — besonders in einem Obergeschoß — sind in solchen Fällen gefährlich.

Bei Räumen, welche zu größeren Versammlungen bestimmt sind, ist besonders darauf zu achten, daß Notausgänge nicht verstellt sind, daß die Türflügel nach außen aufschlagen und daß eine Notbeleuchtung vorhanden ist.

33. Löschgeräte.

Etwa vorhandene Wasserentnahmestellen, Handfeuerlöscher und sonstige Löscheinrichtungen sind auf ihren gebrauchsfähigen Zustand zu untersuchen.

34. Baufällige Gebäude.

Werden baufällige Gebäude oder Gebäudeteile angetroffen, so hat der Feuerschauer hievon die Bezirkspolizeibehörde zu verständigen.

Bekanntmachung des Staatsministeriums des Innern vom 2. 2. 22, über Feuerbeschau.

Nach der VO. vom 17. Juni 1898 über die Feuerbeschau (GVBl. S. 332) und nach § 2 der dazu ergangenen MB. vom 19. Juni 1898 gleichen Betreffs (GVBl. S. 336) ist den Ortspolizeibehörden anheimgegeben, zu der aus einem Vertreter der Ortspolizeibehörde und einem von der Gemeinde aufgestellten sachverständigen Feuerbeschauer bestehenden Feuerbeschaukommission im Bedarfsfall auch einen Kaminkehrer zur Feuerbeschau beizuziehen. Ferner ist das Kommando der Ortsfeuerwehr berechtigt, einen Vertreter zur Teilnahme an der Feuerbeschau abzuordnen.

Der Landesverband der Kaminkehrerinnungen Bayerns und der Bayer. Landesfeuerwehrausschuß haben den Wunsch geäußert, daß in wesentlich weiterem Umfang als bisher in den Gemeinden sowohl die Kaminkehrer wie die Vertretung der Ortsfeuerwehr zur Feuerbeschau zugezogen werden. Diese Wünsche erachtet das Staatsministerium des Innern für berechtigt, da sie den Anforderungen einer erhöhten Feuersicherheit und Feuerverhütung Rechnung tragen. Auch aus Gründen der Wärmetechnik empfiehlt sich die Beteiligung des Kaminkehrers bei der Feuerbeschau.

Die Gemeinden werden daher darauf Bedacht nehmen, nach Möglichkeit in weitgehenderem Maße als bisher die Vertretung der Ortsfeuerwehr und den Kaminkehrer zur Feuerbeschau zuzuziehen.

Bekanntmachung des Staatsministeriums des Innern vom 5. 10. 22, über Feuerbeschau.

Die Bekanntmachung vom 2. Febr. 1922 über Feuerbeschau („Bayer. Staatsanzeiger, Nr. 29) scheint eine ausreichende Beachtung und Befolgung nicht überall gefunden zu haben. Es wird deshalb auf diese Bekanntmachung wiederholt hingewiesen und beigefügt, daß die Beiziehung des Kaminkehrers zur Feuerbeschau besonders dann im öffentlichen Interesse liegt, wenn er besondere Fachkenntnisse auf dem Gebiete der Wärmewirtschaft und der Heiztechnik nachzuweisen imstande ist.

Entschließung des Staatsministeriums des Innern vom 15. 3. 22, betreff: Vorbeugender Brandschutz.

Eine Reihe größerer Brandfälle der jüngsten Zeit gibt Veranlassung, die Aufmerksamkeit der Polizeibehörden nachdrücklich auf die dringende Notwendigkeit des vorbeugenden Brandschutzes hinzulenken. Besonderes Augenmerk ist den gefährlichen und in erster Linie gefährdeten Gebäuden und Anlagen zuzuwenden, insbesondere Theatern, Konzert- und Versammlungssälen, Lichtspielhäusern, Zirkusbauten aller Art usw. Im einzelnen kann wegen der einzuleitenden Maßnahmen auf die Ministerialentschließung vom 10. Mai 1897 (MABl. S. 145) hingewiesen werden. Von besonderer Wichtigkeit für den vorbeugenden Brandschutz in diesen Gebäuden sind inzwischen die elektrischen Anlagen für Licht und Kraft und, wie der Brand des Theaters in Dessau gezeigt hat, auch die Heizanlagen und deren gesamte Umgebung geworden.

Der vorbeugende Brandschutz darf sich jedoch nicht auf die in der ME. vom 10. Mai 1897 erwähnten besonders wichtigen Gebäude beschränken. Er muß auch die gewerblichen und industriellen Betriebe (Fabriken jeder Art, Warenhäuser, — ME. vom 7. Okt. 1903, MABl. S. 425, Filmlager, Speicher usw.), auch die öffentlichen Gebäude und die Gesamtheit der Privatgebäude nachdrücklicher und wirksamer als bisher umfassen. Nur dann können unwiederbringliche Verluste und dauernde Schädigungen des Volksvermögens möglichst hintangehalten werden.

Die Grundlage für den vorbeugenden Brandschutz bildet auch heute noch im wesentlichen die VO. vom 17. Juni 1898 über die Feuerbeschau (GVBl. S. 332). Sie sieht die notwendigen Maßnahmen vor, um Brandfälle nach Möglichkeit zu verhüten.

Wenn der vorbeugende Brandschutz bisher die zu fordernde Vollkommenheit noch nicht erreicht hat, so trägt daran mehr der Vollzug der Verordnung als diese selbst die Schuld. Die Feuerbeschau ist vielfach, insbesondere auf dem Lande, zu einer rein formellen Maßnahme geworden. Dies entspricht nicht der Wichtigkeit dieser Einrichtung. Die Kosten der Feuerbeschau fallen den Gemeinden zur Last. Wenn die Gemeinden für die Feuerbeschau schon Aufwendungen zu machen haben, dann sollen diese wenigstens auch ihren Zweck voll erreichen. Die Gemeinden haben ein dringendes Interesse an einer möglichst wirksamen Ausbildung des vorbeugenden Brandschutzes, um dadurch Leben und Sicherheit ihrer Einwohner zu sichern, das bewegliche und unbewegliche Vermögen vor Zerstörung zu bewahren.

Zu diesem Zwecke wird freilich die Feuerbeschau einer durchgreifenden, neuzeitlichen Neuordnung unterzogen werden müssen. Eine etwaige Erhöhung der Aufwendungen hierfür muß in den Kauf genommen werden, sind doch auch die zu schützenden Werte um ein Vielfaches gewachsen. Es wird also unerläßlich sein, daß zur Feuerbeschaukommission überall nur tüchtige, erfahrene und unabhängige Fachmänner zugezogen werden, die sich nicht darauf beschränken, die einfachsten, vielfach nur äußerlichen Beanstandungen zu erheben, sondern, insbesondere in Gebäuden oder Betrieben von größerer Ausdehnung und mehr als gewöhnlicher Brandgefahr, umsichtig und gründlich zu Werke gehen und notfalls auch verlässigen und einwandfreien Rat erteilen können. Die Möglichkeit, zur Feuerbeschaukommission derartige Sachverständige beizuziehen, besteht nach den geltenden Bestimmungen schon jetzt. Die Gemeinde muß schon bei der Auswahl der ordnungsgemäßen Mitglieder der Feuerbeschaukommission mit der nötigen Umsicht vorgehen. Erst mit MB. vom 2. Februar 1922 („Bayer. Staatsanzeiger" Nr. 29) ist darauf hingewiesen worden, daß, entsprechend den Wünschen des Landesverbandes der Kaminkehrerinnungen und des Bayerischen Landesfeuerwehrausschusses, die Gemeinden in wesentlich weiterem Umfange als bisher die Kaminkehrer und die Vertreter der Ortsfeuerwehr zur Feuerbeschau zuziehen. Es versteht sich von selbst, daß hierbei nur wirklich tüchtige Kräfte, von deren Mitwirkung eine Förderung des vorbeugenden Brandschutzes erwartet werden kann, in Betracht kommen können.

In § 2 Abs. III der Verordnung über die Feuerbeschau ist den Gemeinden außerdem anheimgestellt, nach Bedarf andere Sachverständige zur Feuerbeschau zuzuziehen. Die richtige Anwendung dieser Bestimmung wird einen wesentlichen Schritt vorwärts auf dem Gebiete des vorbeugenden Brandschutzes bedeuten. In größeren Städten wird es regelmäßig nicht schwer fallen, die erforderlichen Sachverständigen für eine wirksame Tätigkeit auf diesem Gebiete zu finden.

Dagegen ist es in kleineren Städten und auf dem Lande zweifellos schwer, geeignete Kräfte zu gewinnen. Dazu kommt, daß in kleineren Verhältnissen auch vielfach die unbedingt zu fordernde Unabhängigkeit nicht im wünschenswerten Maße gegeben ist, weil das Mitglied der Feuerbeschaukommission als ortsansässiger Gewerbetreibender oftmals im gewissen Grade befangen ist. Beide Nachteile fallen dann weg, wenn diese Sachverständigen für eine größere Zahl von Gemeinden, etwa für einen oder mehrere Bezirke gemeinsam aufgestellt werden. Zwar werden hierdurch die Kosten der Feuerbeschau sich etwas erhöhen. Der Mehraufwand ist jedoch gut angewendet, denn er wird reichliche Früchte tragen. Solange und soweit besonders geeignete Sachverständige nicht vorhanden sind, empfiehlt es sich, etwa besonders tüchtige und erfahrene Bezirksfeuerwehrvertreter für diesen Zweck heranzuziehen. Um den Bezirksfeuerwehrvertretern die unerläßlichen praktischen Kenntnisse auf dem Gebiete des vorbeugenden Brandschutzes auch für schwierigere Verhältnisse zu vermitteln, beabsichtigt das Staatsministerium des Innern, im Benehmen mit dem Bayerischen Landesfeuerwehrausschuß, zunächst für die Bezirksfeuerwehrvertreter, dann auch für andere geeignete Fachmänner eingehende praktische Unterweisungen einzuführen. Die in einzelnen Fällen gewonnenen praktischen Erfahrungen sollen beim Landesfeuerwehrausschuß gesammelt und verwertet werden. Es ist daran gedacht, daß der Landesfeuerwehrausschuß künftighin auf Grund der gewonnenen Erfahrungen den Behörden und Privaten mit Ratschlägen für einen wirksamen vorbeugenden Brandschutz an die Hand geht. Die wichtige Frage darf jedenfalls nicht mehr aus dem Auge verloren werden.

Für die Bezirkspolizeibehörden ergibt sich die Aufgabe, die Feuerbeschau in ihrem Bezirk mit Umsicht und Nachdruck neuzeitlich umzugestalten und zu verbessern, damit sie die von ihr verlangte Aufgabe — soferne sie ihr bisher nicht gerecht werden konnte — auch einwandfrei zum Wohle des ganzen lösen kann.

Im übrigen soll der vorbeugende Brandschutz sich nicht auf die Feuerbeschaukommissionen beschränken. Berufen hierzu sind in erster Linie auch die Baupolizeibehörden mit ihren Hilfskräften anläßlich der Prüfung der Baupläne und der Baukontrolle. Innerhalb ihres Wirkungskreises sind ferner die Landbauämter, die Gewerberäte, die Brandversicherungsinspektoren, die Revisionsvereine, die Kaminkehrerinnungen und ihre technischen Vereinigungen in der Lage, auf diesem Gebiete eine ersprießliche Tätigkeit zu entwickeln, mancherlei praktische Erfahrungen zu sammeln und wirksame gute Ratschläge zu erteilen. Die Mitwirkung auch dieser Stellen, Behörden und Berufsvereinigungen wird dringendst erbeten und dabei um Benehmen mit dem Bayerischen Landesfeuerwehrausschuß ersucht.

Das Wichtigste ist, wie überall, auch hier, zielbewußte Zusammenarbeit aller zur Wahrung der öffentlichen Interessen bestellten Einzelpersonen, Behörden und Organisationen.

Verordnung, vom 26. 3. 03, die Kaminkehrer betreffend, in der Fassung vom 6. 6. 24.

Wir finden Uns Allerhöchst bewogen, auf Grund der §§ 39 und 47 Abs. II der Gewerbeordnung für das Deutsche Reich, Art. 15 des Gesetzes vom 30. Januar 1868, das Gewerbswesen betreffend, § 368 Nr. 8 des Reichsstrafgesetzbuches und Art. 2 Ziff. 14 des Polizeistrafgesetzbuches zu verordnen, was folgt:

§ 1. I. Die Reinigung der Kamine und der Feuerzüge der Malzdarren, dann das Abziehen und Ausbrennen der Kamine sowie das Ausbrennen der Rauchrohre darf nur durch die nach Maßgabe der seitherigen Vorschriften oder dieser Verordnung aufgestellten Kaminkehrer und Kaminkehrergeschäftsführer, sowie deren Gehilfen erfolgen.

II. Die Besitzer von Feuerstätten sind verpflichtet, diese Arbeiten ungehindert vornehmen zu lassen.

§ 2. I. Der Kaminkehrer ist auf den ihm zugewiesenen Bezirk beschränkt. Nur in Notfällen oder auf besondere Anordnung der Distriktsverwaltungsbehörde kann er in einem anderen Bezirke tätig sein.

II. An den festgesetzten Kehrterminen hat er alle Kamine und die Feuerzüge der Malzdarren gründlich zu reinigen und den Ruß in feuersicheren, von dem Feuerstättenbesitzer bereit zu haltenden Gefäßen zu sammeln, sofern nicht letzterer für sofortige Entfernung des Rußes aus dem Gebäude sorgt.

III. Der Kaminkehrer hat zu untersuchen, ob die Rohre, welche den Rauch aus den Heizungen in die Kamine leiten und die Feuerzüge der Heizungen entsprechend gereinigt sind; auf Verlangen der Feuerstättenbesitzer hat er die Reinigung selbst vorzunehmen.

IV. Der Kaminkehrer hat bei Ausübung seines Geschäftes darauf zu achten, daß die Feuerstätten sich in gutem baulichen Zustande befinden; auf Mängel ist der Besitzer aufmerksam zu machen; feuergefährliche Zustände sind der Ortspolizeibehörde, in bedeutenderen Fällen auch der Distriktsverwaltungsbehörde alsbald anzuzeigen.

V. Der Kaminkehrer darf die Reinigungsarbeiten durch Gehilfen, welche verlässig, gut beleumundet und im Geschäfte erfahren sind, selbständig vornehmen lassen.

VI. Lehrlinge dürfen niemals ohne Aufsicht und Anleitung des Kaminkehrers oder eines nach § 129 der Reichsgewerbeordnung hiezu befähigten Gehilfen beschäftigt, auch darf ihnen die Reinigung der nämlichen Kamine an zwei aufeinanderfolgenden Terminen nicht übertragen werden.

VII. Der Kaminkehrer ist verpflichtet, die Arbeit seiner Gehilfen und den feuersicheren Zustand der Feuerstätten stets zu überwachen und deshalb wenigstens einmal des Jahres persönlich an der Reinigung aller Kamine und Malzdarrenfeuerzüge teilzunehmen.

VIII. Jeder neue Kamin muß vor der Benützung abgezogen werden. Diese Verrichtung sowie das Ausbrennen der Kamine und Rauchrohre hat der Kaminkehrer persönlich zu leiten. Das Ausbrennen darf nur bei Tageshelle und ruhiger Witterung und unter Beobachtung der hierüber bestehenden besonderen Vorschriften erfolgen. Vorher hat der Kaminkehrer der Ortspolizeibehörde Anzeige zu erstatten.

IX. Der Kaminkehrer hat die nötigen Arbeitsgeräte selbst zu stellen und darf hiefür neben dem Kehrlohne eine besondere Vergütung nur dann beanspruchen, wenn die Bauweise eines Kamines die Beschaffung besonderer Werkzeuge oder Vorrichtungen erfordert.

X. Der Kaminkehrer hat ein Kehrbuch zu führen und darin für jeden Kamin und jede Malzdarre die Kehrtermine sowie nach jeder Reinigung den Tag und den Namen desjenigen, der die Reinigung vorgenommen hat, vorzumerken.

XI. Dem Kaminkehrer ist untersagt, neben dem Kaminkehrgeschäfte ein anderes Gewerbe zu betreiben. Kaminkehrer, welche seither ein Nebengewerbe betrieben haben, ist zu dessen Aufgabe eine angemessene Frist zu gewähren.

XII. Der Kaminkehrer darf den ihm angewiesenen Wohnsitz nicht eigenmächtig verändern und, soweit es nicht das Kehrgeschäft erfordert, auch nicht ohne Genehmigung der Distriktsverwaltungsbehörde für mehr als 3 Tage verlassen. Von Krankheits- und sonstigen Verhinderungsfällen hat er der Distriktsverwaltungsbehörde Anzeige zu erstatten.

XIII. Den Distriktsverwaltungsbehörden bleibt vorbehalten, die Tätigkeit der Kaminkehrer durch Dienstvorschriften zu regeln.

§ 3. I. Die Bildung der Kehrbezirke und die Bestimmung des Wohnsitzes des Kaminkehrers erfolgt durch die Distriktsverwaltungsbehörden.

II. Der Umfang eines Kehrbezirks ist so zu bemessen, daß der Kaminkehrer die Reinigungsarbeiten persönlich überwachen kann und durch das Kehrgeschäft ein genügendes Auskommen findet.

III. Ein Kehrbezirk soll sich nicht über den Bezirk einer Distriktsverwaltungsbehörde hinaus erstrecken; Ausnahmen können nur aus besonderen Gründen zugelassen werden.

IV. Die Veränderung von Kehrbezirken ist jederzeit zulässig; den Kaminkehrern steht ein Einspruch hiegegen nicht zu.

§ 4. I. Die Kehrtermine werden von den Distriktsverwaltungsbehörden, in denjenigen Gemeinden der Pfalz, welche für sich einen Kehrbezirk bilden, von den Bürgermeistern bestimmt.

II. Die Kehrlöhne werden nach Maßgabe der Reichsgewerbeordnung § 77 und der Verordnung vom 29. März 1892, den Vollzug der Reichsgewerbeordnung betr., § 35 durch die Distriktsverwaltungsbehörden festgesetzt.

§ 5. I. Wer als Bewerber um einen Kehrbezirk auftreten will, muß

1. das 24. Lebensjahr vollendet haben,
2. gesund und rüstig, gut beleumundet und völlig verlässig sein,
3. die Meisterprüfung als Kaminkehrer bestanden haben.

II. Von dem Erfordernisse der Meisterprüfung kann innerhalb der nächsten 2 Jahre von Erlaß dieser Verordnung an abgesehen werden, wenn sich der Bewerber durch Zeugnisse von Arbeitgebern und Behörden über genügende praktische Befähigung zum Geschäftsbetriebe ausweist.

§ 6. Inhaber von Realrechten bedürfen zum Geschäftsbetriebe der amtlichen Ermächtigung, welche ihnen nicht verweigert werden darf, wenn sie den Voraussetzungen des § 5 genügen.

§ 7. I. Erledigte Kehrbezirke, für welche Realrechte nicht bestehen, sind zur Bewerbung auszuschreiben.

II. Das Ausschreiben ist von der Distriktsverwaltungsbehörde zu erlassen, in der Beilage des Kreisamtsblattes zu veröffentlichen und in geeigneten Zeitungen oder Zeitschriften zum Abdrucke zu bringen.

III. In dem Ausschreiben ist der Ertrag des Kehrbezirkes schätzungsweise jedoch ohne Gewähr anzugeben und zu bemerken, ob hierauf eine Witwenunterstützung lastet. Die Bewerbungsfrist ist auf vier Wochen von der Veröffentlichung im Kreisamtsblatte ab festzusetzen.

IV. Den Bewerbungen sind Belege über die Erfüllung der in § 5 bezeichneten Voraussetzungen sowie Nachweisungen über die gesamte Tätigkeit des Bewerbers im Kaminkehrgewerbe beizufügen.

V. Die Gesuche sind bei der ausschreibenden Distriktsverwaltungsbehörde einzureichen und von dieser zu bescheiden. Ist der Bezirk mit einer Witwenunterstützung belastet, so ist die Verleihung an die Bedingung zu knüpfen, daß der Bewerber sich der berechtigten Witwe gegenüber zu pünktlicher Bezahlung der Unterstützung vertragsmäßig verpflichtet.

§ 8. I. Besteht in einem Kehrbezirke ein Realrecht, so ist dessen Inhaber durch die Distriktsverwaltungsbehörde aufzufordern, binnen einer festzusetzenden Frist entweder unter Erwirkung der nach § 6 erforderlichen

Ermächtigung das Geschäft selbst zu übernehmen oder die Aufstellung eines Geschäftsführers auf seine Kosten zu beantragen.

II. Genügt derselbe dieser Vorschrift nicht, so ist durch die Distriktsverwaltungsbehörde ein Geschäftsführer von Amts wegen aufzustellen und in die Erträgnisse des Kehrbezirkes einzuweisen.

§ 9. I. Der rechtskräftig aufgestellte Kaminkehrer ist durch die Distriktsverwaltungsbehörde zu gewissenhafter Geschäftsführung durch Handgelübde zu verpflichten und anzuweisen, sein Geschäft binnen einer bestimmten Frist zu übernehmen.

II. Den Gemeinden des Kehrbezirkes ist hievon Kenntnis zu geben.

§ 10. Die Übertragung eines Kehrbezirkes erlischt:

1. wenn der Kaminkehrer das Geschäft aus eigenem Verschulden nicht innerhalb der bestimmten Frist (§ 9) übernimmt.
2. durch Verlust des Realrechtes,
3. durch Verzicht,
4. durch den Tod des Berechtigten.

§ 11. I. Die Übertragung eines Kehrbezirkes kann widerrufen werden:

1. wenn sich herausstellt, daß die Voraussetzungen für Verleihung des Kehrbezirkes nicht vorhanden waren,
2. wenn der Kaminkehrer wiederholt wegen Verfehlung gegen diese Verordnung oder eine andere feuerpolizeiliche Vorschrift gestraft worden ist und ungeachtet der ihm von der Distriktsverwaltungsbehörde schriftlich angedrohten Entziehung des Kehrbezirkes wieder in eine solche Strafe verfällt.
3. wenn der Kaminkehrer wegen eines Verbrechens oder wegen Vergehens des Diebstahls, der Unterschlagung, der Begünstigung oder der Hehlerei, der Untreue, des Betruges oder der Urkundenfälschung verurteilt worden ist,
4. wenn der Kaminkehrer ein Nebengewerbe betreibt und dasselbe trotz Aufforderung durch die Distriktsverwaltungsbehörde nicht aufgibt,
5. wenn der Kaminkehrer seinen Verpflichtungen bezüglich der Unterstützung von Kaminkehrerwitwen (§ 7 Abs. V, § 14) nicht nachkommt.

II. Statt der Entziehung des Kehrbezirkes kann auf Antrag des Kaminkehrers die Aufstellung eines Geschäftsführers verfügt werden.

§ 12. I. Die Kaminkehrergehilfen haben die ihnen übertragene Reinigung der Kamine 2c. rechtzeitig und gründlich vorzunehmen; die Vorschriften des § 2 Abs. II bis IV und VI gelten auch für die Gehilfen.

II. Gehilfen, welche im Dienste unzuverlässig oder den Anforderungen ihrer Stelle nicht gewachsen sind, hat der Kaminkehrer auf Anordnung der Distriktsverwaltungsbehörde zu entlassen.

III. Kaminkehrergehilfen, welche wiederholt wegen Übertretung dieser Verordnung oder anderer feuerpolizeilicher Vorschriften oder wegen eines Verbrechens oder wegen Vergehens des Diebstahls, der Unterschlagung, der Begünstigung oder der Hehlerei, der Untreue, des Betruges oder der Urkundenfälschung gestraft worden sind, ferner Gehilfen, welche durch ihr Verhalten Feuerstättenbesitzern zu begründeten Klagen wiederholt Anlaß gegeben haben und hiewegen von der Distriktsverwaltungsbehörde schriftlich verwarnt worden sind, können von der weiteren Verwendung im Kaminkehrergeschäfte ausgeschlossen werden.

§ 13. I. Bei Erledigung eines Kehrbezirkes (§ 10 Ziff. 1—4) ist bis zu dessen Wiederbesetzung (§ 5 ff.) ein Geschäftsführer aufzustellen. Außer diesem und den in § 8, § 11 Abs. II und § 14 Abs. VII dieser Verordnung und § 5 und § 6 der VO. über Versorgung der Kaminkehrerwitwen und Waisen vom 6. 6. 24 vorgesehenen Fällen darf ein Geschäftsführer nur dann aufgestellt werden, wenn der Kaminkehrer an der persönlichen Ausübung und Überwachung des Geschäftes für längere Zeit verhindert ist.

II. Als Geschäftsführer sollen in der Regel solche Personen aufgestellt werden, welche den Voraussetzungen für die Verleihung eines Kehrbezirkes (§ 5) genügen.

III. Die Aufstellung erfolgt in widerruflicher Weise durch Beschluß der Distriktsverwaltungsbehörde. Eine Anfechtung dieses Beschlusses findet nicht statt.

IV. Im Falle des § 8 Abs. II und, sofern nicht eine Witwe oder Waise bezugsberechtigt ist, bei Erledigung eines Kehrbezirkes steht dem Geschäftsführer das volle Erträgnis des Kehrbezirkes zu; in den übrigen Fällen wird der dem Geschäftsführer zukommende Lohn nach Anhörung des Geschäftsinhabers bzw. der zum Bezuge des Kehrbezirkserträgnisses nach § 14 Abs. I berechtigten Witwe von der Distriktsverwaltungsbehörde festgesetzt.

V. Der Geschäftsführer hat das Geschäft nach Maßgabe dieser Verordnung selbständig zu führen; über Annahme und Entlassung von Gehilfen und Lehrlingen sowie über die zum Geschäftsbetriebe erforderlichen Einrichtungen hat er sich mit dem Geschäftsinhaber bzw. der zum Bezuge des Kehrbezirkserträgnisses berechtigten Witwe oder Waise zu verständigen; Streitigkeiten entscheidet die Distriktsverwaltungsbehörde unter Ausschluß des Beschwerdeweges.

VI. Der Geschäftsführer ist auf die Erfüllung seiner Obliegenheiten handgelübdlich zu verpflichten.

Die Entlassung eines Geschäftsführers wird durch die Distriktsverwaltungsbehörde verfügt; die Entlassung muß erfolgen

1. wenn die Veranlassung zur Aufstellung wegfällt,
2. auf Antrag des Geschäftsinhabers, wenn das Verhalten des Geschäftsführers jenem Anlaß zu begründeten Klagen gibt.

§ 14. Abs. I mit V aufgehoben durch VO. vom 6. 6. 24.

VI. Auf die Inhaber von Realrechten und deren Witwen finden die Bestimmungen dieses Paragraphen keine Anwendung.

VII. Die Verhältnisse der vorhandenen Witwen werden durch diese Verordnung nur insoweit berührt, als es sich um die künftige Aufstellung und die Tätigkeit der Geschäftsführer handelt.

§ 15. Aufgehoben durch VO. vom 6. 6. 24.

§ 16. I. Die Tätigkeit der Kaminkehrer steht unter der Aufsicht der Polizeibehörden.

II. Für alle bei dem Vollzuge dieser Verordnung zu treffenden Entscheidungen und Anordnungen bilden die Distriktsverwaltungsbehörden die erste Instanz. Beschwerden gegen deren Verfügungen und Beschlüsse sind bei der verfügenden Behörde innerhalb einer ausschließenden Frist von 14 Tagen von der Zustellung oder Eröffnung ab schriftlich einzureichen oder zu Protokoll zu geben.

III. Über diese Beschwerden entscheiden die Kreisregierungen, Kammern des Innern, in zweiter und letzter Instanz.

§ 17. Diese Verordnung, mit deren Vollzug das Staatsministerium des Innern betraut wird, tritt am 1. Mai l. Js. in Kraft; von dem gleichen Tage ab werden

die Verordnung vom 27. Februar 1869, die Regelung der Verhältnisse der Kaminkehrer betreffend,

§ 23 der Verordnung vom 27. Juni 1862, die Verhütung von Feuersgefahren betreffend,

§ 2 der Verordnung gleichen Betreffs vom 10. Januar 1872 außer Wirksamkeit gesetzt.

Entschließung des Staatsministeriums des Innern vom 28. 3. 03, die Kaminkehrer betr.

Auf Grund des § 17 der Allerhöchsten Verordnung vom 26. März l. Js., die Kaminkehrer betreffend (Ges.- u. Verordn.-Blatt S. 115 ff.), erläßt das Staatsministerium des Innern zu deren Vollzug folgende Anordnungen:

Zu § 2: Die Beaufsichtigung des Bauzustandes der Feuerstätten durch die Kaminkehrer (Abs. II) hat sich in erster Linie auf das Mauerwerk und den Verputz im Innern der Kamine und Malzdarrenfeuerzüge zu erstrecken, doch soll der Kaminkehrer auch den äußeren Bauzustand, insbesondere den Verschluß der Putz- und Einsteigöffnungen untersuchen.

Vor dem Ausbrennen eines Kamins (Abs. VIII) hat sich der Kaminkehrer durch persönliche Nachschau zu überzeugen, daß der Kamin keine bedenklichen baulichen Schäden oder Mängel zeigt, und daß die Putzöffnungen vorschriftsmäßig verschlossen sind. Den Ortspolizeibehörden obliegt es, auf die Anzeige des Kaminkehrers im Benehmen mit diesem für Durchführung der zur Verhütung und eventuell Unterdrückung eines Brandes erforderlichen Maßregeln, wie Schließen von Fenstern und Dachlucken, Beseitigung leichtentzündlicher Gegenstände aus dem Funkenbereiche, Bereitstellen von Wasser und bei besonderer Gefahr z. B. weicher Dachung der nächstgelegenen Gebäude von Feuerlöschgeräten zu sorgen. Nach dem Ausbrennen hat der Kaminkehrer den Kamin nochmals zu untersuchen und die Ausbesserung etwa entstandener Beschädigungen gemäß § 2 Abs. IV der Verordnung anzuregen.

Das Kehrbuch (Abs. X) ist in einfacher, übersichtlicher Form anzulegen. Bei gleichmäßiger Bestimmung der Kehrtermine wird in der Regel für ein Gebäude die Angabe der Hausnummer und der Zahl der Kamine genügen; der Namenseintrag kann abgekürzt werden. Im übrigen ist die sorgfältige Führung des Kehrbuches, wegen dessen Bedeutung für die nach § 7 Abs. III und § 14 Abs. II erforderlichen Schätzungen zu überwachen.

Das Verbot, ein Nebengewerbe zu betreiben (Abs. XI), erstreckt sich zwar nur auf den Kaminkehrer selbst, Umgehungen durch Scheinübertragung des Nebengewerbes auf Familienangehörige oder andere vorgeschobene Personen ist jedoch in gleicher Weise wie offenen Übertragungen entgegenzutreten.

Bei längerer Entfernung vom Wohnsitze hat der Kaminkehrer für Aushilfe zu sorgen.

Zu § 3: Soweit veranlaßt hat eine Umbildung der Kehrbezirke stattzufinden. Durchgreifende Umbildungen sind jedoch aus Rücksicht auf die seitherigen Kehrbezirksinhaber in der Regel erst bei Erledigung von Kehrbezirken einzuleiten.

Realrechte stehen der Umbildung eines Kehrbezirkes nicht entgegen.

Zu § 7: Bei der Ertragsschätzung (Abs. III) ist der normale Ertrag des Kehrbezirkes zu ermitteln; die Schätzung hat sich deshalb in der Hauptsache auf das Kehrbuch zu stützen; weitere Anhaltspunkte werden die übrigen Geschäftsbücher des seitherigen Geschäftsinhabers bieten.

Hienach ist in dem Ausschreiben der Nettoertrag und der Bruttoertrag des Kehrbezirkes schätzungsweise anzugeben, ferner der Umstand, ob und in welcher Höhe der Kehrbezirk mit einer Witwenunterstützung belastet ist.

Die Gesundheit und Rüstigkeit des Bewerbers (§ 5 Ziff. 2) ist durch ein amtsärztliches Zeugnis nachzuweisen.

Guten Leumund und völlige Verlässigkeit hat der Bewerber durch Dienstzeugnisse und Zeugnisse der Polizeibehörden nachzuweisen. Über leichtere Bestrafungen von Straftaten, welche für die gewerbliche Tätigkeit des Kaminkehrers keine unmittelbare Bedeutung haben, sowie über Strafen, welche längere Zeit zurückliegen, darf hinweggesehen werden, wenn kein Zweifel an der Verlässigkeit des Bewerbers besteht.

Bei der Bescheidung der Gesuche (Abs. V) ist das öffentliche Interesse in erster Linie maßgebend.

Versetzungsgesuche sind, abgesehen von besonderen Ausnahmsfällen, nur dann zu berücksichtigen, wenn der Gesuchsteller mindestens drei Jahre in seinem bisherigen Bezirke tätig gewesen ist.

Bewerber, welche nicht mehr selbst im Geschäfte mitarbeiten, sollen regelmäßig nur mangels anderer geeigneter Bewerber Berücksichtigung finden.

Persönliche Interessen eines Bewerbers, insbesondere Familien- und Vermögensverhältnisse, dürfen dann in Betracht gezogen werden, wenn eine Wahl unter in dienstlicher Hinsicht gleichstehenden Bewerbern zu treffen ist.

Auszeichnung im Berufe, Vertrautheit mit den Verhältnissen eines Bezirkes, dessen Bedienung besondere Vorkenntnisse oder Erfahrung fordert und dgl., können die Bevorzugung eines Bewerbers rechtfertigen. Im allgemeinen aber und bei wesentlich gleicher Qualifikation geht der dienstältere Bewerber dem jüngeren vor.

Als Dienstzeit gilt die gesamte von dem Bewerber im Kaminkehrgewerbe verbrachte Zeit einschließlich der Lehrjahre. Die in Erfüllung der Wehrpflicht im Militärdienste zugebrachte Zeit ist auf die Dienstzeit anzurechnen. Andere länger dauernde Unterbrechungen können auf die Dienstzeit nur aus besonderen Gründen der Billigkeit (Unterbrechung wegen Betriebsunfalles und ähnl.) angerechnet werden. Kürzere Unterbrechungen sind bei Berechnung der Dienstzeit außer Betracht zu lassen, können aber bei häufiger Wiederholung, besonders in Verbindung mit Stellenwechseln, für die Würdigung der Verlässigkeit des Bewerbers von Bedeutung sein.

Die im Vollzuge des § 7 Abs. V ergehenden Bescheide sind mit Begründung sämtlichen Beteiligten zuzustellen.

Zu § 13: Die Aufstellung des Geschäftsführers (Abs. III) geschieht ohne Förmlichkeiten.

Bei Erledigung eines Kehrbezirkes kann ein dort bereits verwendeter, geeigneter Gehilfe ohne weiteres als Geschäftsführer bestellt werden; bei Verhinderung eines Kaminkehrers an der Geschäftsleitung (Abs. I a. E.) ist auf dessen Anträge tunlichst Rücksicht zu nehmen; in den übrigen Fällen ist die Kaminkehrer-Innung zu Vorschlägen aufzufordern und die Auswahl unter geeigneter Berücksichtigung des Dienstalters zu treffen.

Der Geschäftsführerlohn (Abs. IV) ist, soweit dessen Festsetzung erforderlich ist, nach dem Maße der Arbeit unter Berücksichtigung des Kehrbezirksertrages zu bestimmen.

Die Zuständigkeit der Verwaltungsbehörden bezüglich der Geschäftseinrichtungen (Abs. V) erstreckt sich ebenso wie bezüglich der Annahme und Entlassung von Gehilfen nur auf die Würdigung der Notwendigkeit und Zweckmäßigkeit solcher Maßnahmen; vermögensrechtliche Streitigkeiten, die sich etwa hieraus ergeben, sind vor den ordentlichen, ev. den Gewerbegerichten auszutragen.

Zu § 14: Die Festsetzung der Witwenunterstützung ist tunlichst zu beschleunigen.

Als Jahresertrag des Kehrbezirkes (Abs. II) kommt das dem letzten Kehrbezirksinhaber nach Abzug der Auslagen für Haltung von Gehilfen mit Ausnahme eines auf Grund des § 13 Abs. I a. E. etwa aufgestellten Geschäftsführers und für Arbeitsgeräte wirklich verbliebene Reinerträgnis in Betracht, keinenfalls aber mehr als der aus der Schätzung nach § 7 Abs. III zu berechnende normale Reinertrag des Kehrbezirkes.

Zu § 16: Die Bildung eines Kehrbezirkes aus Teilen verschiedener Amtsbezirke erfolgt durch gemeinschaftlichen Beschluß der beteiligten Distriktsverwaltungsbehörden. Für solche Kehrbezirke werden Verfügungen, welche sich auf die Reinigungsarbeiten in einem der Amtsbezirke beschränken, von der betreffenden Distriktsverwaltungsbehörde, andere Verfügungen von derjenigen Distriktsverwaltungsbehörde, welcher der Hauptbestandteil des Kehrbezirkes angehört, im Benehmen mit den übrigen Distriktsverwaltungsbehörden erlassen.

Merkblatt der Versicherungskammer über Kehrfristen.

§ 1. Die **besteigbaren** (offenen und geschlossenen) Kamine sind während der Zeit ihrer Benützung bei ständiger Benützung von einer oder zwei Feuerungen jährlich 6 mal, von drei oder mehr Feuerungen oder, wenn sie Feuerungen von Herden und Kochöfen aufnehmen, jährlich 9 mal zu reinigen.

Die **nicht besteigbaren** (russischen) Kamine sind während der Benützungszeit bei ständiger Benützung von einer oder zwei Feuerungen jährlich 9 mal, von drei oder mehr Feuerungen jährlich 12 mal und, wenn sie Feuerungen von Herden und Kochöfen aufnehmen, jährlich 12 mal zu reinigen.

§ 2. Alle **Monate** während der Benützungsdauer sind zu reinigen:

a) die Kamine von Gewerbetreibenden, wenn sie starke und lang benützte Feuerungen aufnehmen,

b) die Feuerzüge der Malzdarren bei ständiger Benützung.

Zeitweise benützte Malzdarren sind nach je 30 Betriebstagen zu reinigen.

§ 3. Die zu Essenfeuerungen mit offenem Gebläse gehörigen Kamine der Schlosser, Schmiede, Spengler und anderer Feuerarbeiter sowie die Gasableitungskamine sind durch den Kaminkehrer jährlich **einmal** auf ihre Feuersicherheit zu untersuchen und im Bedarfsfalle zu reinigen. An Essenkaminen sowie an Gasableitungskaminen sollen keine Hausbrandfeuerungen angeschlossen sein.

§ 4. Die dem Hausgebrauch dienenden Kamine der Wasch- und Backhäuser sind jährlich **zweimal** zu reinigen. Wird ein Wasch- oder Backhaus von mehreren Parteien benützt, so ist die Reinigung nach Bedarf vorzunehmen. Backhäuser mit oder ohne Vorgewölbe und ohne Kamin sind jährlich **einmal** zu untersuchen und nach Bedarf zu reinigen.

§ 5. Die dem Hausbedarf dienenden Räucherkammern sind jährlich **einmal** bei Gelegenheit der Kaminreinigung zu untersuchen und im Bedarfsfalle zu reinigen. Gewerbliche Räucherkammern sind bei Gelegenheit der Kehrung der zugehörigen Kamine zu reinigen.

§ 6. Die Feuerzüge der Hopfendarren sind jährlich **einmal** und zwar vor Beginn des Darrbetriebes zu untersuchen und im Bedarfsfalle zu reinigen.

§ 7. Dampfkessel- und sogenannte Turmkamine müssen jährlich **wenigstens einmal** durch den Kaminkehrer untersucht und nach Bedarf gereinigt werden. Kann ein solcher Kamin wegen des Betriebes nicht bestiegen werden oder verweigert der Besitzer die Vornahme der Reinigung, so entscheidet die Bezirksverwaltungsbehörde über die Notwendigkeit der Reinigung.

Auf Antrag des Besitzers können von der Bestimmung des Absatzes I Satz 1 solche Turmkamine befreit werden, bei welchen eine amtliche Untersuchung durch Sachverständige und längere Beobachtung ergeben, daß der Rußansatz infolge rauchschwacher Feuerung oder infolge Selbstreinigung des Kamines auf ein geringes Maß beschränkt wird.

§ 8. Kamine, welche nicht in Benützung stehen, sind jährlich **einmal** durch den Kaminkehrer zu untersuchen, damit festgestellt wird, ob sie unbedenklich ohne weiteres benützt werden können.

§ 9. Für Kamine, deren besondere Beschaffenheit, Lage oder Benützungsart eine häufigere Reinigung notwendig macht, bleibt die Festsetzung kürzerer Kehrfristen der Bezirksverwaltungsbehörde vorbehalten.

§ 10. Die nicht besteigbaren (russischen) Kamine sind auszubrennen, wenn die Gefahr der Selbstentzündung besteht und wenn der Ansatz von Hart-, Glanz- oder Schmierruß oder von Pech mit den üblichen Kehrwerkzeugen nicht mehr entfernt werden kann.

Mit dem Ausbrennen ist auch die Reinigung der Kaminröhre von Ruß und Schlackenrückständen zu verbinden.

Besteigbare (deutsche) Kamine dürfen nur bei unabweisbarem Bedürfnis ausgebrannt werden.

§ 11. Jede neue Kaminanlage ist vom Kaminkehrer sowohl im Rohbau als auch nach Einleitung der Rauchrohre abzuziehen und auf Feuersicherheit und Wärmewirtschaftlichkeit zu untersuchen. Die Untersuchung soll den Nachweis erbringen, daß die Heiz- und Kaminanlagen den bestehenden Vorschriften genügen.

Der Baumeister oder der Hausbesitzer hat den Kaminkehrer von der Fertigstellung der Kamine im Rohbau zu verständigen.

Der Kaminkehrer ist verpflichtet, das Ergebnis der Untersuchung auf einem von der technischen Organisation des Hafner- und Kaminkehrergewerbes ausgearbeiteten Fragebogen festzustellen und der Baupolizeibehörde vorzulegen.

§ 12. Die Rauchrohre und Feuerzüge der Heizungen (gemauerte Rauchabzüge, Bäckereigewölbe und dgl.) sind mindestens so oft wie die zugehörigen Kamine zu reinigen; § 8 findet hier Anwendung.

Der Kaminkehrer ist zu dieser Reinigung nur dann verpflichtet, wenn der Besitzer der Feuerungsanlage sie verlangt. Wird die Reinigung von anderen besorgt, so hat der Kaminkehrer bei der Reinigung der Kamine etwaige Mißstände (unvollständige Reinigung usw.) festzustellen und der Bezirksverwaltungsbehörde zu melden.

§ 13. Der Kaminkehrer ist verpflichtet, aus Kaminen und Feuerstätten, welche von ihm gereinigt werden, den Ruß und das Pech, sowie alle beim Ausbrennen anfallenden Rückstände sauber herauszunehmen und in feuersicheren Gefäßen zu sammeln. Der Feuerstättenbesitzer hat diese Gefäße bereit zu halten und den Inhalt fortzuschaffen.

§ 14. Eine willkürliche Veränderung der Kehrfristen ist dem Kaminkehrer nicht gestattet, dagegen steht es dem Hausbesitzer frei, seine Kamine öfter, als in der Kehrordnung vorgeschrieben, reinigen zu lassen.

III. Bauten mit mehr als gewöhnlicher Ausdehnung, Betriebe mit erhöhter Brand- oder Zerknallgefahr.

Entschließung des Staatsministeriums des Innern vom 10. 5. 97, die Bau- und Feuersicherheit der Theater und sonstigen größeren Versammlungslokale betr.[1])

Die jüngste Brandkatastrophe in einem Wohltätigkeitsbazar zu Paris und der hiedurch herbeigeführte erschreckende Verlust von Menschenleben läßt es neuerlich als unabweisbare Notwendigkeit erscheinen, daß in Theatern und sonstigen für größere Menschenansammlungen bestimmten Gebäuden alle zur Verhütung von Unglücksfällen erforderlichen bau- feuer- und sicherheitspolizeilichen Einrichtungen und Maßregeln bestehen und bzw. getroffen werden.

Das Staatsministerium des Innern sieht sich deshalb veranlaßt, unter Bezugnahme auf die Ministerialentschließung vom 20. Dezember 1881 (Min.-Amtsbl. S. 503) wiederholt anzuordnen, daß unverzüglich eine eingehende Besichtigung und Untersuchung der Theater, Ballsäle, Konzertsäle, Zirkusbauten und sonstigen zu größeren Versammlungen und Veranstaltungen dienenden Lokale vorgenommen werde.

Die Vornahme der Untersuchung ist durch die Ortspolizeibehörde unter Zuziehung

a) eines staatlichen, städtischen oder distriktiven bautechnischen Beamten,

b) eines von der Ortspolizeibehörde zu bestimmenden Bautechnikers,

c) des Vorstandes oder eines Vertreters der Feuerwehr

zu betätigen.

Wo die Verhältnisse es als veranlaßt erscheinen lassen, können noch weitere Sachverständige beigezogen werden.

Diese Untersuchung und Prüfung hat sich hauptsächlich auf folgende Punkte zu erstrecken:

A. Bei allen zu größeren Versammlungen und Veranstaltungen dienenden Lokalen

1. auf die Lage der Gebäude mit Rücksicht auf etwa zu besorgende Feuersgefahr für die benachbarten Gebäude;

2. auf die Bauart und Festigkeit dieser Gebäude;

---

[1]) Auf Kirchengebäude ist diese Entschließung nicht ohne weiteres anwendbar, doch ist auch diesen Gebäuden, die regelmäßig größere Menschenmengen aufzunehmen haben, eine erhöhte Aufmerksamkeit zuzuwenden. Eine MinEntschl. vom 16. November 1907 ordnete daher die Prüfung der Kirchengebäude usw. auf ihren bau-, feuer- und sicherheitspolizeilichen Zustand an (Konstruktion und Zustand der Emporen und Treppen, Zahl und Breite der Ausgänge mit Rücksicht auf die Menge der regelmäßigen Kirchenbesucher, Beschaffenheit und Beweglichkeit der Türen und der Art ihres Verschlusses, Überwachung doppelflügeliger Türen während des Gottesdienstes durch mit dem Schloßmechanismus vertraute Personen, Vermeidung des Verschließens der Türen während des Gottesdienstes, Vorsicht bei der Verwendung leicht brennbarer Dekorationen und hinsichtlich der Verwendung und Stellung der Kerzen, Instandhaltung der Blitzableiter usw.).

3. auf die Anzahl, Größe und Verteilungsart der vorhandenen Hauptausgänge auf die umliegenden Straßen oder Plätze, sowie auf den Türenverschluß, insbesondere ob die Türen nach außen zu öffnen sind;

4. auf die Größe der Vorräume, Vestibüle und der von diesen zu den Treppen führenden Gänge im Erdgeschoß;

5. auf die Anlage der vorhandenen Haupt- und Nebentreppen zu den bestehenden Haupt- und Nebenausgängen auf die Straße;

6. auf die vorhandene Anzahl, Größe, das Material und die Konstruktion der Haupt- und Nebentreppen mit Rücksicht auf die Aufnahmsfähigkeit der im Gebäude sich befindenden Räume, insbesondere auch darauf, ob nicht Treppen höher gelegener Stockwerke in den unteren Geschossen an einzelnen Punkten so zusammengeführt sind, daß Gefahr für den bequemen und sicheren Verkehr zu besorgen wäre;

7. auf die Größe, Richtung und Deckenkonstruktion der Gänge, welche von den gedachten Räumen zu den Treppen führen;

8. auf die Anzahl, die Größe und die Verschlußvorrichtung der Türöffnungen, welche von diesen Räumen in die Gänge münden, dann darauf, ob die vorhandenen Türen nach außen sich öffnen;

9. auf die Sicherheit der Beleuchtungseinrichtung in allen Räumen des Hauses, sodann darauf, ob für eine entsprechende Reserve- oder Notbeleuchtung gegen etwaiges Versagen der Hauptbeleuchtung genügende Vorsorge getroffen ist;

10. auf die Beheizungseinrichtung sämtlicher Räume des Gebäudes;

11. auf die vorhandenen Feuerlöschvorrichtungen und die hiefür zur Verfügung stehende Wassermenge, wobei ins Auge zu fassen ist, welche Maßnahmen für möglichst rasche Bedienung derselben, sowie die schleunige Meldung bei etwa ausgebrochenem Brande an die maßgebende Feuerwehrstation getroffen sind;

12. auf das Vorhandensein von Blitzableitern und deren Leistungsfähigkeit.

B. Bei Theatergebäuden außerdem:

1. auf den Abschluß zwischen dem Bühnen- und Zuschauerraum durch Feuermauer und Metallvorhang;

2. auf die Verschlußart der in der Feuermauer etwa vorhandenen Türöffnungen;

3. auf die Frage, ob nach Maßgabe der örtlichen und baulichen Verhältnisse beim Mangel genügender Ausgänge und Treppen durch Ein- oder Anbauten die Anlage solcher weiter ausführbar erscheint;

4. auf die Anordnung der Sitze in den Zuschauerräumen;

5. auf die Lage der Garderoben, insbesondere ob dieselben dem freien Verkehre in den Gängen und Treppenhäusern nicht hinderlich sind;

6. auf die Lage der Magazinsräume in bezug auf deren feuersicheren Abschluß gegen den Bühnenraum;

7. auf sämtliche Einrichtungsgegenstände der Bühne in bezug auf deren größere oder geringere Entzündbarkeit und die zur Verminderung derselben getroffenen Vorkehrungen;

8. auf sämtliche Fensteröffnungen, ob dieselben nicht etwa mit Metallstangen oder Drahtgittern verschlossen sind;

9. auf die Beleuchtungs- und Anzündapparate, insbesondere ob dieselben mit genügenden Schutzvorrichtungen versehen sind.

Auf Grund des von der Untersuchungskommission festgestellten Befundes sind sofort die als erforderlich erkannten Maßregeln zum Schutze des Publikums anzuordnen, und zwar je nach Erfordernis

a) durch spezielle Aufträge zur Beseitigung der vorgefundenen Mängel und Mißstände,

b) soweit dies nicht bereits geschehen, durch Erlassung ortspolizeilicher Vorschriften auf Grund des § 368 Ziff. 8 des Reichsstrafgesetzbuches und Art. 2 Ziff. 14 des Polizeistrafgesetzbuches.

Was die zu erlassenden ortspolizeilichen Vorschriften betrifft, so kann es keinem Bedenken unterliegen, dieselben nicht nur auf die in feuer- und sicherheitspolizeilicher Hinsicht vorzuschreibenden Handlungen oder Unterlassungen, sondern auch auf die Anordnung der zur Sicherung des Publikums erforderlichen baulichen Einrichtungen und Vorkehrungen zu erstrecken.

Abgesehen hievon befindet sich die Ortspolizeibehörde in der Lage, die gemäß § 33 b der Gewerbeordnung für das Deutsche Reich beziehungsweise Art. 32 des Polizeistrafgesetzbuches erforderliche ortspolizeiliche Erlaubnis zu Musikaufführungen, Schaustellungen, theatralischen Vorstellungen und sonstigen öffentlichen Lustbarkeiten nur unter der Bedingung zu erteilen, daß das Lokal, in welchem die Aufführung stattfinden soll, den von ihr bezeichneten Anforderungen in bezug auf sicherheitspolizeiliche, insbesondere auch auf feuer- und baupolizeiliche Einrichtungen und Vorkehrungen entspricht.

Die gleichen Befugnisse stehen den Distriktspolizeibehörden bei Erteilung der Erlaubnis zur öffentlichen Veranstaltung von Singspielen, Gesangs- und deklamatorischen Vorträgen 2c. (§ 33 a der Gewerbeordnung) zu.

Die Erfahrung hat ergeben, wie leicht selbst da, wo Schutzmaßregeln bestehen, im Augenblicke der Gefahr die gehörige Anwendung derselben verabsäumt und unterlassen wird.

Die Ortspolizeibehörden haben daher ihr besonderes Augenmerk auch darauf zu richten, daß die Ausführung der zur Sicherheit des Publikums getroffenen Einrichtungen fortdauernd überwacht wird. Insbesondere bei Theatern erscheint erforderlich, daß vor dem Beginne jeder Vorstellung geprüft wird, ob die angeordneten Schutz- und Sicherheitsvorrichtungen sich im gehörigen Zustande befinden. Ferner ist dafür zu sorgen, daß geeignete Personen ausschließlich dazu bestimmt werden, während der Zeit, in welcher die betreffenden Räume dem Publikum geöffnet sind, die angeordneten Schutzmaßregeln zu handhaben und während dieser Zeit ununterbrochen an der betreffenden Stelle sich aufzuhalten.

Um einerseits die erforderliche Überwachung in den vorbezeichneten Richtungen, andererseits aber ein rasches Eingreifen im Augenblicke der Gefahr zu sichern, sind zu jeder derartigen Vorstellung nicht nur Polizeiorgane, sondern auch ausgerüstete Feuerlöschmannschaften in genügender Anzahl beizuziehen.

Die Kreisregierungen, Kammern des Innern, haben den Vollzug vorstehender Anordnungen zu überwachen und zugleich Sorge zu tragen, daß die Untersuchung der hier in Frage stehenden Gebäude und Lokale in angemessenen Zwischenräumen in der vorbezeichneten Weise wiederholt werde.

Über die Ergebnisse der vorgenommenen Untersuchung und Prüfung, namentlich über die hiebei festgestellten wesentlicheren Mängel sowie über die zu deren Abstellung getroffenen Anordnungen und deren Erfolg beziehungsweise über etwa sich hiebei ergebende Anstände ist binnen drei Monaten an das Staatsministerium des Innern unter gutachtlicher Äußerung Bericht zu erstatten.

Die vorstehenden Anordnungen handeln zunächst nur von den bereits bestehenden Theatern und zu größeren Versammlungen und Veranstaltungen dienenden Lokalen. Es ist selbstverständlich, daß die oben unter A und B aufgestellten Gesichtspunkte auch bei Neuherstellung oder Adaptierung von Gebäuden oder Lokalen dieser Art und ebenso bei Baulichkeiten, welche nur für vorübergehende Zwecke errichtet werden und zur Aufnahme größerer Menschenmengen bestimmt sind, wie Ausstellungsgebäuden, Festhallen u. dergl., strengstens festgehalten werden müssen, wozu den Baupolizeibehörden durch die Bauordnung für die Haupt- und Residenzstadt München vom 29. Juli 1895 (insbesondere §§ 39 und 40) beziehungsweise durch die allgemeine Bauordnung für die Landesteile rechts des Rheins vom 31. Juli 1890 (insbesondere §§ 46 und 48) und die Bauordnung für die Pfalz vom 30. August 1890 (insbesondere §§ 4 und 6) entsprechende Vorschriften an die Hand gegeben sind.

Auszug aus der Bekanntmachung des Staatsministeriums des Innern vom 10. 10. 00, den Geschäftsbetrieb der Auktionatoren betreffend.

(GVBl. S. 1182.)

9. Die von den Auktionatoren gewerbsmäßig benützten Räume, in denen öffentliche Versteigerungen stattfinden, müssen jenen hygienischen, bau- und feuerpolizeilichen Anforderungen entsprechen, welche an öffentliche Lokale mit einem größeren Menschenverkehr zu stellen sind.

Entschließung des Staatsministeriums des Innern vom 7. 10. 03, die Feuer- und Betriebssicherheit in Waren- und Geschäftshäusern betr.

Die in den letzten Jahren in Warenhäusern und großen Geschäftshäusern vorgekommenen Brandfälle, namentlich jener in Budapest, durch welche viele Menschenleben dem wütenden Elemente zum Opfer fielen, haben in ernstester Weise die großen Gefahren dargetan, welche bei Bränden in derartigen Gebäuden den Bewohnern derselben, dem dort verkehrenden Publikum und dem daselbst beschäftigten Personale drohen.

Die Fernhaltung und Beseitigung solcher gefahrdrohender Verhältnisse muß mit allen zulässigen und zweckdienlichen Mitteln angestrebt werden.

Es ist deshalb geboten, zum Schutze der in solchen Gebäuden wohnenden und verkehrenden Personen besondere Vorschriften sowohl bezüglich der baulichen Anlage und der gesamten Einrichtung als auch für den Geschäftsbetrieb zu erlassen und dieselben auf die bereits bestehenden wie auf die neu zu errichtenden Warenhäuser und großen Geschäftshäuser zu erstrecken.

Auf Grund des § 368 Ziffer 8 des Reichsstrafgesetzbuches und des Art. 101 Absatz 1 und 2 des Polizeistrafgesetzbuches, ferner zum Schutz der gewerblichen Arbeiter auf Grund der §§ 120 a mit d, zum Schutze des kaufmännischen Personals auf Grund des § 139 g der Gewerbeordnung enthält die als Anlage angefügte allgemeine Anweisung jene Bestimmungen, welche von den zuständigen Behörden als Schutzmaßnahmen anzuordnen sind.

Hiedurch wird nicht ausgeschlossen, daß je nach den besonderen örtlichen Verhältnissen noch weitergehende Anforderungen, insbesondere bei Neuanlagen, gestellt werden können, während anderseits auch einfacheren Verhältnissen Rechnung getragen werden kann.

Die Distriktspolizeibehörden haben nunmehr die bestehenden Warenhäuser und großen Geschäftshäuser einer genauen Revision zu unterstellen und an der Hand der Anweisung nach Einvernahme von Sachverständigen, insbesondere auch des Feuerwehrkommandos und, wo gewerbliches Personal in Frage kommt, der Gewerbeaufsichtsbeamten, die nötigen Anordnungen ungesäumt zu treffen. Bei Neuanlagen ist genauestens nach Maßgabe gegenwärtiger Entschließung nach Anhörung der vorbezeichneten Sachverständigen zu verfahren.

Zur Erhaltung der Feuer- und Betriebssicherheit in den Waren- und großen Geschäftshäusern ist ferner eine fortgesetzte Überwachung dringend geboten, welche neben den Ortspolizeibehörden, soweit gewerbliches Personal in Betracht kommt, den Gewerbeaufsichtsbeamten obliegt.

Die Regierungen, K. d. J., haben für den Vollzug strengstens zu sorgen.

Allgemeine Anweisung für die Feuer- und Betriebssicherheit in Warenhäusern und großen Geschäftshäusern.

A. Warenhäuser.

I. Bestimmungen für die bauliche Anlage.

a) Bei Neuanlagen.

1. Für diejenigen Umfassungen der Warenhäuser, welche nicht durch Brandmauern abgeschlossen sind, ist ein Abstand von anderen Gebäuden zu fordern, welcher die gegenseitige Übertragung eines Brandes möglichst verhindert. Wie weit das in § 47 der Bauordnung bzw. § 53 der Münchener Bauordnung bezeichnete Höchstmaß von 9 m hiefür ausreichend ist, muß der Prüfung in jedem einzelnen Falle überlassen werden; als ein für alle Fälle ausreichendes Maß kann dasselbe nicht erachtet werden. Insbesondere wird der Abstand von anderen Gebäuden bei Einrichtung von Verkaufsräumen in mehreren Obergeschossen entsprechend der zunehmenden Höhe der Verkaufsräume über dem Straßenniveau zu vergrößern sein.

2. Wohnungen, Werkstätten oder andere zum längeren Aufenthalte einer größeren Anzahl von Menschen dienende Räume sind über den Geschäftsräumen nicht zulässig.

3. Der Fußboden des obersten zum Aufenthalte von Menschen dienenden Geschosses darf nur in einer solchen Höhe über dem Straßenniveau sich befinden, daß die Rettung von Personen mittels der vorhandenen Feuerlöschgeräte ermöglicht ist.

4. Das Keller- und Dachgeschoß darf zu Verkaufs- und Ausstellungszwecken nicht benützt werden.

Ob und inwieweit das Dachgeschoß zu anderen geschäftlichen Zwecken Verwendung finden darf, unterliegt besonderer Prüfung und Genehmigung der Behörde.

5. Eiserne Konstruktionsteile (Säulen, Unterzüge, Deckenträger und dergl.) sind glutsicher einzuhüllen. Eine Umhüllung der an den Außenflächen der Gebäude gelegenen Teile ist nicht erforderlich. Jedoch sind Fenstervorbauten oben feuersicher abzudecken und die Trennung der Geschosse an den Außenflächen und Hoffronten behufs Verhinderung der Übertragung eines Feuers in obere Geschosse durch unverbrennliche starke Gesimse zu betätigen.

6. Alle Decken der Verkaufs- und Ausstellungsräume sind in feuerfester Weise herzustellen. In gleicher Weise ist das Kellergeschoß vom Erdgeschoß zu trennen.

Eine unmittelbare Verbindung des Keller- und Dachgeschosses mit den Innenräumen des Gebäudes ist nur ausnahmsweise zulässig.

7. Auslagefenster sind derart zu konstruieren, daß ihr Sturz 30 cm unter den Deckenabschluß herabreicht und die Umfassungswand auf 1 m Höhe über dem Fenstersturze feuerfest geschlossen wird.

Eine Verminderung dieser Maße ist zulässig, wenn das Auslagefenster gegen den Innenraum feuersicher abgeschlossen wird.

Werden Auslagefenster in das Kellergeschoß hinabgeführt, so sind sie gegen die Kellerräume feuersicher abzuschließen.

8. Auslagekästen, welche als Vorbauten an den Außenflächen angebracht sind, müssen aus unverbrennlichem Materiale hergestellt werden.

9. Die Breite von Ausgängen, Treppenfluren und Treppen ist nach der aus dem Betriebsplan zu entnehmenden Zahl der verkehrenden Personen einschließlich des Betriebspersonals bemessen.

Treppen müssen in verschiedenen Richtungen und in solcher Anzahl angebracht werden, daß von jedem Punkte des Gebäudes aus eine solche auf höchstens 25 m Entfernung erreichbar ist. Dieselben müssen in Treppenhäusern untergebracht werden, in ihrer Anlage den Anforderungen der §§ 38, 39, 40 der Münchener Bauordnung genügen und mit einem der Sicherheit entsprechenden Ausgang ins Freie bzw. auf die Straße versehen sein. Alle Verbindungen dieser Treppenhäuser und ihrer Ausgänge mit den Geschäftsräumen sind feuer- und rauchsicher abzuschließen. Die Treppenhäuser sind mit Vorrichtungen zu versehen, welche eine wirksame Entlüftung sicherstellen und vom Erdgeschosse aus bedient werden können.

10. Innere Treppen zur Verbindung der Verkaufs- und Ausstellungsräume unter sich, welche zum Verkehre des Publikums nötig sind, bedürfen keiner Abschlüsse, werden aber bei der Bemessung der nach Ziff. 9 erforderlichen Treppen nicht in Anrechnung gebracht. Über denselben ist eine Entlüftungsvorrichtung herzustellen, die von einer außerhalb der Verkaufsräume gelegenen gesicherten Stelle des Erdgeschosses aus gehandhabt werden kann.

11. Anderweitige Deckendurchbrüche für Nebentreppen, welche zum Verkehre der Angestellten nötig sind, Aufzüge und dergleichen, sind feuersicher abzuschließen.

12. Ausgangstüren müssen nach außen aufschlagend und leicht beweglich eingerichtet werden. Kanten- und Schubriegel sind unzulässig; der Verschluß muß von innen leicht zu öffnen sein. Die Türen, welche von den Geschäftsräumen zu den in Ziff. 9 bezeichneten Treppenhäusern führen, werden als feuersicher betrachtet, wenn sie den Vorschriften in Ziff. 1 und 2 der Entschließung des Staatsministeriums des Innern vom 20. Dezember 1902 (MABl. S. 681) genügen.

13. Die Fenster in oberen Geschossen müssen, um Unfällen durch Herabfallen größerer Scheiben vorzubeugen, durch Sprossen angemessen geteilt oder besonders gesichert werden. Etwa ein Drittel der Fenster jedes Arbeitsraumes muß zu öffnende Flügel mit einer freien Öffnung von mindestens 0,60 : 1,10 m Größe erhalten.

14. Größere Lager- und Packräume müssen von den übrigen Geschäftsräumen feuer- und rauchsicher getrennt sein.

Werden solche im Keller untergebracht, so sind sie durch massive Mauern in einzelne Abteilungen zu trennen, deren Grundfläche in der Regel 400 qm nicht überschreiten soll. Öffnungen in diesen Mauern sind feuersicher abzuschließen. Die Treppen dürfen nirgends in unmittelbarer Verbindung mit den übrigen Treppen des Gebäudes stehen und müssen unmittelbar ins Freie ausmünden. Die Zahl dieser Treppen und Ausgänge ist nach Bedarf festzustellen. Für geeignete, tunlichst von außen zu handhabende Entlüftungsvorrichtungen ist Sorge zu tragen, soferne nicht genügend Fenster vorhanden sind.

Werden solche Lager- und Packräume im Dachgeschosse nach Ziff. 4 Abs. 2 genehmigt, so sind auch hier Einzelräume von der Größe, wie im Kellergeschosse vorgeschrieben ist, zu schaffen. Das Holzwerk ist mit einem haltbaren feuersicheren Verputze zu umkleiden. Die Zugänge zu denselben müssen durch die in Ziff. 9 vorgeschriebenen Treppenhäuser erfolgen.

Werden Aufzüge im Gebäudeinnern bis in das Dachgeschoß nach Ziff. 4 Abs. 2 genehmigt, so sind sie innerhalb des letzteren allseitig feuerfest zu umschließen und mit einem allseitig feuerfest umschlossenen Vorraum zu versehen.

15. Die Maschinen- und Heizräume sind durch feuerfeste Wände von den übrigen Kellerräumen zu trennen, etwaige Öffnungen sind feuer- und rauchsicher abzuschließen.

b) Für bestehende Warenhäuser.

16. Vorstehende Bestimmungen gelten auch für bestehende Gebäude. Soweit sich der Erfüllung der Vorschriften in Ziff. 1, 6, 9, 12 und 14 erhebliche Schwierigkeiten entgegenstellen, ist die erforderliche Feuer- und Betriebssicherheit durch anderweitige geeignete Auflagen anzustreben.

An Stelle der Bestimmung in Ziff. 2 tritt folgende Vorschrift: Wohnungen, Werkstätten oder andere zum längeren Aufenthalte einer größeren Anzahl von Menschen dienende Räume dürfen über den Geschäftsräumen nur dann bestehen, wenn die Trennung von solcher Beschaffenheit ist, daß sie die Übertragung eines Brandes verhindert und wenn außerdem für den Fall eines Brandes in den Geschäftsräumen die Möglichkeit eines sicheren Ausganges mittels einer eigenen Treppe aus den darüber befindlichen Wohnungsräumen und dergleichen gewährleistet ist.

II. Bestimmungen für den Betrieb für Neuanlagen und bestehende Anlagen.

1. Die Einrichtung einer Zentralheizung ist bei Neuanlagen unbedingt zu fordern.

Heizkörper und Heizröhren der Zentralheizungen sind gegen die Berührung durch besonders leicht entzündliche Gegenstände zu schützen.

Eiserne Öfen müssen mit starken, unverrückbar befestigten Ofenschirmen versehen sein.

Die Rauchrohrleitungen von den Öfen zu den Kaminen müssen möglichst kurz geführt sein; gegebenen Falles sind dieselben geeignet zu umhüllen.

Die Heizöffnungen der Öfen sind gegen das Herausfallen von Brennstoffen möglichst zu versichern; die Aufbewahrung von Heizmaterial in der Nähe der Öfen darf nur in geschlossenen feuersicheren Gefäßen erfolgen.

Petroleum- und Spirituskocher und -Öfen sind verboten.

Gasöfen Gaskocher und dergleichen sind tunlichst zu vermeiden; eventuell ist bei ihrer Aufstellung, die nur mit distriktspolizeilicher Genehmigung erfolgen darf, mit besonderer Vorsicht zu verfahren.

2. Petroleumbeleuchtung, Spiritusbeleuchtung und ähnliche Beleuchtungsarten dürfen nicht zugelassen werden; die Benützung von schweren Mineralölen zur Beleuchtung der Geschäftsräume mit Ausnahme der Verkaufs- und Ausstellungsräume ist zulässig, falls eine zentrale Gas- oder elektrische Beleuchtungsanlage nicht vorhanden ist. Stehlampen dürfen in den Geschäftsräumen nicht benützt werden; Hängelampen mit Schutzblechen gegen die Decke sind sicher zu befestigen und von brennbaren Gegenständen geeignet entfernt zu halten.

3. Gasbeleuchtung darf nur dann neu eingerichtet werden, wenn eine zentrale elektrische Beleuchtungsanlage nicht vorhanden ist.

Die Gasmesser sind nicht unter Treppen aufzustellen; die Herstellung besonderer feuersicherumschlossener und mit Tageslicht hinreichend beleuchteter Räume für die Unterbringung der Gasmesser kann gefordert werden. Die Gasleitung muß auch außerhalb des Gebäudes abstellbar sein.

Ausgeschlossen sind sowohl die Verwendung beweglicher Gasarme als auch von Stehlampen.

Die Beleuchtungskörper sind tunlichst über den Verkehrswegen anzuordnen und müssen gegen die Berührung mit brennbaren Gegenständen entsprechend geschützt werden.

4. Elektrische Beleuchtungsanlagen müssen den vom Verbande deutscher Elektrotechniker aufgestellten Sicherheitsvorschriften entsprechen und in angemessenen Fristen spezieller fachmännischer Prüfung unterstellt werden.

Alle elektrischen Leitungen, welche äußerlichen Beschädigungen ausgesetzt sind, müssen hiegegen in völlig ausreichender Weise geschützt werden.

Elektrische Beleuchtungskörper sind tunlichst über den Verkehrswegen anzuordnen. Sie dürfen sich nicht in der unmittelbaren Nähe leicht brennbarer Stoffe befinden oder von solchen Stoffen umhüllt werden.

Glühlampen, die sich in der Nähe brennbarer Stoffe befinden oder von brennbaren Stoffen berührt werden können, sind durch eine zweite Glocke oder in ähnlich sicherer Weise (Gitter 2c.) zu schützen.

Bogenlampen müssen Vorrichtungen erhalten, die das Herabfallen glühender Kohlenteilchen sicher verhüten.

5. Die Beleuchtung der Auslagen und Schaufenster darf nur von außen oder in der Art erfolgen, daß sich zwischen dem Schaufenster und den Beleuchtungskörpern nebst Leitungen starke genau abschließende Glasscheiben befinden.

Glühlampen mit besonderen Schutzglocken (Gittern) und in Röhren sicher verlegten elektrischen Leitungen innerhalb der Schaufenster sind nur dann zulässig, wenn die letzteren feuersicher gegen den Innenraum abgeschlossen sind.

6. Notbeleuchtung ist an allen zum Ausgange dienenden Türen und Ausgängen einzurichten und bei eintretender Dunkelheit in Betrieb zu setzen. Zur Notbeleuchtung sind Kerzen in Laternen, Rüböllampen oder solche elektrische Lampen, welche durch eine besondere Betriebsquelle gespeist werden, zu verwenden. Auf die Notbeleuchtung finden die vorstehenden Sicherheitsvorschriften sinngemäße Anwendung.

7. In allen Verkaufs-, Ausstellungs-, Lager- und Packräumen müssen Gänge von entsprechender Breite bestehen, welche in möglichst gerader Richtung zu den Ausgängen führen und frei von allen Hindernissen gehalten werden müssen. Die Breite und Lage derselben ist in den der baupolizeilichen Genehmigung zugrunde liegenden Plänen einzuzeichnen; für die Bemessung derselben ist die Höchstzahl der zu erwartenden Besucher nebst der Zahl der Angestellten maßgebend.

Treppen, Treppenpodeste, Vestibüle und Korridore sind gleichfalls dauernd von allen Verkehrshindernissen durch Waren und dergleichen freizuhalten. Ausschmückungen an und auf Treppen sollen tunlichst vermieden werden; wo solche nötig sind, müssen sie aus feuersicherem Materiale hergestellt werden.

Die Haupt- und Notausgänge sind als solche mit großer Schrift kenntlich zu machen; die nächsten Wege zu ihnen sind, soweit erforderlich, durch Richtungspfeile an den Wänden zu bezeichnen.

An den zu den Ausgängen führenden Verkehrswegen des Erdgeschosses dürfen besonders leicht entzündliche Gegenstände nicht ausgelegt werden.

Ferner dürfen in der Nähe der Ausgänge behufs Erhaltung der vorgeschriebenen Breite Verkaufstische oder sonstige Gegenstände nicht aufgestellt werden.

Vorhänge dürfen an den zu den Treppen und Ausgängen führenden Türen nicht angebracht werden; zur Verhinderung des Zuges sind Windfänge zulässig. Durch die geöffneten Türflügel darf der Verkehr in den Korridoren, Treppenhäusern usw. nicht behindert werden, namentlich dürfen die Treppenhäuser nicht über die freie Treppenlaufbreite hinaus beschränkt werden.

8. Hinter den durchbrochenen Brüstungen der Galerien muß ein 1—2 m breiter Raum von allen Gegenständen freigehalten werden. Leicht brennbare Gegenstände dürfen an den Brüstungen sowie an Säulen und Treppengeländern nicht derart aufgehängt werden, daß dadurch eine Übertragung des Feuers ermöglicht wird.

9. Die Lagerung brennbarer Gegenstände soll nicht höher als 1,5 m unter den Decken erfolgen; bei höherer Lagerung sind behufs Einschränkung eines Feuers an geeigneten Stellen etwa 1 m hohe Schutzstreifen aus unverbrennbarem Materiale unter den Decken anzubringen.

10. Beleuchtungsgegenstände, Kocheinrichtungen und dergleichen dürfen nur in besonderen hiezu geeigneten Räumen brennend vorgezeigt werden.

11. Rauchen ist in den Verkaufs-, Ausstellungs-, Lager- und Packräumen verboten. Dies ist durch Anschläge in ausreichender Zahl und Größe mit deutlicher Aufschrift kenntlich zu machen.

12. Leicht verbrennliche Abfälle dürfen in den Geschäftsräumen nicht angehäuft werden und hat ihre Beseitigung jeden Tag noch vor Schluß des Geschäftes zu erfolgen.

Die Lagerung von Feuerwerkskörpern und zur Selbstentzündung neigender Stoffe ist in solchen Räumen verboten.

13. Die Feuerlöscheinrichtungen und die besonderen für einen Brandfall dienenden Angriffs- und Rettungswege sind nach näherer Anordnung auszuführen und dauernd betriebsfähig zu erhalten; auf Verlangen ist eine Feuermeldevorrichtung herzustellen. Wird die Herstellung einer solchen nicht verlangt, so sind Hinweise betreffs des nächstgelegenen Feuermelders an geeigneten Stellen anzubringen.

14. Bei größeren Anlagen sind auf Verlangen geeignete Alarm-, Regen- und Brausevorrichtungen herzustellen, sowie eine gut geschulte Feuerwache einzurichten, deren Mannschaftszahl sich nach der Größe des Betriebs richtet, die mindestens aber aus zwei Mann bestehen muß. Die Angestellten müssen über das, was sie beim Ertönen der Alarmvorrichtung im Interesse der Sicherheit zu tun haben, durch eine Instruktion genau unterrichtet gehalten werden. Diese Instruktion ist dem Feuerwehrkommando zur Prüfung auf Verlangen mitzuteilen.

15. Es ist Vorsorge zu treffen, daß eine Überfüllung der Verkaufs- und Ausstellungsräume nicht stattfindet. Zu diesem Behufe sind veranlaßtenfalls eigene Kommissäre zur Überwachung abzuordnen.

B. Große Geschäftshäuser.

(Große Betriebe, welche bei ausgedehnten Geschäftsräumen, einem zahlreichen Personal und einem lebhaften bedeutenden Verkehr des Publikums nur einzelne bestimmte Artikel führen [Modewaren-, Weißzeug-, Schuhwaren- Bekleidungsgeschäfte und dergleichen]).

I. Bestimmungen für die bauliche Anlage.

1. Bei Neuanlagen gelten die Vorschriften für Warenhäuser unter A I Ziff. 1, 3, 5, 6 Abs. 1, 7 mit 13, 14 mit der Änderung im Abs. 3 und 4, daß die Unterbringung von Lager- und Packräumen sowie die Einrichtung von Aufzügen ohne besondere Genehmigung zulässig ist, daß aber die dort hiefür getroffenen Bestimmungen bei Anlage von Lager- und Packräumen sowie Aufzügen ebenfalls zu beachten sind, dann unter A I Ziff. 15 und 16 Abs. 2.

An Stelle der Vorschrift für Warenhäuser unter A I Ziff. 4 tritt nachfolgende Bestimmung:

„Das Kellergeschoß darf nur mit besonderer Bewilligung zu Verkaufs- und Ausstellungszwecken benützt werden.

Das Dachgeschoß darf zu Verkaufs- und Ausstellungszwecken nicht benützt werden."

2. Bei bestehenden Gebäuden sind nur jene Anforderungen zu stellen, die sich ohne erhebliche Schwierigkeiten und bedeutenden Aufwand durchführen lassen, insoferne nicht durch den bisherigen Zustand besondere Gefahren für das Personal und Publikum sich ergeben.

II. Bestimmungen für den Betrieb.

1. Bei Neuanlagen gelten die Vorschriften für Warenhäuser unter A II Ziff. 1 mit 14.

2. Bei bestehenden Betrieben sind zu beachten die Vorschriften für Warenhäuser unter A II Ziff. 1 Abs. 2 mit 5, Ziff. 2, 3 Abs. 2 mit 4, Ziff. 4, 6 mit 14.

An Stelle von Ziff. 5 tritt nachfolgende Bestimmung:

„Die Beleuchtung der Auslagen und Schaufenster soll im allgemeinen nur von außen erfolgen.

Beleuchtungskörper innerhalb der Auslagen sind nur dann zulässig, wenn die letzteren feuersicher gegen den Innenraum abgeschlossen sind, oder wenn die Beleuchtungskörper gegen jede Möglichkeit einer Berührung mit den ausgelegten Gegenständen vollständig gesichert sind."

3. Auf Lagerhäuser und dergleichen, in welchen größere Mengen leicht entzündlicher Stoffe gelagert sind und in denen ein zahlreiches Personal beschäftigt ist, haben die vorstehenden Bestimmungen unter B sinngemäße Anwendung zu finden.

Verordnung vom 20. 4. 26 über die Sicherheit bei Lichtspielvorführungen.

Gemäß § 368 Nr. 8 des RStrGB. und Art. 2 Ziff. 14 des PStrGB. erläßt das Staatsministerium des Innern nachstehende Verordnung über die Sicherheit bei Lichtspielvorführungen.

I. Allgemeine Bestimmungen.

Geltungsbereich, Verantwortlichkeit, zuständige Polizeibehörde.

§ 1. 1. Die nachstehende Verordnung findet Anwendung

a) auf öffentliche Lichtspielvorführungen,

b) auf nicht öffentliche Lichtspielvorführungen in Räumen, die von ihrem Besitzer gewerbsmäßig oder gegen Entgelt zur Verfügung zur Verfügung gestellt werden,

c) auf Lichtspielvorführungen, die unter den Voraussetzungen von a und b von Vereinen veranstaltet werden,

d) auf Lichtspielvorführungen in Schulen und für sonstige Lehrzwecke bei öffentlichen Stellen und Behörden.

2. Die Räume und sonstigen Einrichtungen zur Vorführung von Lichtspielen im Sinne des Abs. 1 müssen den Anforderungen dieser Verordnung entsprechen.

3. Verantwortlich für die Einhaltung der Bestimmungen dieser Verordnung — mit Ausnahme der Betriebsvorschriften für den Vorführer — ist bei Lichtspielvorführungen unter a) und b) der Unternehmer, unter c) der Vereinsvorstand, unter d) der Leiter der Schule oder der Vorstand der öffentlichen Stelle oder Behörde.

4. Ist der Unternehmer nicht unbeschränkt geschäftsfähig oder nicht volljährig oder nicht ortsansässig oder sind mehrere Unternehmer vorhanden oder besitzt ein Unternehmer mehrere Lichtspielunternehmungen, so müssen verantwortliche Vertreter ernannt und der zuständigen Polizeibehörde schriftlich namhaft gemacht werden. Der Vertreter gilt der Polizeibehörde gegenüber als Unternehmer.

5. Während der Vorstellung muß die in Abs. 3 als verantwortlich bezeichnete Person oder ihr Vertreter stets persönlich zugegen oder durch eine geeignete Person vertreten sein.

6. Für die Einhaltung der Betriebsvorschriften für den Vorführer ist der Lichtspielvorführer verantwortlich.

7. Zuständige Polizeibehörde im Sinne dieser Veroordnung ist die Bezirkspolizeibehörde, in München der Stadtrat und die Lokalbaukommission im Benehmen mit der Polizeidirektion, in Nürnberg-Fürth die Stadträte im Benehmen mit der Polizeidirektion.

Anmeldung, Abnahme und Überwachung.

§ 2. 1. Mit der Vorführung von Lichtspielen darf unbeschadet der Vorschriften des Art. 32 PStrGB. erst begonnen werden, wenn die zuständige Polizeibehörde eine Bescheinigung darüber erteilt hat, daß sämtliche Räume und Einrichtungen des Theaters dieser Verordnung entsprechen, daß die Bildwerfer vorschriftsmäßig eingerichtet und aufgestellt sind und daß für ihre sachgemäße Bedienung gesorgt ist. Vor Erteilung der Bescheinigung ist der Versicherungskammer, Abteilung für Brandversicherung, der Feuerwehr und dem Gewerbeaufsichtsbeamten Gelegenheit zur Äußerung zu geben.

2. Den mit der Besichtigung und Überwachung beauftragten Beamten der Polizei, der Versicherungskammer und der Feuerwehr, den zuständigen Gewerbeaufsichtsbeamten und den technischen Aufsichtsbeamten der Berufsgenossenschaft der Feinmechanik und Elektrotechnik ist der Zutritt zu allen Räumen des Lichtspieltheaters jederzeit zu gestatten.

II. Anlage und Einrichtung der Lichtspieltheater.

A. Örtliche Lage.

Allgemeines.

§ 3. 1. Lichtspieltheater dürfen nicht in Gebäuden eingerichtet werden, in denen sich Fabriken, Werkstätten oder Lagerräume für feuergefährliche oder leicht brennbare oder schwer zu löschende Gegenstände oder Stoffe befinden.

2. Auf Grundstücken, auf denen sich Gebäude mit Betrieben oder Lagerräumen der vorbezeichneten Art befinden, dürfen Lichtspieltheater nur angelegt werden, wenn die Flure und Durchfahrten zu dem Lichtspieltheater völlig von denen getrennt sind, die zu den bezeichneten Betrieben oder Lagerräumen führen, und wenn die zuständige Polizeibehörde die sonst getroffenen Sicherheitsmaßnahmen für ausreichend hält.

Theater für mehr als 2000 Personen.

§ 4. Lichtspieltheater für mehr als 2000 Personen müssen Hauptausgänge nach verschiedenen öffentlichen Straßen haben. Hiervon darf nur dann abgesehen werden, wenn zwischen den Hauptausgängen und der Straße Höfe, Gärten oder Vorplätze von solchen Abmessungen liegen, daß sie die gesamte Personenzahl aufzunehmen vermögen, wobei für drei Personen mindestens je ein m² Grundfläche gerechnet wird.

Theater bis zu 2000 Personen.

§ 5. Lichtspieltheater für eine Besucherzahl bis zu 2000 Personen müssen derart liegen, daß die Haupteingänge und Ausgänge an einer öffentlichen durchgehenden oder wenigstens mit einem Wagenumlenkplatz versehenen und den Verkehrsverhältnissen entsprechenden öffentlichen Straße liegen.

Theater bis zu 200 Personen.

§ 6. Für Lichtspieltheater mit einer Besucherzahl unter 200 Personen genügt es, wenn die Ausgänge nach einem Hofe von genügenden Abmessungen führen. Der Hof muß durch eine Durchfahrt oder Zufahrt mit der Straße in Verbindung stehen, die mindestens 3,40 m breit ist.

Besondere Anforderungen.

§ 7. 1. Die Zu- und Durchfahrten und die Flure innerhalb der Theater, die zu ihrer Leerung benutzt werden, dürfen keine Öffnungen in den Decken haben. In den Wänden der Zu- und Durchfahrten dürfen ausnahmsweise Öffnungen zugelassen werden, wenn die Gesamtbreite größer ist als die nach der Besucherzahl mindestens vorgeschriebene.

2. Die Lichtspieltheater dürfen mit den übrigen Räumen des Hauses, insbesondere mit Wohnräumen, Hauseingängen und Treppenräumen nicht verbunden sein und sind einschließlich der Bedürfnisanstalten von den übrigen Räumen des Hauses vollständig zu trennen.

3. Bei günstigen Verhältnissen kann eine Verbindungstüre, welche den in § 21 Abs. IV der Münchener und § 16 Ziff. 4 der allgemeinen Bauordnung angegebenen Anforderungen entspricht, von den Lichtspiel-

räumen zu den übrigen Räumen des Hauses mit Ausnahme von Wohnräumen zugelassen werden, wenn diese Türe in einen Vorplatz führt, als Notausgangstüre für den Bildwerferraum nicht in Betracht kommt und in keiner Weise die Sicherheit der Hausbewohner gefährdet.

4. Bei Theatern für mehr als 600 Besucher kann die Bereitstellung weiterer Kassenräume zur Entlastung der ersten Kasse und geregelten Verteilung bei großem Andrange verlangt werden. Die Forderung von Schranken bleibt für den Einzelfall vorbehalten.

B. Wände und Decken.

Umfassungswände.

§ 8. Die Umfassungswände der Lichtspieltheater, die Wände aller notwendigen Treppen, Flure, Zu- und Durchfahrten, die Wände von Rauch- und Luftabzügen sowie von Oberlichtern zwischen Decke und Dach müssen aus Stein oder aus anderen im Feuer gleichwertigen Baustoffen in bauordnungsgemäßer Stärke und Beschaffenheit hergestellt sein. Die Wände von Rauch- und Luftabzügen müssen 30 cm über Dach geführt werden. Tür- und Fensteröffnungen in den Umfassungswänden müssen von Nachbargrenzen, anderen Baulichkeiten auf dem Grundstück und gegenüberliegenden Teilen des eigenen Gebäudes einen Abstand von mindestens 6 m wahren, soweit die Bauordnungen nicht größere Abstände vorschreiben.

Decken.

§ 9. Für die Decken gelten die Bestimmungen der Bauordnungen. Die Gebäude müssen harte Dachung haben.

C. Flure, Treppen, Höfe, Durchfahrten und Ausgänge.

Allgemeines.

§ 10. Flure, Treppen, Höfe, Durchfahrten und Ausgänge müssen derart bemessen und während der Betriebszeit derart beleuchtet werden, daß das Lichtspieltheater leicht, ordnungsmäßig und gefahrlos auf kürzestem Wege geleert werden kann. Einbauten auf den Fluren und Treppen sind verboten. Die nächsten Wege zu den Ausgängen müssen in den Zuschauerräumen, den Gängen und Treppen durch rote und gut beleuchtete Pfeile an den Wänden gekennzeichnet sein. Die Ausgänge müssen als solche in deutlicher, gut lesbarer Schrift bezeichnet sein.

Flure.

§ 11. 1. Die Flure, die zur Leerung des Lichtspieltheaters dienen, müssen mindestens so breit sein, daß für die ersten 600 Plätze auf je 40 Personen, darüber hinaus auf je weitere 60 Personen mindestens 1 m Flurbreite entfällt. In keinem Falle dürfen sie eine geringere Breite als 2 m haben. Wandtische, Wandsitze, Bordbretter und dgl. dürfen höchstens 15 cm vorspringen. Die vorschriftsmäßige Breite der Flure darf dadurch oder durch Türflügel und Kleiderablagen nicht eingeschränkt werden. Schaukästen in den Verkehrsräumen sind verboten.

2. Stufen im Zuge von Fluren sind verboten. Treppen von höchstens fünf Stufen können ausnahmsweise bei Lichtspieltheatern bis zu 600 Besuchern zugelassen werden, wenn sie sowohl durch Stufenbeleuchtung als auch von oben her gut beleuchtet sind und mindestens eine von diesen Beleuchtungen an die Notbeleuchtung angeschlossen ist.

3. Rampen dürfen höchstens ein Gefälle von 1:10 haben; das Gefälle darf vor und hinter Treppen erst in einem Abstande gleich der Laufbreite der Treppe beginnen.

Treppen.

§ 12. 1. Alle zur Leerung des Lichtspieltheaters notwendigen Treppen müssen den §§ 39 der Münchener und 46 der Allgemeinen Bauordnung über Haupttreppen entsprechen und auf beiden Seiten aus unverbrennlichen Stoffen oder Hartholz hergestellte Geländer oder Handläufer ohne freie Enden haben.

2. Notwendige Treppen dürfen nicht freitragend sein und nicht mit Kellerräumen in Verbindung stehen. Sie müssen in besonderen Treppenhäusern liegen, die durch Fenster in den Umfassungswänden Licht und Luft unmittelbar von der Straße oder von einem vorschriftsmäßigen Hof erhalten. Treppen, die zur Leerung der Ränge dienen, dürfen nicht unmittelbar in den Zuschauerraum ausmünden, sondern müssen besondere Flure oder Vorräume haben, deren Ausgänge so anzuordnen sind, daß bei gleichzeitiger Leerung des Saalparketts und des Ranges keine Gegenströmungen entstehen.

3. Die Gesamtbreite der Treppen ist so zu bemessen, daß bei Lichtspieltheatern bis zu 600 Personen auf je 60 Besucher, und bei größeren Lichtspieltheatern darüber hinaus auf je weitere 80 Besucher eine Treppenbreite von 1 m entfällt. Die Treppen sollen zwischen den Handläufern gemessen mindestens 1,25 m und höchstens 2,50 m breit sein.

4. Freitreppen müssen vor den Ausgangstüren Absätze von mindestens 1,25 m Breite haben und sind, soweit sie notwendige Treppen sind, nur bis zu einer Höhe von 2 m über dem Gelände zulässig. Wendeltreppen sind nicht zulässig.

5. Die Treppenstufen müssen einen Auftritt von mindestens 30 cm Breite haben und dürfen nicht höher als 16 cm sein. Türen, die zu den Treppen führen, müssen von ihnen einen Abstand von der Breite der Türflügel, mindestens jedoch von 1,25 m haben.

6. Verschläge unterhalb von Treppen sind verboten.

Ausgänge.

§ 13. 1. Die Gesamtbreite der ins Freie führenden Ausgänge ist wie die der Flure zu berechnen. Türen bis zu 1,50 m Breite sind zulässig, wenn der Hauptflügel 1 m breit ist und der festgestellte Flügel durch einen einzigen Griff von oben nach unten und in Höhe von etwa 1,20 m über dem Fußboden von innen leicht zu öffnen ist.

2. Sind in demselben Gebäude mehrere Lichtspieltheater oder neben einem Lichtspieltheater noch andere Theater, Versammlungsräume oder andere wirtschaftlich getrennte Räume vorhanden, so dürfen die Besucher nicht auf gemeinsame Flure, Treppen, Aborte und Ausgänge angewiesen sein.

D. Türen und Fenster.

Türen.

§ 14. 1. Die Türen müssen nach außen aufgeschlagen und dürfen keine über den Boden vorstehende Schwellen haben.

2. Die Verschlüsse der Türen des Zuschauerraums müssen durch einen einzigen Griff in der Richtung von oben nach unten und in Höhe von etwa 1,20 m über dem Fußboden von innen leicht zu öffnen sein. Die geöffneten Türflügel müssen an den Wänden durch selbsttätige Federn festgehalten werden. Kanten- und Schubriegel sind an den Türen verboten.

Fenster.

§ 15. 1. Die Fenster des Zuschauerraums müssen mindestens einen beweglichen und von innen leicht und mit einem einzigen Griffe zu öffnenden Flügel haben. Gitter dürfen an den Fenstern nur derart angebracht werden, daß sie sich zugleich mit den Fenstern öffnen lassen und das Aufschlagen nicht hindern.

2. Fenster, die nach Lichthöfen hinausgehen, müssen aus einem Eisenrahmen mit Scheiben aus Draht- oder Elektroglas bestehen, die so befestigt sind, daß sie unter Hitzeeinwirkung nicht herausfallen.

E. Zuschauerraum.

Allgemeines.

§ 16. 1. Der Fußboden des Saalparketts muß an der untersten Sitzreihe in der Höhe des anstoßenden Geländes liegen. Die letzte Reihe im Zuschauerraum muß mindestens 2,30 m Deckenhöhe haben.

2. Bei Lichtspieltheatern ist in der Regel nur **ein** Rang zulässig, sofern es sich nicht um Umwandlung von bestehenden Volltheatern in Lichtspieltheater handelt und die für Volltheater gültigen Bauvorschriften eingehalten werden. Die lichte Höhe unterhalb des Ranges muß mindestens 2,30 m betragen. Der Rang darf höchstens 10 Sitzreihen hintereinander angeordnet enthalten. Werden mehr als 10 Sitzreihen angeordnet, so sind für je 10 Sitzreihen völlig getrennte Flurumgänge mit besonderen Treppen vorzusehen.

3. Wand- und Deckenbekleidungen aus Stoff sind unzulässig.

Gänge und Ausgänge.

§ 17. 1. Gänge und Ausgänge müssen in solcher Anzahl vorhanden und so verteilt sein, daß eine ordnungsmäßige und leichte Leerung gewährleistet ist. Für die Berechnung der Gesamtbreite der Gänge und Ausgänge sind die Vorschriften des § 11 maßgebend. Es müssen mindestens zwei Ausgänge vorhanden sein; bei Theatern mit mehr als 600 Besuchern müssen sie auf zwei entgegengesetzten Langseiten liegen.

2. Die Gänge im Zuschauerraume müssen als Hauptgänge mindestens 1,50 m, im übrigen mindestens 1 m breit sein. Die Gänge im Saalparkette dürfen keine Stufen und nur ein Gefälle von 1:10 haben. Treppenstufen im Range müssen einen Auftritt von mindestens 30 cm Breite haben und dürfen nicht höher als 16 cm sein. Jede Stufe muß eine eigene Beleuchtung haben, die an eine von der Hauptbeleuchtung unabhängige Kraftquelle angeschlossen ist.

Feste Sitzplätze.

§ 18. Werden in dem Zuschauerraume dauernde Sitzplätze eingerichtet, so müssen, soweit nicht im Einzelfall andere Sitze zugelassen werden, unverrückbare Klappsitze verwendet werden. Ein Sitz muß mindestens 50 cm breit sein. Die Sitzreihen müssen bei Klappsitzen und Bänken mindestens 80 cm, sonst 1 m tief sein. Abgesehen von diesen Mindesttiefen der einzelnen Sitzreihen muß die freie Durchgangsbreite zwischen den einzelnen Sitzreihen mindestens 45 cm betragen. Die vordersten Sitzplätze müssen mindestens 3 m von der Bildwand entfernt sein.

Bewegliche Sitzplätze.

§ 19. Wird der Zuschauerraum nur gelegentlich mit Tischen, Stühlen und Bänken versehen, so sind für den Verkehr innerhalb des Raumes die Gänge sinngemäß nach den in § 18 gegebenen Vorschriften vorzusehen und fest abzugrenzen. Werden Stühle oder Bänke reihenweise aufgestellt, so ist ein Reihenabstand von 1 m einzuhalten. Die Stühle oder Bänke in den einzelnen Reihen sind so miteinander zu verbinden, daß sie während des Gebrauchs nicht verschoben werden können.

§ 20. Stehplätze dürfen nicht vorgesehen werden.

Aushang der Sitzplatzanordnung.

§ 21. Für jede in Aussicht genommene Benutzung des Lichtspieltheaters ist ein besonderer Plan aufzustellen, aus dem die Lage und Breite der Gänge, die Ausgangstüren, die Anordnung, Zahl und Größe der Sitzplätze, die Gänge, Treppen, Ausgänge und die Notbeleuchtung ersichtlich sind. Die Pläne sind der zuständigen Polizeibehörde vorzulegen und nach deren Zustimmung an einer den Besuchern zugänglichen Stelle und leicht sichtbar im Theater auszuhängen. Die durch die Pläne festgelegte Ordnung darf ohne Genehmigung der zuständigen Polizeibehörde nicht geändert werden.

F. Kleiderablagen und Verkaufsstellen.

Kleiderablagen.

§ 22. 1. Kleiderablagen dürfen nicht an Flureinengungen liegen und müssen so angeordnet und verteilt sein, daß die ordnungsmäßige Leerung des Theaters nicht gestört wird. Sie müssen mit Ausgabetischen versehen sein. Die Tische müssen gegen seitliche Zugänge zum Zuschauerraum und gegen

Ausgänge in den Fluren soweit zurückliegen, daß die Flurbreite vor den Tischen diejenige, die nach der Besucherzahl mindestens nötig ist, um wenigstens ein Drittel übertrifft. Eingebaute Pfeiler dürfen dabei auf die Flurbreite nicht angerechnet werden, zwischen ihnen und der Vorderkante der Ausgabetische muß ein mindestens 1,25 m breiter Zwischenraum liegen.

2. Bei Zwang zur Benutzung der Kleiderablage muß die Anzahl der Kleiderhaken der Zahl der Sitzplätze entsprechen. Auf je 20 Kleiderhaken ist mindestens eine Ausgabetischlänge von 1 m vorzusehen.

Verkaufsstellen, Warteräume und Bedürfnisanstalten.

§ 23. 1. Verkaufsstellen für Waren und Getränke sind im Zuschauerraum, in Fluren oder Vorplätzen und in Treppenhäusern verboten; im übrigen dürfen sie nur mit Genehmigung der zuständigen Polizeibehörde eingerichtet werden. Für die Einrichtung gelten sinngemäß die Vorschriften des § 22.

2. Ausreichende Warteräume und Bedürfnisanstalten sind einzurichten. Warteräume dürfen die Ausgänge nicht behindern.

G. Beleuchtung.

Allgemeines.

§ 24. 1. Die elektrische Beleuchtung des Zuschauerraums oder ein Teil dieser Beleuchtung, durch den insbesondere eine ausreichende Beleuchtung der Gänge gewährleistet wird, muß jedenfalls von einer Stelle aus eingeschaltet werden können, die außerhalb des Bildwerferraums in nächster Nähe eines Haupteinganges geeignet gelegen und auffallend gekennzeichnet ist. Die Anlage muß so beschaffen sein, daß bei Brand oder sonstiger Störung im Bildwerferraume die Beleuchtungsanlage des Zuschauerraums nicht gefährdet werden kann. Die Gänge und Türen des Zuschauerraums müssen besonders gut beleuchtet sein.

2. Freihängende Beleuchtungskörper müssen sorgfältig, und, wenn sie schwer sind oder hoch hängen, doppelt befestigt sein. Die Zuleitungen elektrischer Lampen dürfen nicht zur Aufhängung benutzt werden. Die Beleuchtungskörper müssen mit ihrer Unterkante mindestens 2 m über Fußbodenhöhe liegen. Glocken- und Kugellampen müssen mit einem Drahtschutznetze versehen sein, soferne Bogenlichtlampen verwendet werden.

Überwachung der Anlage.

§ 25. Die Beleuchtungsanlagen sind vor der Ingebrauchnahme und dann alljährlich von einem von der Kreisregierung, Kammer des Innern, anerkannten Sachverständigen zu untersuchen. Das Ergebnis der Untersuchung ist der zuständigen Polizeibehörde vorzulegen.

Elektrische Beleuchtung.

§ 26. 1. Für elektrische Beleuchtungsanlagen sind die Vorschriften des Verbandes Deutscher Elektrotechniker für die Einrichtung und den Betrieb elektrischer Starkstromanlagen maßgebend. Ein Schaltungsschema, aus dem die Gruppeneinteilung der Beleuchtung des Zuschauerraums hervorgeht, ist in unmittelbarer Nähe der Hauptschalttafel deutlich sichtbar auszuhängen.

2. Transformatoren- und Ölschalteranlagen dürfen sich nur in Räumen befinden, die so gelegen sind, daß im Brandfalle oder beim Zerknallen dieser Anlagen jede Gefährdung der Zuschauer ausgeschlossen ist.

Gasbeleuchtung.

§ 27. Gasbeleuchtung ist unzulässig.

Mineralöle.

§ 28. Mineralöle dürfen zur Beleuchtung nur ausnahmsweise und nur mit Genehmigung der zuständigen Polizeibehörde verwendet werden.

H. Notbeleuchtung.

Allgemeines.

§ 29. 1. Außer der Hauptbeleuchtung ist eine von ihr völlig unabhängige Notbeleuchtung vorzusehen, die so bemessen sein muß, daß sich die Besucher auch bei vollständigem Versagen der Hauptbeleuchtung zurechtfinden können. Die Türen des Zuschauerraums, die Flure, Treppen, Höfe, Durchfahrten und Ausgänge sind besonders gut zu beleuchten und zwar sind unmittelbar ins Freie führende Türen durch rote Lampen zu kennzeichnen. Die Notlampen im Zuschauerraume dürfen während des Betriebes nur soweit abgeblendet werden, daß die Türen noch voll beleuchtet bleiben.

2. Es ist dafür zu sorgen, daß die Notbeleuchtung während der ganzen Dauer der Betriebszeit brennen kann oder bei Relaisschaltung betriebsfähig ist. Betriebszeit ist die Zeit vom Einlasse der Besucher bis zu dem Zeitpunkte, zu dem der letzte Besucher das Theater verlassen hat.

3. Als Notbeleuchtung kann eine von einer besonderen Kraftquelle gespeiste Notbeleuchtung mit Relaisschaltung zugelassen werden, wenn die Einrichtung die nötige Gewähr für Betriebssicherheit bietet.

4. Die Kraftquellen der Notlampen müssen jederzeit auf ihre jeweilige Leistungsfähigkeit nachprüfbar sein. Die Glühlampen müssen mindestens 6 Kerzen Lichtstärke haben.

Theater über 600 Personen.

§ 30. In Lichtspieltheatern mit über 600 Besuchern darf zur Notbeleuchtung nur elektrisches Licht verwendet werden. Die Notbeleuchtung ist so einzurichten, daß entweder jede Notlampe ihre eigene und unmittelbar mit ihr verbundene Kraftquelle besitzt, oder daß die Notlampen von einer zentralen Kraftquelle gespeist werden, die von der Hauptleitung unabhängig ist. Die Lampen müssen mit der zugehörigen Kraftquelle durch unverzweigte und in Panzer- oder Peschelrohren verlegte Leitungen verbunden sein.

Theater bis zu 600 Personen.

§ 31. 1. Für Lichtspieltheater bis zu 600 Besuchern können zur Notbeleuchtung verwendet werden:

a) elektrische Beleuchtung der in § 30 Satz 2 angegebenen Art,

b) Rüböl- oder Kerzenlampen.

2. Mit Mineralöl oder Spiritus gespeiste Lampen oder Karbidlampen dürfen zur Notbeleuchtung nicht verwendet werden.

J. Heizung.

Sammelheizung.

§ 32. 1. Bei Erwärmung des Lichtspieltheaters durch Sammelheizung müssen die Wände, Decken und Türen des Heizraumes den baupolizeilichen Bestimmungen entsprechen.

2. Offen liegende Dampf- und Wasserheizrohre sind mit Wärmeschutzmitteln zu verkleiden oder durch abnehmbare Drahtnetze, Bleche oder dgl. gegen Berührung zu schützen.

3. Kanäle für die Leitung heißer Luft müssen gemauert und innen und außen verputzt oder betoniert oder so angelegt sein, daß sie von Staub leicht gereinigt werden können. Ihre Austrittsöffnungen müssen mindestens 25 cm von leicht brennbaren Stoffen entfernt sein.

4. Heizkörper in Kleiderablagen müssen mit unverbrennbaren Schutzmänteln versehen sein.

Ofenheizung.

§ 33. 1. Öfen müssen mit unverrückbar befestigten und unverbrennbaren Schutzmänteln umgeben sein. Die Rauchrohre der Öfen müssen rauchdicht hergestellt sowie unmittelbar und rauchdicht in vorschriftsmäßige Kamine geführt werden.

2. Gasöfen sind unzulässig[1]).

---

[1]) Dieses Verbot bezieht sich nur auf offene Gasheizanlagen. Dagegen können Gasheizanlagen zugelassen werden, wenn sie nachstehenden Richtlinien entsprechen:

1. Der Heizraum, in dem die Flammen brennen, muß gegen den Zuschauerraum bezw. dessen Rückzugswege vollkommen abgeschlossen sein, so daß auch bei unbeabsichtigtem Ausströmen von Gas dieses nicht in den Zuschauerraum gelangen

K. Lüftung.

§ 34. 1. Der Zuschauerraum soll mindestens zwei unmittelbar ins Freie führende Türen oder Fenster haben, die so gelegen sind, daß eine ausreichende Entlüftung möglich ist. Kann auf diese Weise eine genügende Entlüftung nicht erreicht werden, so kann die zuständige Polizeibehörde die Einrichtung einer künstlichen Entlüftungsanlage vorschreiben.

2. Jedes abgeschlossene Treppenhaus muß im oberen Teil eine Entlüftungseinrichtung haben, die eine wirksame Entlüftung ermöglicht und vom Erdgeschosse bedient werden kann. Die jeweilige Stellung der Entlüftungseinrichtung muß im Erdgeschoß erkennbar sein.

L. Feuerlöschvorrichtungen.

§ 35. Die zuständige Polizeibehörde kann für die Wasserversorgung, die Feuerlösch- und Feuermeldeeinrichtungen und die Stellung einer Feuerwache besondere Anordnungen treffen.

M. Betriebsvorschriften.

Beleuchtung u. a.

§ 36. Es ist verboten, die Notlampen mit Papier oder anderen Stoffen zu verhüllen. Alle Not- und Richtungslampen müssen, solange noch Zuschauer anwesend sind, brennend erhalten werden. Die Hauptbeleuchtung ist bei jeder Pause, bei jeder Betriebsstörung und nach Schluß der Vorführung sofort einzuschalten. Die Person, die nach § 1 Abs. 3 und 4 die Verantwortung trägt, ist verpflichtet, rechtzeitig vor Beginn jeder Vorführung den ordnungsmäßigen Zustand der Notbeleuchtungsanlage zu prüfen, insbesondere darüber zu wachen, daß die Batterie vorschriftsmäßig aufgeladen und angeschlossen und daß der selbsttätige Umschalter in Ordnung ist. Ausschmückungen aus Papier oder anderen leicht entflammbaren Stoffen dürfen im Zuschauerraume nicht angebracht werden. Stoffvorhänge jeder Art an den Ein- und Ausgängen dieses Raumes sind verboten. Die als Eingänge zum Theater bestimmten Türen und Gänge dürfen nur im Falle der Gefahr oder am Schlusse der letzten Vorführung als Ausgänge benützt werden. Während des Betriebs sind die Besucher nach den einzelnen Akten durch die ordentlichen Ausgänge und Notausgänge zu entlassen. Die Betriebsleitung hat durch geeignete Aufsichtspersonen für Durchführung dieser

---

kann. Die zur Verbrennung notwendige Luft muß also von außen und nicht aus dem Theaterraum entnommen werden.

2. Die Konstruktion muß so sein, daß beim Entzünden des Gasofens die Zündung mit Sicherheit gewährleistet ist, daß also bei Inbetriebnahme ein unbeabsichtigtes Ausströmen von Gas, das bei nachfolgender Entzündung zu Explosionen führen könnte, nicht in Frage kommen kann.

3. Die Abführung der Verbrennungsgase in die Räume des Theaters ist nicht zulässig. Die Abführungskanäle für die Verbrennungsgase müssen aus unverbrennlichen Stoffen hergestellt und gegen brennbare Stoffe genügend isoliert sein. Sie dürfen nicht in solche Kamine eingeleitet werden, an welche andere Heizanlagen angeschlossen sind.

4. Der Anschluß der einzelnen Gasöfen darf nur mittels fester Rohrleitung erfolgen.

5. Die Gasöfen müssen so aufgestellt und befestigt werden, daß auch bei Entstehung eines Gedränges oder einer Panik mit einem Umstürzen nicht zu rechnen ist. Auch müssen die Hähne so gesichert liegen, daß ein unbeabsichtigtes Schließen oder Öffnen durch vorbeigehende Personen auch bei verdunkeltem Raume nicht in Frage kommen kann.

6. Gegen die Gefahr, die sich durch Ablegen von Gegenständen auf den Öfen oder ein Herangedrängtwerden von Personen ergeben könnte, ist durch geeignete Einrichtungen, z. B. in ausreichendem Abstand angebrachte unverrückbare Ofenschirme oder Schutzgitter Sorge zu tragen.

Anordnung zu sorgen. Im Zuschauerraum und in den damit zusammenhängenden Räumen dürfen Bildstreifen nicht verwahrt werden.

Rauchverbot.

§ 37. 1. Im Zuschauerraume, den Rückzugswegen und solchen Räumen, welche die Sicherheit des Rückzugsweges im Brandfalle beeinträchtigen, ferner im Bildwerfer- und Musikraum ist es verboten, zu rauchen, brennende Zigarren, Zigaretten oder Pfeifen mitzubringen, sowie Zigarren Zigaretten oder Tabak feilzubieten oder zu verkaufen. An den Eingängen sind Zigarrenablagen in genügender Zahl anzubringen. Das Rauchverbot ist durch besonderen Anschlag kenntlich zu machen.

2. In anderen Räumen des Lichtspieltheaters kann die zuständige Polizeibehörde Ausnahmen zulassen.

3. Die Person, die nach § 1 Abs. 3 und 4 die Verantwortung trägt, hat für die Durchführung dieses Verbots zu sorgen und die Angestellten entsprechend anzuweisen.

Sicherung des Rückzugsweges.

§ 38. 1. Es ist verboten, in den Gängen des Zuschauerraums, Tische, Bänke oder Stühle aufzustellen, ebenso ist das Stehenbleiben der Zuschauer in den Gängen unstatthaft.

2. Die Türen des Zuschauerraums, die Flure, Ausgänge, Treppen, Durchfahrten und Höfe, die zur Leerung des Theaters dienen, müssen während der ganzen Betriebszeit für den Verkehr freigehalten und vorschriftsmäßig beleuchtet werden.

Aushang.

§ 39. Anschläge der in den §§ 36, 37, 38 enthaltenen Vorschriften sind in genügender Anzahl, deutlich lesbar und gut beleuchtet im Lichtspieltheater auszuhängen.

III. Bildwerferraum.

A. Bauart und Größe.

Wände und Ausgang.

§ 40. 1. Der Bildwerferraum muß mit mindestens einen Stein starken Wänden umgeben sein und eine den Anforderungen der Bauordnungen entsprechende Decke haben. Er darf außer den Schau- und Bildöffnungen keine Verbindung mit dem Zuschauerraume haben. Er muß mit einer Lichtöffnung versehen sein, die unmittelbar ins Freie oder in einen ungeschlossenen Lichtschacht führt. Aus dem Bildwerferraume muß ein Weg unmittelbar ins Freie führen und so gelegen sein, daß die Ausgänge des Zuschauerraums bei einem Brande nicht gefährdet werden. Ist der Rückzugsweg des Vorführers bei der Aufstellung mehrer Bildwerfer beeinträchtigt, so muß ein weiterer Ausgang angelegt werden.

2. Tür- und Fensteröffnungen im Bildwerferraume haben gegen aufwärts schlagende Flammen ein Schutzdach von mindestens 50 cm Ausladung zu erhalten, das an jeder Stelle oberhalb der Öffnung mindestens noch 30 cm übergreift.

3. Der Rückzugsweg für den Vorführer ist freizuhalten.

Abmessungen.

§ 41. Bildwerferräume mit einem Bildwerfer müssen bei einer kleinsten Längenabmessung von 2 m eine Grundfläche von mindestens 6 m² und eine lichte Höhe von mindestens 2,80 m haben; bei Aufstellung jedes weiteren Bildwerfers erhöht sich die vorgeschriebene Mindestfläche des Bildwerferraums um je 3 m². Die Deckenhöhe am Standorte des Vorführers darf nicht geringer sein als 2 m. Steht der Bildwerferraum mit einem Nebenraum in Verbindung, der die gleichen Anforderungen erfüllt und insbesondere einen ins Freie führenden Ausgang hat, so kann das Maß von 6 m² für die Grundfläche unterschritten werden, falls die zuständige Polizeibehörde es für zulässig erachtet, keinesfalls jedoch unter 4 m².

Schauöffnungen.

§ 42. Die Schauöffnungen dürfen höchstens 250 cm^2 groß sein. Die Bildöffnungen dürfen nicht größer sein, als es der Strahlendurchgang erfordert. Beide Arten von Öffnungen sind mit in Eisenrahmen oder in Zementverputz fest verlegten Glasscheiben von mindestens 5 mm Stärke rauchdicht abzuschließen. Außerdem sind die Öffnungen mit einem mindestens 5 mm starken Eisenschieber auszurüsten, der in Führungen sicher und leicht gangbar geführt ist, so daß ein Klemmen oder Herausspringen vermieden wird. Die Schieber müssen sich im Falle eines Brandes (z. B. infolge Durchbrennen eines kurzen Bildstreifens) augenblicklich selbsttätig schließen und außerdem von Hand bedienbar sein.

Fenster.

§ 43. Die Fenster des Bildwerferraums, sowie der mit ihm in Verbindung stehenden Nebenräume müssen mindestens ein Viertel m^2 groß mit gewöhnlichem Glas verdeckt und so eingerichtet sein, daß sie sich bei einem Brande durch den dabei entstehenden Überdruck leicht und selbsttätig öffnen. Die Anbringung von Riegeln an den Fenstern ist verboten.

Türen.

§ 44. Die Türen, die aus dem Bildwerferraum und aus den mit ihm in Verbindung stehenden Nebenräumen führen, dürfen von innen nicht versperrbar sein und müssen nach außen aufschlagen. Sie müssen derart eingerichtet sein, daß sie sich von innen durch Druck und von außen durch Zug leicht öffnen und selbsttätig wieder zufallen.

Treppen.

§ 45. 1. Führt der Ausgang über eine Treppe, so muß sie mindestens 90 cm breit und mit Handleisten versehen sein. Ihr Steigungsverhältnis darf höchstens 1:1 sein. Innerhalb des Bildwerferraums darf ein Teil der Treppe bis zu einer größten Höhe von 1,50 m liegen.

2. Leitern sind als einziger Zugang zu dem Bildwerferraum verboten.

B. Beleuchtung.

Elektrische Anlage.

§ 46. 1. Im Bildwerferraume dürfen nur solche elektrische Anlagen, die für die Beleuchtung, Heizung und Entlüftung des Raumes und für den Bildwerfer und die Umspulvorrichtung nötig sind, sowie ein einpoliger Schalter zur Einschaltung der Hauptbeleuchtung des Zuschauerraums vorhanden sein.

2. Die gesamte elektrische Anlage des Bildwerferraums muß auch von einer außerhalb gelegenen Stelle aus ausgeschaltet werden können.

3. Die Beleuchtung darf nur durch elektrische, unter Luftabschluß brennende Lampen erfolgen, die mit einem Drahtschutzkorb oder mit einer Überglocke zu versehen sind.

Widerstände.

§ 47. Die elektrischen Widerstände müssen mit einem schrägen oder gewölbten Dache versehen oder so hoch angebracht sein, daß die Ablage von Gegenständen auf ihnen nicht möglich ist. Bewegliche Widerstände dürfen weder unmittelbar unter dem Bildwerfer noch in der Nähe der Umwicklungsvorrichtung aufgestellt sein.

Notbeleuchtung.

§ 48. Bei ungünstigen Zugangsverhältnissen kann auch für die Rückzugswege des Bildwerferraums der Anschluß an die Notbeleuchtung gefordert werden.

Überwachung.

§ 49. Für die elektrische Anlage sind die Vorschriften des Verbandes Deutscher Elektrotechniker maßgebend. Die Anlage ist vor der Ingebrauchnahme und sodann alljährlich von einem von der Kreisregierung, Kammer des Innern anerkannten Sachverständigen zu prüfen. Die über die Prüfung ausgestellten Bescheinigungen sind der zuständigen Polizeibehörde vorzulegen.

C. Heizung und Lüftung.

Heizung.

§ 50. 1. Für die Heizung sind Öfen nur dann zulässig, wenn ihre Feueröffnungen außerhalb des Bildwerferraumes liegen.

2. Die Öfen oder Heizkörper müssen mindestens 1 m vom Bildwerfer entfernt liegen und auf allen Seiten mit einem Schutzgitter umgeben sein, dessen oberer Teil dachförmig abgeschrägt ist, so daß Gegenstände darauf nicht gelagert werden können.

3. Die Verwendung eiserner Öfen und von Gasöfen[1]) ist keinesfalls statthaft.

Lüftung.

§ 51. Die zuständige Polizeibehörde kann die Einrichtung einer mechanischen Entlüftungsanlage oder eines Entlüftungsschachtes vorschreiben.

D. Bildstreifenschutz.

Bildstreifenvorrat.

§ 52. Im Bildwerferraume darf höchstens der Tagesbedarf an Bildstreifen aufbewahrt werden. Die Bildstreifenrollen müssen mit Ausnahme je einer, die sich auf dem Bildwerfer und der Umspulvorrichtung befinden dürfen, in einem besonderen Behälter untergebracht sein, der in einer möglichst großen Entfernung vom Bildwerfer und in mindestens 1 m Höhe über dem Fußboden anzubringen ist.

Bildstreifenbehälter.

§ 53. Der Bildstreifenbehälter soll grundsätzlich aus Hartholz hergestellt sein. Er ist durch senkrechte Wände in Fächer einzuteilen, die je eine Bildstreifenrolle aufnehmen. Jedes Fach ist für sich durch einen in senkrechter Richtung beweglichen Schieber abzuschließen, der in Nuten läuft, durch sein eigenes Gewicht herunterfällt, dicht schließt und nicht herausnehmbar ist.

Bildstreifenrollen.

§ 54. 1. Die Bildstreifenspulen müssen in Trommeln eingeschlossen und so beschaffen sein, daß bei einem Brande des außerhalb der Trommeln befindlichen Bildstreifenteils der Trommelinhalt gegen Entflammung möglichst geschützt wird. Erforderlich ist hierzu ferner, daß der Bildstreifen durch einen möglichst engen und genügend langen von Metallteilen begrenzten Spalt ein- und austritt, der bei der Vorführung selbsttätig geschlossen gehalten wird. Die Seitenwände der Trommeln müssen mit Öffnungen versehen sein, die zur Verhütung des Durchschlagens von Flammen mit engmaschigem Drahtgewebe zu verschließen sind.

2. Die Trommeln müssen so eingerichtet sein, daß eine Vorführung bei geöffneter Trommel wirksam verhindert wird.

Klebstoff.

§ 55. Im Bildwerferraume darf leicht entflammbarer Klebstoff höchstens in einer Menge von 30 g vorhanden sein. Der Klebstoff ist in dichtschließenden Gefäßen in möglichster Entfernung vom Bildwerfer aufzubewahren.

Umwickel-Vorrichtung.

§ 56. Die Umwickel-Vorrichtung muß mindestens 1,50 m vom Bildwerfer entfernt sein, jedoch so, daß der Vorführer bei ihrer Bedienung den Bildwerfer stets im Auge behalten kann.

E. Sonstige Einrichtungen.

Bildwerfertisch.

§ 57. Der Tisch des Bildwerfers muß aus unverbrennbarem Stoffe hergestellt sein und an geeigneter Stelle einen Metallbehälter zum Ablegen gebrauchter Kohlenstücke haben, dessen Boden mit Sand bedeckt sein muß.

---

[1]) Vgl. Fußnote zu § 33.

Feuerlöschgerät.

§ 58. Im Bildwerferraume soll Wasserleitung vorhanden sein. Neben dem Bildwerfer muß ein ausreichend großer, mit Wasser gefüllter Eimer und eine schwer entflammbare Decke (Feuerschutzdecke) oder ein nasser Scheuerlappen bereit gehalten werden.

Sonstige Geräte.

§ 59. Im Bildwerferraume dürfen im übrigen nur die für den Betrieb unbedingt erforderlichen Geräte und Einrichtungsgegenstände vorhanden sein, die sämtlich aus schwer entflammbaren Stoffen hergestellt sein müssen.

Sitzgelegenheit.

§ 60. Für den Vorführer muß im Bildwerferraum oder in dessen Nähe eine Sitzgelegenheit, eine Kleiderablage und eine Waschgelegenheit bereit gestellt werden.

Den im Lichtspieltheater beschäftigten Personen ist eine besondere Abortanlage, die möglichst in der Nähe des Bildwerferraums liegen soll, zur Verfügung zu stellen.

F. Betriebsvorschriften für den Vorführer.

Zulassung.

§ 61. Die mit der selbständigen Bedienung des Bildwerfers beauftragte Person muß im Besitz eines von einer deutschen Vorführer-Prüfstelle ausgestellten Vorführerzeugnisses sein (VO. v. 14. April 1924, GVBl. S. 142 und Min.-Bek. v. gleichen Tage, MABl. S. 62), das den in § 2 genannten Personen auf Verlangen jederzeit vorzulegen ist.

Standort.

§ 62. 1. Der Vorführer muß den Bildwerfer, solange er im Betrieb ist, ständig beaufsichtigen und darf bei vorübergehendem Verlassen des Bildwerferraumes die Bedienung nur einer berufenen Person überlassen.

2. Sind gleichzeitig mehrere Bildwerfer in Betrieb, die zur ununterbrochenen Vorführung von Bildstreifen dienen, so muß jeder Bildwerfer durch einen besonderen Vorführer bedient werden, soferne nicht die Bauart der Bildwerfer die Bedienung durch einen Vorführer ohne Gefahr gestattet.

Verantwortung.

§ 63. Der Vorführer hat dafür zu sorgen, daß die Bestimmungen für die Aufbewahrung der Bildstreifen und für die Einrichtung der Bildwerferräume unter III D und E dieser Verordnung beachtet werden und daß die Ausgänge des Vorführerraums und seiner etwaigen Nebenräume stets freigehalten werden.

Verbote.

§ 64. 1. Verboten ist:

a) das Niederlegen von Bildstreifen in der Nähe der Lampe des Bildwerfers,
b) die Unterbringung von Kleidungsstücken im Bildwerferraume, soweit sie nicht in Schränken erfolgt, die aus unverbrennbaren Stoffen hergestellt sind,
c) das Rauchen und Dulden des Rauchens im Bildwerferraum und in den mit ihm in Verbindung stehenden Nebenräumen, sowie das Betreten dieser Räume mit offenem Lichte, brennenden Zigarren, Zigaretten oder Pfeifen und das Anzünden von Streichhölzern,
d) das Betreten des Bildwerfer-Umwickel- oder Bildwerferaufbewahrungsraumes durch Unbefugte und das Dulden derartiger Besuche,
e) das übermäßig schnelle Vorführen der Bildstreifen.

2. Das Rauchverbot ist durch besonderen Anschlag kenntlich zu machen.

Aushang.

§ 65. Ein Abdruck der vorstehenden Bestimmungen (§§ 61—64) und der Vorschriften unter III D und E dieser Verordnung ist an den Eingangstüren des Bildwerferraums und der mit ihm in Verbindung stehenden Nebenräume deutlich lesbar und gut beleuchtet auszuhängen.

IV. Vorschriften für den Bildwerfer.

Lampengehäuse.

§ 66. 1. Das Lampengehäuse der Bildwerfer muß doppelwandig, mit einem schrägen Dach versehen und innen mit Asbest oder einem sonstigen Wärmeschutzmittel ausgekleidet, sowie so eingerichtet sein, daß glühende Teilchen nicht aus dem Gehäuse herausfallen können. Zwischen dem äußeren und inneren Mantel muß ein Abstand von mindestens 2,5 cm vorhanden sein. Der äußere Mantel ist mit Luftöffnungen zu versehen, die eine genügende Kühlung gewährleisten.

2. Das Lampengehäuse muß so lang sein, daß der Abschluß der Rückwand mindestens 20 cm von der hintersten Stellung der Lichtquelle entfernt bleibt. Die Rückwand muß innen mit unverbrennlichen Stoffen bekleidet sein.

3. Der Boden des Gehäuses muß an der offenen Seite über die Wände hinausragen und an den Kanten mindestens 2 cm nach oben umgebogen sein, so daß glühende Teile nicht nach unten fallen können.

4. Die durch die Lichtquelle etwa entstehenden Verbrennungsgase sind, soweit notwendig, aus dem Lampengehäuse unmittelbar ins Freie oder in einen Abzugsschacht oder Kamin abzuführen.

5. Die Bestimmungen in Abs. 2 und 3 finden nur dann Anwendung, wenn Kondensor-Bogenlampen oder solche Spiegellampen verwendet werden, bei denen die Rückwand des Lampenhauses nicht durch die Spiegelfassung gebildet wird.

Schutz des Betriebsbildstreifens.

§ 67. 1. Der Bildstreifen ist von einer vorschriftsmäßigen Rolle abzurollen. Er muß sich dabei mit gleichbleibender Geschwindigkeit und zwangläufig auf eine gleiche Rolle aufwickeln. Der zwischen beiden Rollen befindliche Bildstreifen soll möglichst kurz sein und muß, soweit er sich im Wirkungsbereiche der Wärme- und Lichtstrahlen befindet, wirksam gegen Entzündung geschützt werden. Hohe Wärmegrade im Bildfenster sind hierbei besonders zu berücksichtigen. Beim Reißen oder fehlerhaften Laufen dürfen Teile des Bildstreifens mit dem Lampengehäuse nicht in Berührung kommen.

2. Das Fenster des Bildwerfers muß eine von Hand bedienbare Abblendung und eine Schutzvorrichtung besitzen, die einen selbsttätigen Abschluß bewirkt, sobald die Laufgeschwindigkeit des Bildstreifens so gering wird, daß seine Entzündung im oder am Bildfenster möglich ist. Es muß ferner so beschaffen sein, daß die Übertragung eines Brandes auf die übrigen Bildstreifenteile nach Möglichkeit verhindert wird.

Lichtquelle.

§ 68. 1. Als Lichtquelle für den Bildwerfer ist grundsätzlich elektrisches Licht zu verwenden.

2. Abweichend von der Vorschrift in Ziffer 1 kann die zuständige Polizeibehörde in besonderen Fällen die Verwendung von Kalklicht oder von ähnlichen Lichtquellen zulassen, wenn die nachstehenden Bestimmungen beachtet werden:

a) Brenner, bei denen sich das Gasgemenge nicht erst im Augenblicke des Austritts aus dem Brenner bildet, dürfen nur ausnahmsweise und nur dann zugelassen werden, wenn vor der Austrittsöffnung eine Schutzvorrichtung vorhanden ist, die ein Zurückschlagen der Flamme in den Brenner verhütet. Außerdem müssen Vorkehrungen getroffen sein, die ein Rückströmen der Gase von der einen zu der anderen Gasquelle wirksam verhindern.

b) Falls Brennerschläuche verwendet werden, müssen sie gegen Abrutschen von den Stutzen gesichert werden. Die Flamme darf nicht mit offenem Licht entzündet werden. Zweckmäßigerweise sind dazu Cereisenapparate zu verwenden.

c) Es dürfen nur solche Gasflaschen verwendet werden, deren Ventile den Normen des Normenausschusses der Deutschen Industrie (Dinorm, Blatt 477) entsprechen. Die Leitungen und Anschlüsse für Sauerstoff müssen außerdem durch blauen Anstrich besonders kenntlich gemacht werden. An den Armaturen und Druckminderungsventilen für Sauerstoff und andere oxidierende Gase dürfen öl- und fetthaltige Dichtungsstoffe nicht verwendet werden. Verbrennliche Dichtungsstoffe sind zu vermeiden.

d) Gasflaschen müssen so aufgestellt werden, daß beim Zerknall einer Flasche jede Gefährdung der Zuschauer ausgeschlossen ist. Im Zuschauerraume dürfen Gasflaschen nicht aufgestellt werden. Bei Aufstellung im Bildwerferraume können für besondere Systeme Ausnahmen zugestanden werden.

e) Die Vorratsgasflaschen sind im Freien oder in einem feuersicher abgeschlossenen und gut gelüfteten Raume zu lagern. Bei der Lagerung im Freien müssen die Gasflaschen gegen die unmittelbare Einwirkung der Sonnenstrahlen geschützt werden und zwar, wenn sie auf Verkehrsplätzen lagern, durch hölzerne Kasten oder ein Segeltuchzelt. In jedem Falle sind die Gasflaschen gegen Umfallen gesichert zu lagern. Beim Transport ist dafür zu sorgen, daß sie nicht geworfen oder gestoßen werden.

V. Ausnahmen und Übergangsbestimmungen.

A. Ausnahmen für Lichtspieltheater.

Zulassung von Vorräumen beim Bildwerferraum.

§ 69. Die zuständige Polizeibehörde kann bei günstigen allgemeinen Ausgangsverhältnissen zulassen, daß der Ausgang aus dem Bildwerferraume durch einen Vorraum erfolgt, wenn sich ein unmittelbarer Ausgang ins Freie nicht herstellen läßt. Der Ausgang aus dem Vorraume darf aber auf keinen Fall in den Zuschauerraum oder in einen Raum führen, der zur Leerung des Zuschauerraums benutzt wird. Der Vorraum darf ferner nicht zur Lagerung irgendwelcher Gegenstände, insbesondere von Bildstreifen, verwendet werden.

Zulassung weiterer Ausnahmen.

§ 70. Die Kreisregierungen, Kammern des Innern, können weitere Ausnahmen oder Milderungen von einzelnen Bestimmungen dieser Verordnung im Einzelfalle je nach den örtlichen Verhältnissen nach Anhörung der zuständigen Polizeibehörde, der Versicherungskammer, Abteilung für Brandversicherung, der Feuerwehr und des Gewerbeaufsichtsbeamten zulassen. Dies kann insbesondere geschehen, wenn ausschließlich schwer entflammbare Bildstreifen verwendet werden, d. h. solche, die nach Entzündung der Gefahrquelle weder weiterbrennen, noch entflammbare oder verbrennliche Zersetzungsgase nachentwickeln.

B. Ausnahmen für Wander- und nichtgewerbsmäßige Vereinslichtspiele.

Bildwerferprüfung.

§ 71. 1. In Orten oder in Fällen, in denen den vorstehenden Bestimmungen entsprechende Bildwerferräume zu solchen Zwecken nicht vorhanden sind und die Einrichtung solcher Räume wegen des nur unregelmäßig auftretenden Bedürfnisses zu unbilligen Härten führen würde, kann die zuständige Polizeibehörde die in § 73 aufgeführten weiteren Ausnahmen zulassen, soferne geprüfte Bildwerfer verwendet werden.

2. Ein eine Ausnahme rechtfertigender Wanderlichtspielbetrieb liegt nicht vor, wenn ein Unternehmer ein bestimmtes Gebiet planmäßig bereist und die gleichen Säle in regelmäßigen Zeitabständen zur Vorführung von Lichtspielen benützt.

Prüfstellen für Bildwerfer.

§ 72. 1. Für die Prüfung von Bildwerfern sowie für sicherheitstechnische Einrichtungen des Bildwerferraumes wird das Staatsministerium des Innern nach Bedarf eine Prüfstelle [1]) errichten.

2. Die Prüfung erfolgt nach beigefügten Richtlinien [2]).

3. Die von einer Prüfstelle ausgestellten Prüfungsbescheinigungen haben für das ganze Reichsgebiet Gültigkeit [3]).

Ausnahmen.

§ 73. 1. Bei Verwendung eines Bildwerfers der Klasse A der beigefügten Richtlinien kann auf den Bildwerferraum verzichtet werden, wenn der Bildwerfer im Freien aufgestellt wird und die Lichtstrahlen durch ein Fenster oder eine Tür, die als Rückzugsweg nicht in Frage kommt, auf die Bildwand im Zuschauerraume geworfen werden.

2. Bei Verwendung eines Bildwerfers der Klasse B kann ferner auf die Durchführung der unter III A, B, D und in § 66 Abs. 4 gegebenen Bestimmungen verzichtet werden, soweit sie durch das Fehlen des Bildwerferraums ihre Erledigung gefunden haben.

3. Bei Verwendung eines Bildwerfers der Klasse C können ebenfalls die in vorstehendem Abs. 2 angeführten Erleichterungen gewährt werden. Beträgt die Zahl der zugelassenen Zuschauer nicht mehr als 50, so kommen nur die Vorschriften im Abschnitt I und im Abschnitt III F dieser Verordnung in Anwendung, falls nach dem Urteile der zuständigen Polizeibehörde unter Berücksichtigung der örtlichen Verhältnisse ein Anlaß zu weiteren Sicherheitsmaßregeln nicht besteht.

4. Die Gewährung der Erleichterungen ist davon abhängig zu machen, daß für die Aufstellung des Bildwerfers der jeweils günstigste Platz z. B. im Nebenraum oder auf einer Galerie gewählt wird, der möglichst außer Sicht und Nähe der Zuschauer sowie derartig liegen soll, daß die Rückzugswege weder beengt noch gefährdet werden. Außerdem müssen die Bildstreifenbehälter stets vorschriftsmäßig beschaffen und außerhalb des Zuschauerraums aufgestellt sein. Sie dürfen sich niemals im Bereiche der Rückzugswege befinden. Die Bildstreifen dürfen im Bereiche der Rückzugswege befinden. Die Bildstreifen dürfen im Zuschauerraum nicht umgerollt und nicht aus den Trommeln herausgenommen werden.

5. Andere Lichtquellen als elektrisches Licht dürfen nur ganz ausnahmsweise zugelassen werden, falls nach Lage des Falles Bedenken irgendwelcher Art nicht bestehen.

6. Bildwerfer der Klassen B und C dürfen mit einer Stillstandsvorrichtung nur versehen sein, wenn dies in der Zulassungsbescheinigung der Prüfstelle vorgesehen ist.

7. Ausgänge und Treppen brauchen nur eine Breite von 1 m für je 90 Besucher aufzuweisen.

Abnahme geprüfter Bildwerfer.

§ 74. Die Bildwerfereinrichtung ist durch die zuständige Polizeibehörde abzunehmen. Hierbei ist die Zulassungsbescheinigung für die betreffende Bildwerferklasse, das Vorhandensein aller Bildwerferteile und die vorschriftsmäßige Zusammensetzung des Bildwerfers gemäß Stückliste zu prüfen.

---

[1]) Durch MinBek. v. 20. 4. 26 wurde die B. Versicherungskammer, Abt. für Brandversicherung als Prüfstelle bestimmt.

[2]) Die Richtlinien sind nicht abgedruckt, weil sie ihre Bedeutung verloren haben. Laut Verfügung des Reichsministeriums des Innern v. 14. 1. 28 wurde ein aus Vertretern der Prüfstellen Preußen, Sachsen und Bayern gebildeter Reichsausschuß gegründet, mit der Aufgabe, einheitliche für das ganze Reich gültige Richtlinien für die Bildwerferprüfung auszuarbeiten und fortzuentwickeln. Diese neuen Richtlinien sind noch nicht veröffentlicht.

[3]) Vgl. Bek. der Versicherungskammer v. 27. 8. 28, Seite 76.

C. Ausnahme für Schulpflichtige.

Allgemeines.

§ 75. Bei Lichtspielvorführungen in Schulen oder für sonstige Lehrzwecke bei öffentlichen Stellen und Behörden kann die zuständige Polizeibehörde Ausnahmen von den Bestimmungen dieser Verordnung zulassen, insbesondere genehmigen, daß ausnahmsweise von der Unterbringung des Bildwerfers in einem besonderen Raum abgesehen wird, wenn lediglich geprüfte Bildwerfer Verwendung finden und eine ordnungsmäßige Abnahme der Bildwerfereinrichtung und der für die Vorführung in Aussicht genommenen Räumlichkeiten sichergestellt ist.

Vorführer.

§ 76. 1. Für den Vorführer gilt § 1 Abs. II der Ministerialbekanntmachung vom 14. April 1924 (MABl. S. 62.).

2. Schüler dürfen zur selbständigen Bedienung des Bildwerfers nur bei Vorführungen im Unterricht und nur dann zugelassen werden, wenn sie das sechzehnte Lebensjahr vollendet haben und der zuständige Lehrer die Verantwortung übernimmt.

Genehmigung.

§ 77. Ausnahmen gemäß § 75 dürfen nur unter folgenden Voraussetzungen genehmigt werden:

a) Die Vorführungs- und Aufbewahrungstrommeln dürfen nur außerhalb des Zuschauerraums gefüllt und geleert werden und müssen vorschriftsmäßig beschaffen sein. Nicht benutzte Bildstreifen müssen in vorschriftsmäßigen Behältern außerhalb des Zuschauerraums aufbewahrt werden. Im Zuschauerraum darf nur der auf dem Bildwerfer befindliche Bildstreifen vorhanden sein.

b) Wenn der Bildwerfer im Zuschauerraum aufgestellt wird, dürfen sich im Umkreise von mindestens 2 m um ihn keine Zuschauer befinden. Keinesfalls darf der Bildwerfer in der Nähe der Rückzugswege aufgestellt werden.

c) Neben dem Bildwerfer muß ein mit Wasser gefüllter Eimer und ein nasser Scheuerlappen oder eine schwer entflammbare Decke (Feuerschutzdecke) bereit gehalten werden.

d) Das Rauchen oder das Hantieren mit offenen Flammen in der Nähe des Apparates ist verboten.

e) Der Zuschauerraum muß derartig mit Ausgängen versehen sein, daß die anwesenden Zuschauer ihn schnell und ordnungsmäßig verlassen können. Größere Räume wie Aulen, Zeichensäle, Laboratorien müssen mindestens zwei Ausgänge besitzen, die möglichst an gegenüberliegenden Seiten liegen sollen.

f) Es dürfen nur die gewöhnlich vorhandenen Sitzgelegenheiten besetzt werden. Das Stehen auf den Gängen und an den Ausgängen ist unter allen Umständen verboten.

g) Die Schüler sind darüber zu belehren, daß sie im Falle eines Brandes den Raum ruhig und geordnet zu verlassen haben.

D. Übergangs- und Strafbestimmungen.

§ 78. 1. Vorstehende Verordnung tritt sofort in Kraft.

2. Für bereits bestehende Lichtspielunternehmungen gelten die Bestimmungen des Abschnitts II mit Ausnahme derjenigen unter M nur insoweit, als aus überwiegenden Gründen der öffentlichen Sicherheit ihre Durchführung unbedingt erforderlich ist. Die zuständige Polizeibehörde hat festzustellen, welche Änderungen im Einzelfalle vorzunehmen sind, und eine Frist hierfür zu bestimmen. Im Beschwerdefall entscheidet die Kreisregierung, Kammer des Innern, endgültig.

3. Die Bildwerferräume bestehender Lichtspieltheater müssen bis zum 1. April 1927 den Bestimmungen des Abschnitts III dieser Verordnung angepaßt werden. Die Vorschriften der §§ 58, 59 und des Abschnitts III F treten jedoch in jedem Falle gleichzeitig mit dieser Verordnung in Kraft.

4. Bis zum gleichen Zeitpunkte (1. April 1927) müssen die Vorschriften des Abschnitts IV erfüllt sein.

§ 79. Zuwiderhandlungen gegen die Vorschriften dieser Verordnung werden mit Geldstrafe bis zu 60 *RM* oder mit Haft bis zu vierzehn Tagen bestraft.

Verordnung v. 14. 4. 24 über die Prüfung von Lichtspielvorführern.

Auf Grund des § 368 Nr. 8 des RStGB. in Verbindung mit Art. 2 Nr. 14 des PStGB. wird verordnet:

§ 1. In Unternehmungen des Lichtspielgewerbes dürfen Bildwerfer nur von Personen bedient werden, die sich über den Besitz der zur Bedienung eines Bildwerfers erforderlichen Eignung durch ein Zeugnis einer deutschen Vorführerprüfstelle auszuweisen vermögen (geprüfte Lichtspielvorführer). Die Wirksamkeit des Zeugnisses beschränkt sich auf die Lichtart, in der die Prüfung vorgenommen wurde.

Auch in sonstigen Unternehmungen müssen Personen, die zur Bedienung von Bildwerfern berufsmäßig angestellt sind, geprüfte Lichtspielvorführer sein.

§ 2. Die Grundsätze für die Prüfung von Lichtspielvorführern in Bayern werden durch das Staatsministerium des Innern im Benehmen mit den weiter beteiligten Staatsministerien aufgestellt.

Dem Staatsministerium des Innern obliegt der Vollzug dieser Verordnung.

§ 3. Wer entgegen den Vorschriften dieser Verordnung Bildwerfer bedient oder von ungeeigneten Personen bedienen läßt, wird nach § 368 Nr. 8 RStGB. mit Geldstrafe bis zu 60 Goldmark oder mit Haft bis zu 14 Tagen bestraft.

§ 4. Diese Verordnung tritt am 1. Mai 1924 in Kraft.

Auszug aus der Bekanntmachung des Staatsministeriums d. J. vom 14. 4. 24 zum Vollzuge der VO. über die Prüfung von Lichtspielvorführern.

Zum Vollzuge der Verordnung über die Prüfung von Lichtspielvorführern vom 14. April 1924 (GVBl. S. 142) wird im Einvernehmen mit dem Staatsministerium für Unterricht und Kultus bestimmt:

I. Polizeiliche Durchführung der Verordnung.

§ 1. Durch § 1 der Verordnung ist bestimmt, daß Bildwerfer „in Unternehmungen des Lichtspielgewerbes" nur von geprüften Lichtspielvorführern bedient werden dürfen. Als Unternehmungen des Lichtspielgewerbes sind hierbei nicht nur Lichtspieltheater, sondern auch Filmherstellungsunternehmungen, Kopieranstalten, Filmverleihgeschäfte usw. anzusehen, sofern sie in ihrem Geschäftsbetriebe Bildwerfer verwenden.

In sonstigen Unternehmungen, z. B. wissenschaftlichen Instituten, Schulen usw., in denen Bildwerfer verwendet werden, ist Bedienung der Apparate durch einen geprüften Lichtspielvorführer nur dann vorgeschrieben, wenn ein besonderer Vorführer berufsmäßig aufgestellt ist.

§ 2. Um die Durchführung der Verordnung möglichst zu sichern, haben die Ortspolizeibehörden bei Erteilung der Erlaubnis zur Veranstaltung von Lichtspielvorführungen auf Grund des Art. 32 PStGB. den Unternehmern die Beachtung der Verordnung ausdrücklich zur Pflicht zu machen und für den Fall der Übertretung der Verordnung die Zurücknahme der polizeilichen Bewilligung anzudrohen.

Von der Möglichkeit der Zurücknahme der polizeilichen Erlaubnis wegen Verstoßes gegen die Verordnung ist, soweit es die Sachlage erfordert, rücksichtslos Gebrauch zu machen.

§ 3. Die Grundsätze für die Prüfung von Lichtspielvorführern sind für alle deutschen Länder im wesentlichen gleichartig aufgestellt. Nach Maßgabe der getroffenen Vereinbarungen haben daher die in einem deutschen Lande ausgestellten Prüfungszeugnisse für Lichtspielvorführer im ganzen Reichsgebiete Gültigkeit.

§ 4. Die Ortspolizeibehörden haben die in ihrem Bezirke befindlichen Unternehmungen des Lichtspielgewerbes und die bei diesen angestellten Lichtspielvorführer auf die Vorschriften über die Prüfung von Lichtspielvorführern besonders aufmerksam zu machen und deshalb den Neuzugang an Vorführern ständig zu überwachen.

Vorführern, welche die Prüfung nicht bestehen, kann die Ortspolizeibehörde nach Anhörung der Prüfstelle die Weiterbeschäftigung bis zur Wiederholung der Prüfung gestatten, wenn die Versagung der Weiterbeschäftigung eine besondere Härte darstellen würde und sicherheits- und insbesondere feuerpolizeiliche Bedenken gegen die Weiterbeschäftigung nicht bestehen.

II. Grundsätze für die Prüfung von Lichtspielvorführern.

§ 5. Prüfstelle.

Für die Prüfung von Lichtspielvorführern wird bei der staatlichen höheren Fachschule für Phototechnik in München eine Vorführerprüfstelle errichtet.

Diese besteht aus einem beamteten Sachverständigen als Vorsitzenden, einem Angehörigen der Feuerwehr und einem Vertreter des Lichtspielgewerbes (fachtechnisch vorgebildeter Lichtspieltheaterbesitzer oder Lichtspielvorführer) als Beisitzern. Die Mitglieder der Vorführerprüfstelle werden vom Staatsministerium für Unterricht und Kultus bestimmt. Dieses benennt auch für jedes Mitglied der Prüfstelle einen Stellvertreter.

§§ 6 mit 14[1]. (Prüfungsbestimmungen usw.)

Bekanntmachung der Bayer. Versicherungskammer, Abteilung für Brandversicherung, als Prüfstelle für Bildwerfer und für sichere Einrichtung des Bildwerferraumes vom 27. 8. 28.

Für Schul- und nichtgewerbsmäßige Vereins- und Wanderlichtspielvorführungen, bei welchen die Bildwerfer nicht in eigenen, vorschriftsmäßigen Bildwerferräumen aufgestellt sind, dürfen nach der Verordnung vom 20. 4. 26 über die Sicherheit bei Lichtspielvorführungen nur *geprüfte* Bildwerfer verwendet werden. Für jeden geprüften Bildwerfer muß ein Prüfungszeugnis vorhanden sein. Außer den Typenzeugnissen und -Bescheinigungen der Versicherungskammer haben noch folgende Typenbescheinigungen Gültigkeit.

---

[1]) Geändert mit Bek. v. 2. 3. 28.

1. Die Typenzeugnisse der Prüfstelle für Bildwerfer in Preußen, Polizeipräsidium Abt. II, Berlin;
2. die Typenzeugnisse der Prüfstelle für Bildwerfer des Freistaates Sachsen in Dresden, Kreishauptmannschaft.

Zeugnisse oder Bescheinigungen anderer Stellen oder Behörden haben in Bayern keine Gültigkeit[1]).

Vor Erlaß der Verordnung vom 20. 4. 26 wurden einige Bildwerfer geprüft und durch besondere Ministerial-Entschließungen zugelassen, ohne daß besondere Prüfungszeugnisse ausgestellt wurden. Diese Bildwerfer dürfen nach wie vor, soferne sie den Forderungen der Zulassungsentschließungen entsprechen, ausnahmsweise auch ohne Zeugnis verwendet werden. Es sind dies:

1. Der Bildwerfer „Magister" der Krupp-Ernemann-Werke, Dresden (Ministerialentschließung vom 13. 5. 25 Nr. 3743 a 6 und Nr. VII 17643 — StAnz. Nr. 110 —);
2. der Bildwerfer „Pädagog" der Ertel-Werke, München (Ministerialentschließung vom 15. 12. 25 Nr. 3743 a c 2 und Nr. VII 49696 — StAnz. Nr. 291 —);
3. der Bildwerfer „Monopol" der Ica A.-G., Dresden (Ministerialentschließung vom 22. 4. 26 Nr. 3743 a c 11 und Nr. VII 15681 — StAnz. Nr. 92 —).

Bildwerfer, die weder ein Zeugnis haben, noch auf Grund der oben angeführten Ministerialentschließungen ausdrücklich zugelassen sind, müssen geprüft werden, wenn sie weiter benützt werden wollen. Für die Prüfung solcher Bildwerfer ist die Prüfstelle (Versicherungskammer) zuständig. Zur Vereinfachung des Prüfungsverfahrens wurde die Prüfstelle durch Ministerialentschließung vom 3. 8. 28 Nr. 3743 a/b 18 (StAnz. Nr. 179) ermächtigt, solche Einzelprüfungen dem Bayerischen oder Pfälzischen Revisionsverein zu übertragen. Die Anmeldung zur Prüfung hat jedoch bei der Versicherungskammer zu geschehen. Durch Sammelanmeldungen können die Prüfungskosten verringert werden. Die Besitzer von Bildwerfern ohne Zeugnisse werden wohl in der Regel damit zu rechnen haben, daß sie Änderungen am Apparat vornehmen müssen, wenn die Weiterbenützung überhaupt gestattet werden kann. Bei Bildwerfern, die nicht von bewährten Firmen stammen oder die vom Besitzer selbst gebaut wurden, wird in der Regel die Weiterbenützung überhaupt nicht gestattet werden können.

Verordnung und oberpolizeiliche Vorschriften vom 10. 5. 27 über Einstellräume für Kraftfahrzeuge und über die Einstellung von solchen.

Auf Grund Art. 101 Abs. I und II des PStrGB., §§ 366 Nr. 10 und 368 Nr. 8 des RStrGB. mit Art. 2 Ziff. 6 und 14 des PStrGB. werden nachstehende Verordnung und oberpolizeiliche Vorschriften erlassen.

A. Allgemeine Vorschriften für die Errichtung von Einstellgebäuden.

Anzeigepflicht.

§ 1. I Wer einen Raum zur Einstellung von Kraftwagen errichten oder verwenden will, hat der Bezirkspolizeibehörde Anzeige zu erstatten und vorbehaltlich besonderer bau- oder gewerbepolizeilicher Genehmigung die Anordnungen der Bezirkspolizeibehörde zu erfüllen.

---

[1]) Nach einer Vereinbarung der Länder gelten für das ganze Reichsgebiet nur die Zeugnisse solcher Prüfstellen, welche die Beschlüsse des Reichsausschusses für die Prüfung von Bildwerfern (vgl. Fußnote zu § 79 der VO. v. 20. 4. 26), als bindend anerkennen. Es sind dies zur Zeit die preußische, sächsische und bayerische Prüfestelle. Der Anschluß Württembergs ist zu erwarten.

II In Zufahrten, Durchfahrten und Pavillonzwischenräumen dürfen Kraftwagen außer zu vorübergehenden Zwecken nicht eingestellt werden.

Zufahrten.

§ 2. Sollen in einer Anlage mehr als 20 Kraftwagen eingestellt werden, so muß eine Zufahrt von 4,8 m Breite und 2,7 m Höhe vorgesehen werden. Statt einer Zufahrt können auch zwei Zufahrten von je 2,4 m Breite und 2,7 m Höhe gefordert werden.

Geschützte Gebiete.

§ 3. In geschützten Wohnvierteln, sowie 200 m im Umkreise von Kirchen, Schulen, Krankenhäusern und Heilanstalten, dann 100 m im Umkreise von öffentlichen Gebäuden sonstiger Art kann die Genehmigung zur Errichtung von Einstellgebäuden für mehr als 10 Wagen versagt werden.

B. Vorschriften für die Beschaffenheit der Einstellgebäude.

Bauart.

§ 4. I Auf Einstellgebäude finden die baupolizeilichen Vorschriften und die im Vollzuge der gegenwärtigen Vorschriften getroffenen besonderen Anordnungen Anwendung.

II Überschreitet die überbaute Fläche der Gesamtanlage 1000 qm, so sind durch bauordnungsgemäße Brandmauern Brandabschnitte von höchstens 1000 qm herzustellen. Wird die Anlage in Einzelboxen aus feuerbeständigen[1]) Baustoffen aufgeteilt, so können hinsichtlich der Aufteilung im Brandabschnitte Erleichterungen gewährt werden.

Wände und Nachbarräume.

§ 5. I Bei Einstellräumen müssen, soferne die Bauordnung keine andere Bauart vorschreibt, mindestens die Wände aus feuerhemmenden[2]) Baustoffen bestehen. Bei freistehenden Anlagen, insbesondere bis zu zwei Kraftwagen kann hiervon abgesehen werden.

II Einstellräume dürfen weder in unmittelbarer noch in mittelbarer Verbindung mit Räumen stehen, die eine Feuerstätte oder eine Beleuchtung mit offenem Licht haben oder zur Lagerung oder Verarbeitung leichtentzündlicher Stoffe dienen. Ferner darf mit Treppenhäusern, Zugängen, Durchgängen oder Durchfahrten, die zu Wohn- oder Arbeitsräumen führen oder mit tiefer gelegenen Räumen oder Schächten keine solche Verbindung bestehen.

---

[1]) Als feuerbeständig gelten z. B.:
Gemauerte, mindestens 12 cm starke Wände,
10 cm starke Betonwände,
6 cm starke Eisenbetonwände,
ausgemauertes Eisenfachwerk, dessen Eisenteile glutsicher ummantelt sind,
Eisenbetondecken, 12 cm starke Ziegelsteindecken, deren etwaige Eisenteile, Unterzüge und Stützen glutsicher ummantelt sind,
Fußböden aus Beton,
Elektrofliesen oder Drahtglas, das 5 cm tief in die Mauer eingreift, Treppen aus Eisenbeton
Dächer aus Eisenbeton oder Eisen, wenn sämtliche Eisenteile glutsicher ummantelt sind.

Als feuerhemmend gelten z. B.
Wände aus ausgemauertem und verputztem Fachwerk, glutsicher ummanteltes Holzwerk,
Rabitzdecken und -wände; Zement und Gipsdielen; Weißdecken; Holzzement; Zementestrich auf Holzunterlage;
Türen, die hinsichtlich ihrer Bauart dem § 16 der BO. entsprechen; Treppen aus Stein, Eichenholztreppen mit verputzter Untersicht.

[2]) S. Fußnote zu § 4.

Decken.

§ 6. Die Decken der Einstellräume müssen öffnungslos und feuerhemmend sein. Sind Einstellräume in Geschossen übereinander angeordnet oder sind über den Einstellräumen Räume zum Aufenthalt oder Verkehr von Menschen, so müssen die Wände und Decken der Einstellräume feuerbeständig sein. Für einzelne Gelasse für Wagenführer sind bei besonderen Verhältnissen Ausnahmen zulässig.

Fußboden.

§ 7. Der Fußboden der Einstellräume muß feuerbeständig und flüssigkeitsdicht sein. Bei kleineren freistehenden Einzelgebäuden kann hiervon abgesehen werden. Entwässerungsschächte in und vor den Einstellräumen müssen Ölabscheider haben.

Arbeitsgruben.

§ 8. Arbeitsgruben sind nur zulässig, wenn eine wirksame selbsttätige Entlüftung gewährleistet ist.

Heizung.

§ 9. Die Heizung der Einstellräume muß so beschaffen sein, daß sich Dämpfe der Betriebsstoffe nicht daran entzünden können. Diese Anforderung gilt als erfüllt, wenn die Heizung den vom Ausschusse für die Behandlung feuergefährlicher Angelegenheiten (München, Polytechnischer Verein, Briennerstraße 8, IV. Aufgang) aufgestellten und in der Anlage I abgedruckten Grundsätzen für die Beheizung von Räumen zur Lagerung brennbarer Flüssigkeiten entspricht.

Beleuchtung.

§ 10. I Einstellräume dürfen nur beleuchtet werden durch:

a) elektrische Glühlampen, wenn sie mindestens 1,5 m über dem Fußboden fest angebracht sind;
b) tragbare elektrische Glühlampen, wenn sie auch die Fassungen umschließende Überglocken, Drahtschutzkörbe und eine mit wasserdichten Isolierhüllen umgebene Kabelleitung haben;
c) Außenbeleuchtnug jeder Art, wenn sie durch fest eingemauerte starke Glasscheiben von den Innenräumen abgeschlossen ist.

II Elektrische Anlagen müssen den Vorschriften, Regeln, Normen und Leitsätzen des Verbandes Deutscher Elektrotechniker entsprechen. Einstellräume sind bis zu einer Höhe von 1,5 m über dem Fußboden als zerknallgefährliche Betriebsstätten nach den Vorschriften des Verbandes Deutscher Elektrotechniker zu behandeln. Außerdem gelten die in der Anlage II abgedruckten Grundsätze.

Entlüftung.

§ 11. Jeder Einstellraum muß dicht über dem Fußboden Entlüftungsöffnungen haben. Für größere Einstellräume, besonders im Keller, kann zur Förderung des Luftwechsels künstliche Entlüftung verlangt werden. Funkenbildende Teile elektrisch angetriebener Entlüfter müssen außerhalb der Räume und Entlüftungsrohre liegen.

Werkstätten und sonstige Räume.

§ 12. I Ausbesserungs-, Lackier- und sonstige Werkstätten, worin mit Feuer oder offenem Lichte gearbeitet wird oder worin leicht brennbare Stoffe verwendet werden, müssen den baupolizeilichen Bestimmungen entsprechen. Sie dürfen nur in offenen Höfen angelegt werden. Sie sind von anstoßenden Gebäudeteilen durch öffnungslose Mauern und erforderlichenfalls durch feuerbeständige Decken zu trennen.

II Wasch- und sonstige Aufenthaltsräume müssen einen gesicherten Rückzugsweg haben.

C. Betriebsvorschriften.

Rauchen usw.

§ 13. Das Rauchen und jede Benützung von offenem Licht, insbesondere von Azetylenlampen aller Art, sowie funkenerzeugende Verrichtungen sind in den Einstellräumen verboten. Laternen von Kraftwagen sind, wenn sie nicht elektrisches Licht haben, vor Einstellung der Wagen auszulöschen; sie dürfen in Einstellräumen auch nicht angezündet werden. Feldschmieden, Lötvorrichtungen usw. sind nur in besonderen Ausbesserungswerkstätten oder im Freien, 5 m von den Türen der Einstellräumen entfernt, zugelassen.

Putzwolle.

§ 14. Gebrauchte Putzwolle und Putzlappen dürfen in Einstellräumen nur in feuerhemmenden, dichtverschließbaren Behältern aufbewahrt werden.

Karbid.

§ 15. Karbid darf in Einstellräumen nur in dicht schließenden Gefäßen bis zu einer Höchstmenge von 5 Kilo aufbewahrt werden; jede Einwirkung von Feuchtigkeit muß ausgeschlossen sein. Die Karbidbehälter der Laternen dürfen nicht in den Einstellräumen aufgefüllt oder entleert werden.

Betriebsstoff.

§ 16. I Vorräte von Betriebsstoffen sowie leere Behälter sind in gesonderten, den Bestimmungen über die Lagerung brennbarer Flüssigkeiten entsprechenden Lagern oder Behältern unterzubringen. Außer den in den Kraftwagen befindlichen Betriebsstoffen darf nur ein zerknallsicheres Blechgefäß (Kanister mit höchstens 15 Liter Inhalt) im Einstellraume vorhanden sein.

II Alle zum Um- und Einfüllen von Treibmitteln dienenden Gefäße müssen zerknallsicher sein.

Ausbesserungswerkstätten.

§ 17. In Ausbesserungswerkstätten, worin mit offenem Feuer gearbeitet wird oder funkenerzeugende Verrichtungen vorgenommen werden, dürfen Kraftwagen nur mit dicht verschlossenen Betriebsstoffbehältern verbracht werden. Auch entleerte Betriebsstoffbehälter müssen dicht verschlossen sein. Jedes Hantieren mit Betriebsstoffen, insbesondere das Füllen und Entleeren von Betriebsstoffbehältern, ist in Ausbesserungswerkstätten verboten.

Löschmittel.

§ 18. In den Einstellräumen sind wirksame Löschmittel (Handfeuerlöscher, Asbestdecken usw.) bereitzuhalten. Sonstige feuerpolizeiliche Anordnungen sind zu erfüllen.

Elektrisch betriebene Kraftwagen.

§ 19. I Kraftwagen mit Verbrennungsmotoren dürfen mit Kraftwagen, die elektrisch mit Akkumulatoren betrieben werden, in einem Raume nicht ständig zusammen eingestellt werden.

II Batterien dürfen in Einstellräumen nicht aufgeladen werden.

Warnungstafeln.

§ 20. Die Bestimmungen der §§ 13 mit 19 sind in jedem Einstellraume sichtbar und an zugänglicher Stelle anzuschlagen. Am Eingange jedes Einstellraumes ist folgender Anschlag augenfällig und dauerhaft anzubringen:

„Einstellraum für Kraftwagen!
Zutritt Unbefugten verboten!
Nicht Rauchen!
Kein Feuer! Kein offenes Licht!"

D. Schluß- und Strafbestimmungen.

Krafträder.

§ 21. I Diese Vorschriften gelten sinngemäß für Krafträder, wobei je fünf Krafträder einem Kraftwagen gleichzuachten sind.

Bestehende Anlagen.

II Bestehende Anlagen müssen mit den gegenwärtigen Vorschriften in Einklang gebracht werden, soferne die öffentliche Sicherheit dies erheischt.

Die Bezirkspolizeibehörden können für die Ausführung der erforderlichen Maßnahmen entsprechende Fristen gewähren.

Staatliche usw. Anlagen.

§ 22. Für Einstellräume im Eigentume des Reiches, des Staates, der Feuerwehren und der Sanitätskolonnen können Ausnahmen zugelassen werden.

Elektrische Kraftwagen, Traktoren usw.

§ 23. Vorstehende Vorschriften finden abgesehen von § 19 Abs. I keine Anwendung auf elektrisch mit Akkumulatoren betriebene Kraftwagen und auf Kraftwagen, deren Motoren mit Flüssigkeiten betrieben werden, die erst bei einer Erwärmung auf mehr als 55° C entflammbare Dämpfe entwickeln.

Ausnahmen.

§ 24. Die Bezirksverwaltungsbehörden können auf Antrag unter besonderen Verhältnissen Ausnahmen von einzelnen Bestimmungen dieser Vorschriften, bei Ausnahmen von den Bestimmungen in §§ 4 mit 12 im Benehmen mit der Versicherungskammer, Abteilung für Brandversicherung, zulassen, soweit es ohne Gefährdung der öffentlichen Sicherheit geschehen kann.

§ 25. Weitergehende ortspolizeiliche Vorschriften bleiben unberührt.

Strafbestimmungen.

§ 26. Zuwiderhandlungen gegen diese Vorschriften werden nach Art. 101 Abs. I des PStrGB. und §§ 366 Nr. 10, 368 Nr. 8 des RStrGB. bestraft, soweit nicht andere gesetzliche Vorschriften eine schwerere Strafe androhen.

Anlage I

Grundsätze für die Beheizung von Räumen zur Lagerung brennbarer Flüssigkeiten.

Die Räume dürfen beheizt werden durch:

a) Fugendichte, von außen zu beheizende Kachelöfen ohne Durchsichten oder Nischen aus Metall, wenn der Ofen keine Vorsprünge oder Flächen aufweist, die zum Auflegen von Gegenständen Gelegenheit bieten.

Der Raum mit der Feuerung darf mit dem Einstellraum in keiner Verbindung stehen. Im Einstellraume darf der Ofen entweder erst in einer Höhe von 1,5 m aus der Wand heraustreten oder er ist auf die gleiche Höhe von 10 cm Abstand vom Ofen durch eine mit dem Fußboden und den Wänden gasdicht verbundene Schutzwand aus Blech, Monier, Rabitz oder sonstigen feuerhemmenden und gasdichten Stoffen zu umgeben.

b) Niederdruckdampf- und Warmwasserheizung mit Feuerung, die außerhalb des Raumes liegt. Wenn die Heizkörper und die Heizrohre tiefer als 2 m liegen, müssen sie in 20 cm Abstand durch Drahtgitter oder durchlochte Eisenbleche so umschlossen werden, daß auf die Schutzvorrichtung nichts abgelegt werden kann.

c) Hochdruckdampfheizung mit Feuerung, die außerhalb liegt, jedoch nur, wenn die Heizrohre mindestens 2 m hoch liegen und mit Schutzvorrichtungen wie unter b versehen sind.

d) Elektrische Heizung. Heizgeräte dürfen auch bei Wärmestauungen an keiner Stelle einen höheren Oberflächenwärmegrad als 110° C aufweisen (Anwendung von Reglern, Drahtgittern oder durchlochten Blechen in mindestens 10 cm Abstand vom Heizgerät). Alle Heizleiter sind gasdicht einzuschließen. Elektrische Strahlungsöfen mit offenen Glühkörpern sind unzulässig.

e) Gasheizung. Gasheizkörper müssen einschließlich der Frischluftzuführungs- und Abzugleitung gegen den zu beheizenden Raum vollkommen gasdicht sein. Zur Frischluft- und Abzugsleitung dürfen nur dichtverschraubte oder an den Verbindungsstellen geschweißte Eisenrohre verwendet werden. Das Anzünden der Gasflamme darf nur außerhalb des zu beheizenden Raumes möglich sein. Die Mauerbüchse für die Zündöffnung der Gasfeuerung muß in einem Stücke vom Heizkörper bis an die Außenseite der Wand des zu beheizenden Raumes durchgeführt sein. Die Heizkörper müssen in mindestens 1,5 m Höhe über dem Fußboden angebracht und überdeckt sein, so daß keinerlei Gegenstände auf den Heizkörpern abgelegt werden können. Der Oberflächenwärmegrad darf selbst bei Luftstauungen nicht mehr als 200° C aufweisen.

Anlage II.

Grundsätze für die elektrische Beleuchtung von Kraftwageneinstellräumen.

1. Festverlegte Leitungen.

a) Leitungen dürfen in Kraftwagenräumen nur soweit verlegt werden, als sie für die Räume unbedingt nötig sind.

b) Festverlegte Leitungen sind nur in geschlossenen Rohren oder als Kabel oder kabelähnliche Leitungen zulässig. Unter 1,5 m Höhe ist nur Stahlpanzerrohr oder eisenbewährtes Kabel zulässig.

2. Biegsame Leitungen.

Als Anschlußschnüre sind NLH- oder NWK-Leitungen nach den „Vorschriften für isolierte Leitungen in Starkstromanlagen" zu verwenden.

3. Schalter, Steckvorrichtungen, Sicherungen und Lampen.

a) Schalter und Steckvorrichtungen müssen, sofern sie nicht zerknallsicher ausgeführt sind, mindestens 1,5 m über dem Fußboden angebracht sein.

b) Sicherungen im Innern der Wagenräume sind nur in mindestens 1,5 m Höhe und nur in zerknallsicher gekapselter Ausführung zulässig.

c) Feste Beleuchtungen sind nicht unter 1,5 m über dem Fußboden anzubringen. Der Leitungsschutz ist in den Beleuchtungskörper einzuführen.

d) Lampen sind mit starken Überglocken, die auch die Fassungen abschließen und, bei Gefahr der Beschädigung, mit Schutzkörben zu versehen.

4. Handleuchter und Handgeräte.

Handleuchter und Handgeräte sind nur in zerknallsicherer Ausführung zulässig.

Auszug aus der Bekanntmachung des Reichskanzlers vom 17. 12. 08, betr. allgemeine polizeiliche Bestimmungen über die Anlegung von Landdampfkesseln.

(RGBl. 1909 S. 3ff.)

Auf Grund des § 24 Abs. 2 der Gewerbeordnung[1]) hat der Bundesrat nachstehende

Allgemeine polizeiliche Bestimmungen über die Anlegung von Landdampfkesseln

erlassen.

I. Geltungsbereich der Bestimmungen.

§ 1. 1. Als Dampfkessel im Sinne der nachstehenden Bestimmungen gelten alle geschlossenen Gefäße, die den Zweck haben, Wasserdampf von höherer als der atmosphärischen Spannung zur Verwendung außerhalb des Dampfentwicklers zu erzeugen.

2. Als Landdampfkessel (Dampfkessel) gelten außer den an Land benutzten feststehenden und beweglichen Dampfkesseln auch die vorübergehend auf schwimmenden und im Wasser beweglichen Bauten aufgestellten Dampfkessel.

3. Den Bestimmungen für Landdampfkessel werden nicht unterworfen:

a) Behälter, in denen Dampf, der einem anderen Dampfentwickler entnommen ist, durch Einwirkung von Feuer besonders erhitzt wird (Dampfüberhitzer);

b) Kessel, die mit einer Einrichtung versehen sind, welche verhindert, daß die Dampfspannung ½ Atmosphäre Überdruck übersteigen kann (Niederdruckkessel) oder bewirkt, daß der Kessel hierbei abzublasen beginnt und bei einer Überschreitung des angegebenen Überdrucks um 10 v. H. den Kessel bis auf den atmosphärischen Druck entlastet. Als Einrichtungen dieser Art gelten:

α) ein unverschließbares, vom Wasserraum ausgehendes Standrohr von nicht über 5000 Millimeter Höhe und mindestens 80 Millimeter Lichtweite;

β) ein vom Dampfraum ausgehendes, nicht abschließbares Rohr in Heberform oder mit mehreren auf- und absteigenden Schenkeln, dessen aufsteigende Äste bei Wasserfüllung zusammen nicht über 5000 Millimeter, bei Quecksilberfüllung nicht über 370 Millimeter Länge haben dürfen, wobei die Lichtweite dieser Rohre so bemessen werden muß, daß auf 1 Quadratmeter Heizfläche (§ 3 Abs. 3) ein Rohrquerschnitt von mindestens 350 Quadrat-

---

[1]) § 24 der Reichsgewerbeordnung, Abs. I mit IV lautet:

I. Zur Anlegung von Dampfkesseln, dieselben mögen zum Maschinenbetrieb bestimmt sein oder nicht, ist die Genehmigung der nach den Landesgesetzen zuständigen Behörde erforderlich. . . . .

II. Die Behörde hat die Zulässigkeit der Anlage nach den bestehenden bau-, feuer- und gesundheitspolizeilichen Bestimmungen zu prüfen, welche vom Bundesrat über die Anlegung von Dampfkesseln erlassen werden. Sie hat nach dem Befunde die Genehmigung entweder zu versagen oder unbedingt zu erteilen, oder endlich bei Erteilung derselben die erforderlichen Vorkehrungen und Einrichtungen vorzuschreiben.

III. Bevor der Kessel in Betrieb genommen wird, ist zu untersuchen, ob die Ausführung den Bestimmungen der erteilten Genehmigung entspricht. Wer vor dem Empfang der hierüber auszufertigenden Bescheinigung den Betrieb beginnt, hat die im § 147 angedrohte Strafe verwirkt.

IV. Die vorstehenden Bestimmungen gelten auch für bewegliche Dampfkessel.

millimeter entfällt. Die Lichtweite der Rohre muß mindestens 30 Millimeter betragen und braucht 80 Millimeter nicht zu überschreiten.

γ) jede andere von der Zentralbehörde des zuständigen Bundesstaats genehmigte Sicherheitsvorrichtung.

c) Zwergkessel, das heißt Dampfentwickler, deren Heizfläche $^1/_{10}$ Quadratmeter und deren Dampfspannung 2 Atmosphären Überdruck nicht übersteigt, sofern sie mit einem zuverlässigen Sicherheitsventil ausgerüstet sind.

4. Für die Kessel in Eisenbahnlokomotiven bleiben die auf Grund der Artikel 42 und 43 der Reichsverfassung erlassenen besonderen Bestimmungen in Kraft.

II. Bau.

(§§ 2 und 3).

III. Ausrüstung.

(§§ 4 mit 11).

IV. Prüfung.

(§§ 12 mit 14).

V. Aufstellung.

Aufstellungsort.

§ 15. 1. Dampfkessel für mehr als 6 Atmosphären Überdruck und solche bei welchen das Produkt aus der Heizfläche (§ 3 Abs. 3) in Quadratmeter und die Dampfspannung in Atmosphären Überdruck für einen oder mehrere gleichzeitig im Betriebe befindliche Kessel zusammen mehr als 30 beträgt, dürfen unter Räumen, die häufig von Menschen betreten werden, nicht aufgestellt werden. Das Gleiche gilt für die Aufstellung von Dampfkesseln über Räumen, die häufig von Menschen betreten werden, mit Ausnahme der Aufstellung über Kellerräumen. Innerhalb von Betriebsstätten und in besonderen Kesselräumen ist die Aufstellung solcher Dampfkessel unzulässig, wenn die Räume mit fester Wölbung oder fester Balkendecke versehen sind. Feste Konstruktionsteile über einem Teile des Kesselraums, die den Zwecken der Rostbeschickung dienen, sind nicht als feste Balkendecken anzusehen. Trockeneinrichtungen oberhalb des Dampfkessels, sowie das Trocknen auf dem Kessel sind nicht zulässig. Bei eingemauerten Dampfkesseln, deren Plattform betreten wird, muß oberhalb derselben eine mittlere verkehrsfreie Höhe von mindestens 1800 Millimeter vorhanden sein.

2. Dampfkessel, die in Bergwerken unterirdisch oder auf Kraftfahrzeugen aufgestellt werden, und solche, welche ausschließlich aus Wasserrohren von weniger als 100 Millimeter Lichtweite oder aus derartigen Rohren und den zu ihrer Verbindung angewendeten Rohrstücken bestehen, unterliegen den vorstehenden Bestimmungen nicht, Dampfkessel letzterer Art auch dann nicht, wenn sie mit Schlammsammlern und mit Oberkesseln, die nur als Dampfsammler dienen, versehen sind. Auf Wasserkammerrohrkessel mit Rohren unter 100 Millimeter Lichtweite finden die Bestimmungen des Abs. 1 dann keine Anwendung, wenn ihre Rohre nahtlos hergestellt sind, die Wandungen ihrer Oberkessel von den Heizgasen nicht berührt werden und ihr Dampfdruck 6 Atmosphären Überdruck nicht übersteigt.

Kesselmauerung.

§ 16. Zwischen dem Mauerwerke, das den Feuerraum und die Feuerzüge feststehender Dampfkessel einschließt, und den dieses umgebenden Wänden muß ein Zwischenraum von mindestens 80 Millimeter verbleiben, der oben abgedeckt und an den Enden verschlossen werden darf. Die Feuerzüge müssen durch genügend weite Einfahröffnungen zugänglich und in der Regel so groß bemessen sein, daß sie befahrbar sind. Werden die Feuerzüge benachbarter Kessel durch eine gemeinsame Mauer getrennt, so ist diese mindestens 340 Millimeter dick herzustellen. Das Kesselmauerwerk darf nicht zur Unterstützung von Gebäudeteilen benutzt werden.

VI. Bewegliche Dampfkessel und Kleinkessel.

Bewegliche Dampfkessel.

§ 17. Als bewegliche Dampfkessel gelten solche, deren Benutzung an wechselnden Betriebsstätten erfolgt. Als bewegliche Dampfkessel dürfen nur solche Dampfentwickler betrieben werden, zu deren Aufstellung und Inbetriebnahme die Herstellung von Mauerwerk, das den Kessel umgibt, nicht erforderlich ist.

Kleinkessel.

§ 18. Kleinkessel, das sind Dampfentwickler, bei denen das Produkt aus der Heizfläche in Quadratmeter und der Dampfspannung in Atmosphären Überdruck die Zahl 2 nicht übersteigt, ferner Dampfkessel deren Heizfläche 5 qm nicht übersteigt und die mit mehr als ½, aber höchstens mit 1 Atmosphäre Überdruck betrieben werden, soferne sie mit einer Sicherheitsvorrichtung nach § 1 Abs. 3 b versehen sind, gelten hinsichtlich ihres Aufstellungsorts als bewegliche Kessel, auch wenn sie von Mauerwerk umgeben sind und an einem Betriebsorte zu dauernder Benutzung aufgestellt werden.

VII. Allgemeine Bestimmungen.

(§§ 19 mit 22).

Auszug aus der Verordnung vom 24. 11. 09, die Anlegung und den Betrieb von Dampfkesseln und Dampfgefäßen betr.

(GVBl. S. 861).

Abschnitt I.
Von den Dampfkesseln.

A. Anlegung der Dampfkessel.

1. Genehmigung der Dampfkessel.

Genehmigungspflicht.

§ 1. I. Zur Anlegung von Dampfkesseln mit fester Betriebsstätte (feststehenden Dampfkesseln), von Schiffsdampfkesseln sowie von beweglichen Dampfkesseln, gleichviel ob die Kessel zum Maschinenbetriebe bestimmt sind oder nicht, ist vorbehaltlich des § 50 polizeiliche Genehmigung erforderlich.

II. Die gleiche Genehmigung ist erforderlich, wenn:

1. ein Dampfkessel in seiner Bauart wesentlich geändert werden soll,
2. die Lage oder Beschaffenheit der Betriebsstätte eines feststehenden Dampfkessels oder eines Schiffsdampfkessels wesentlich geändert werden soll,
3. ein beweglicher Dampfkessel, der zum Betrieb an wechselnder Betriebsstätte genehmigt war, oder ein Schiffsdampfkessel an einem Betriebsort zu dauernder Benützung aufgestellt werden soll oder umgekehrt.
4. eine Erhöhung der in der Genehmigungsurkunde eines Dampfkessels festgesetzten höchsten zulässigen Dampfspannung oder eine Änderung der in der Genehmigungsurkunde aufgeführten Bedingungen stattfinden soll.

§§ 2 mit 5 (Genehmigungsgesuche, Verbescheidung der Gesuche).

2. Ausführung und Aufstellung der Dampfkessel.

§ 6. I. Für die Ausführung und Aufstellung der Dampfkessel sind die vom Bundesrat erlassenen allgemeinen polizeilichen Bestimmungen, die Bestimmungen dieser Verordnung und ihrer Vollzugsvorschriften sowie die bei der Genehmigung etwa erteilten besonderen Anordnungen maßgebend.

II. Feststehende Dampfkessel sind in der Regel in besonderen Kesselhäusern, jedenfalls aber in besonderen Anbauten aufzustellen (§ 15 Abs. 1 der allgemeinen polizeilichen Bestimmungen). Sie dürfen in Scheunen, Ställen, Schneidsägen, Schreinereiwerkstätten oder in sonstigen Gebäuden, in denen leicht entzündliche Gegenstände gelagert oder verarbeitet zu werden pflegen, dann in Gebäuden mit weicher Dachung nicht geheizt oder betrieben werden.

III. Die Dampfkesselräume müssen geräumig, gut lüftbar und gut beleuchtet sein.

IV. Der Heizerstand vor den Dampfkesseln soll eine Tiefe von mindestens 2,50 m besitzen.

V. Bei größeren Anlagen muß der Dampfkesselraum mindestens zwei für den Heizer bequem erreichbare Ausgänge mit nach außen aufschlagenden Türen besitzen; bei kleineren Anlagen genügt ein solcher Ausgang, wenn er in unmittelbarer Nähe des Heizerstandes liegt.

VI. Rohre und Wellenleitungen über Dampfkesseln sind so zu verlegen, daß sie die Bedienung der über der Kesseldecke befindlichen Sicherheitsvorrichtungen und sonstigen Ausrüstungsteile nicht behindern.

VII. Zur Besteigung der Decke des Mauerwerkes eingemauerter Dampfkessel ist eine feste Treppe mit Geländer oder — wenn dies nicht möglich ist — eine feststehende Leiter anzubringen. Diese hat mindestens 0,80 m über die Decke des Kesselmauerwerkes emporzuragen. Die Decke solcher Dampfkessel ist, sofern sie mehr als 2 m über dem Fußboden liegt, an allen freien Seiten mit einem Geländer zu versehen, das nur an der Stelle unterbrochen sein darf, wo die Treppe oder Leiter ausmündet.

VIII. Die Feuer- und Aschenfalltüren sowie die Schlackenrutschen sollen bei feststehenden Wasserrohrkesseln so eingerichtet sein, daß sie sich beim Entstehen eines Überdrucks in den Feuerzügen (Aufreißen eines Kesselrohrs) selbsttätig nach außen schließen. Wo nötig, ist durch Mauerwerkklappen oder dgl. zu sorgen, daß der aus etwa gerissenen Rohren austretende Dampf- und Wasserstrom aus den Feuerzügen nach einer unschädlichen Richtung abgeführt wird.

IX. Die Festigkeit des Kessels muß nach seiner beabsichtigten Dampfspannung unter Beachtung der in den Anlagen I und II der allgemeinen polizeilichen Bestimmungen enthaltenen Vorschriften bemessen werden.

§ 7. I. Die Feuerung feststehender Dampfkessel ist so einzurichten, daß eine möglichst rauchfreie Verbrennung stattfindet.

II. Die Weite des Schornsteins bleibt der Bestimmung des Unternehmers überlassen; bezüglich der Höhe kann die Behörde Anordnungen treffen. Werden in der Nähe des Schornsteins leicht entzündliche Stoffe gelagert, so kann die Behörde die Anbringung einer wirksamen Einrichtung zur Vermeidung des Funkenauswurfs anordnen.

III. Im übrigen finden auf die Anlegung von Schornsteinen für feststehende Dampfkessel die einschlägigen baupolizeilichen Vorschriften Anwendung.

IV. Falls das Schornsteinrohr aus Eisen und innerhalb eines Gebäudes ausgeführt wird, muß es bei größeren Anlagen eine Verkleidung von Backsteinen bis zur Höhe von 0,80 m über der Dachfläche in einer der Höhe angemessenen Stärke erhalten; dabei muß eine Luftschicht von mindestens 80 mm zwischen dem Rohr und seiner Umfassung belassen werden. Bei kleineren Anlagen sowie da, wo der Dampfkesselraum ohne Zwischendecke oder mit einer unverbrennbaren Zwischendecke überdacht ist, genügt es, wenn das eiserne Schornsteinrohr in einem Abstande von 50 mm mit einem Eisenblechrohr umgeben und der Zwischenraum mit Schlacken.

Zement, Sand oder dergleichen unverbrennlichen, die Wärme schlecht leitenden Stoffen ausgefüllt wird, oder wenn das eiserne Schornsteinrohr von Holzteilen allseitig mindestens 450 mm absteht. Auch kann die Behörde andere Erleichterungen zulassen.

V. Treten nach der Inbetriebnahme des Dampfkessels infolge seiner Feuerung erhebliche Gefahren, Nachteile oder Belästigungen für die Nachbarn hervor, so ist der Unternehmer verpflichtet, sie nachträglich zu beseitigen.

§ 8. I. Jeder bewegliche mit festen Brennstoffen geheizte Dampfkessel muß versehen sein:

1. mit einer wirksamen Einrichtung zur Vermeidung des Funkenauswurfs,
2. mit einem durch eine Klappe verschließbaren Aschenfalle.

II. Soweit die Bauart oder die Betriebsweise des Kessels es gestattet, soll ein Aschenkasten angebracht werden. Dieser ist, solange sich glühender Brennstoff auf dem Roste befindet, mit Wasser gefüllt zu halten.

III. Ist die nach Abs. I 1 zu treffende Vorrichtung vom Staatsministerium des Innern nicht schon als wirksam anerkannt, so hat der Besitzer des Dampfkessels deren Zuverlässigkeit nachzuweisen.

3. Prüfung der Dampfkessel.

§§ 9 mit 12. . . . .

B. Betrieb der Dampfkessel.

Betriebsbeginn.

§ 13. I. Ein feststehender Dampfkessel darf erst dann in Betrieb genommen werden, wenn die baupolizeiliche Abnahme der etwa zur Kesselanlage gehörigen Baulichkeiten stattgefunden und zu keinem Bedenken Anlaß gegeben hat und wenn die Bescheinigung über die Abnahmeprüfung oder eine Zwischenbescheinigung dem Unternehmer oder seinem Stellvertreter ausgehändigt ist.

II. Ein beweglicher Dampfkessel sowie ein Schiffsdampfkessel darf erst dann in Betrieb genommen werden, wenn die Bescheinigung über die Abnahmeprüfung oder eine Zwischenbescheinigung dem Unternehmer oder seinem Stellvertreter ausgehändigt ist.

III. Bewegliche Dampfkessel, deren Inbetriebnahme in einem anderen Bundesstaat auf Grund des § 24 der Gewerbeordnung und der allgemeinen polizeilichen Bestimmungen genehmigt worden ist, können vorbehaltlich des § 14 ohne nochmalige vorgängige Untersuchung betrieben werden, sofern seit ihrer letzten Untersuchung (§ 19) nicht mehr als 1 Jahr verflossen ist. Das gleiche gilt für Dampfkessel auf Schiffen, die Gewässer verschiedener Bundesstaaten befahren.

§§ 14 mit 23. (Anmeldung, Wartung, Revision.) — — — — — — —

Abschnitt II.

Von den Dampfgefäßen.

§§ 24 mit 37. . . . .

Abschnitt III.

Gemeinsame Bestimmungen.

Zuständige Behörde.

§ 38. I. Zur Erteilung der nach dieser Verordnung erforderlichen Genehmigungen, dann zum Erlasse der hienach veranlaßten Anordnungen und Verfügungen sind vorbehaltlich der Zuständigkeit des Verwaltungsgerichtshofes zuständig:

in erster Instanz die Distriktspolizeibehörden, in München die Lokalbaukommission,
in zweiter und letzter Instanz die Regierungen, Kammern des Innern.

II. Die örtliche Zuständigkeit bemißt sich bei feststehenden Dampfkesseln und Dampfgefäßen nach der Betriebsstätte, bei Schiffsdampfkesseln nach dem Heimatshafen des Schiffes, in Ermangelung eines solchen nach dem Wohnsitze des Schiffseigentümers und bei beweglichen Kesseln nach dem Wohnsitze des Verfertigers oder Besitzers.

§ 39. Auf die Beschwerden und das Beschwerdeverfahren finden die §§ 20 und 21 der Gewerbeordnung und der § 2 der Verordnung vom 29. März 1892, den Vollzug der Reichsgewerbeordnung betreffend (G. u. V. Bl. S. 61), Anwendung.

§ 40. Das Staatsministerium des Innern[1]) ist ermächtigt, in einzelnen Fällen und für einzelne Arten von Dampfkesseln und Dampfgefäßen von der Beachtung einzelner Bestimmungen dieser Verordnung auf Ansuchen zu entbinden, soweit nicht Interessen der öffentlichen Sicherheit entgegenstehen.

§§ 41 mit 52. (Sachverständige, Gebühren, Explosionen, Schlußbestimmungen.) — — — — — — — — — — —

Auszug aus der Bekanntmachung des Staatsministeriums des Innern vom 12. 1. 10 zum Vollzuge der Verordnung vom 24. 11. 09, die Anlegung und den Betrieb von Dampfkesseln und Dampfgefäßen betreffend.

Abschnitt I.

Allgemeine Bestimmungen.

Ziff. 1 mit 10. . . . .

Abschnitt II.

Besondere Anordnungen und Erläuterungen zur Verordnung.

Ziff. 11 mit 14. . . . .

15. I. Bewegliche Dampfkessel, die regelmäßig und für längere Zeit in Gebäuden an der gleichen Betriebsstätte benützt werden (z. B. solche, die etwa mehrere Wochen im Jahre zum Dreschen im Umherziehen Verwendung finden, sonst aber an der gleichen Betriebsstätte in ein und derselben Dampfschneidesäge, Ziegelei, Brennerei usw. betrieben werden), bedürfen besonderer Überwachung durch die Polizeibehörden (§ 14 Abs. III der Verordnung). Die Überwachung hat sich hauptsächlich auch auf den Aufstellungsort zu erstrecken. Die hienach erforderlichen Anordnungen sind nach Einvernahme der Brandversicherungsinspektoren, der Versicherungskammer Abteilung für Brandversicherung, und der sonst etwa zuständigen Sachverständigen zu erlassen.

II. Es ist besonders darauf zu achten, daß durch Aufstellung solcher Kessel in Gebäuden nicht die Bestimmungen über die Aufstellung feststehender Dampfkessel umgangen werden. Bleibt ein solcher Kessel dauernd an der gleichen Betriebsstätte, so kommen für ihn die Bestimmungen über die Anlegung und den Betrieb feststehender Dampfkessel zur Anwendung.

Ziff. 16 mit 19. . . . .

20. Weiche Dachungen sind solche, bei denen leicht entzündliche Stoffe in irgendeiner Weise Verwendung gefunden haben. (Vergl. Ziff. 46.)

[1]) Durch Min.E. v. 18. 1. 24 Nr. 4141 a 3 sind nunmehr unter gewissen Voraussetzungen auch die Distriktsverwaltungsbehörden zu Nachsichterteilung befugt.

21. I. Das Staatsministerium des Innern behält sich vor, einzelne Systeme von Funkenfängern als wirksam anzuerkennen.

II. Gemäß § 40 der Verordnung wird hiemit verfügt, daß die Bestimmungen in § 8 der Verordnung auf die Dampfkessel der Dampffeuerspritzen keine Anwendung finden.

III. Zugleich werden die Distriktspolizeibehörden ermächtigt, von dem Vollzuge des § 8 der Verordnung im Einzelfalle dann Umgang zu nehmen, wenn Örtlichkeit und Lage der Betriebsstätten diese Umgangnahme rechtfertigen (z. B. wenn die Kessel zu Kiesbaggerungen in ödem Flußbett in weiter Entfernung von menschlichen Ansiedelungen und von brennbaren Gegenständen Verwendung finden).

22. I. Gemäß § 12 Abs. 6 der allgemeinen polizeilichen Bestimmungen über die Anlegung von Landdampfkesseln darf nach dem befriedigenden Ausfalle der Abnahmeprüfung und nach der Behändigung der Abnahmebescheinigung oder einer Zwischenbescheinigung die Kesselanlage ohne weiteres in Betrieb genommen werden, *soweit die baupolizeiliche Abnahme der etwa zur Kesselanlage gehörigen Baulichkeiten stattgefunden und zu keinen Bedenken Anlaß gegeben hat.*

II. Diese Einschränkung kommt regelmäßig nur für *feststehende* Dampfkessel in Betracht.

III. Die Bestätigung, daß die Anlage den allgemeinen polizeilichen Bestimmungen, den Bestimmungen der Verordnung, ihrer Vollzugsvorschriften und der Genehmigungsurkunde mit Zubehör entspricht, ist in der Bescheinigung der Beilage F der Verordnung vom amtlichen Sachverständigen auszustellen.

Ziff. 23 mit 29. . . . .

30. Erfahrungsgemäß werden Dampfkessel trotz geschehener Abmeldung nicht selten unbefugterweise betrieben, ohne daß eine Revision stattfindet. Die außer Betrieb gemeldeten Kessel sind daher einer ständigen Überwachung durch die Behörden (Orts- und Distriktspolizeibehörden) zu unterziehen. In besonders gelagerten Fällen steht den Distriktspolizeibehörden, bei Gefahr auf Verzug auch den Ortspolizeibehörden, das Recht zu, den Betrieb eines Kessels durch Anlegung von Siegeln an geeigneter Stelle oder durch Abnahme wichtiger, schwer ersetzbarer Bestand- oder Ausrüstungsteile unmöglich zu machen.

Ziff. 31 mit 44. . . . .

Abschnitt III.

Vorschriften über die Aufstellung und den Betrieb beweglicher Dampfkessel

(§ 14 Abs. IV der Verordnung).

45. Die Ziffern 46 bis 61 finden auf alle beweglichen Dampfkessel Anwendung, soweit diese den Vorschriften der Verordnung unterliegen.

46. I. Der Betrieb und die Aufstellung geheizter beweglicher Dampfkessel im Innern von Gebäuden mit weicher Bedachung oder in Räumen mit leicht entzündlichem Inhalt ist verboten.

II. Weiche Bedachungen sind solche, bei denen leicht entzündliche Stoffe in irgendeiner Weise verwendet sind, z. B. Stroh-, Schilf-, Rohr-, Holz- und Schindeldachungen u. dgl. Wegen der Dachpappe wird auf die Min.Bek. vom 5. Juni 1909 (Min.A.Bl. S. 456) verwiesen. Beträgt die zulässige Dampfspannung des Kessels mehr als 6 Atmosphären Überdruck, oder beträgt das Produkt aus der Heizfläche in Quadratmetern und der zulässigen Dampfspannung in Atmosphären Überdruck mehr als 30, so darf der Aufstellungsraum weder überwölbt sein noch eine feste Balkendecke haben. (§ 15 Abs. 1 der allgemeinen polizeilichen Bestimmungen.)

47. I. Der Betrieb und die Aufstellung geheizter beweglicher Dampfkessel in Anbauten von Gebäuden mit weicher Bedachung oder in Räumen die neben solchen mit leicht entzündlichem Inhalte liegen, ist nur gestattet, wenn eine feuersichere Trennungswand vorhanden ist.

II. Die übrigen Umfassungswände des Aufstellungsraums mit Einschluß der Türen sind mindestens auf 1,5 m über dem Fußboden feuersicher herzustellen. Der Fußboden muß gleichfalls feuersicher sein.

III. Die Durchführung von Transmissionswellen durch die Trennungswand muß feuersicher abgedichtet werden. Treibriemen, die durch solche Wände hindurch geführt werden sollen, sind mit Kästen zu umschließen, soweit sie in Räumen mit leicht entzündlichem Inhalte laufen.

IV. Die Frage, ob ein Bauteil als feuersicher zu erachten ist, ist nach Lage des Falles zu entscheiden.

48. I. Der Schornstein beweglicher Dampfkessel, die innerhalb von Gebäuden betrieben werden, muß so hoch ins Freie geführt werden, daß eine Ausmündung bei weicher Bedachung anstoßender Gebäude mindestens 5 m, bei harter Bedachung mindestens 1,5 m über die Firste der Dachflächen hinausragt. Brennbare Gegenstände müssen von metallenen Rauchrohren mindestens 0,45 m entfernt bleiben. Dieser Abstand kann insbesondere bei der Durchführung durch das Dach entsprechend ermäßigt werden, wenn das Rauchrohr mit einer wirksamen Isolierung versehen wird.

II. In besonders gelagerten Fällen können die Polizeibehörden (§ 14 Abs. III der Verordnung) Erleichterungen zulassen.

49. Auf freistehende, provisorische Bretterschuppen zum Schutze beweglicher Dampfkessel findet die Ziff. 48 entsprechende Anwendung. Das gleiche gilt für die Ziff. 46 wenn die Schuppen von benachbarten Gebäuden mit leicht entzündlichem Inhalt oder weicher Dachung, von Schobern, Strohhaufen u. dgl. weniger als 5 m entfernt sind.

50. I. Bei der Aufstellung geheizter beweglicher Dampfkessel außerhalb von Gebäuden müssen das Rauchrohr und die zur Heizung dienenden Teile des Kessels entfernt sein:

a) von Gebäuden mit feuersicheren Umfassungswänden und harter Dachung:

mindestens 1 m von der Traufkante, wenn die Gebäude keine leicht entzündlichen Gegenstände,

mindestens 3 m von der Traufkante, wenn sie solche Gegenstände enthalten;

b) von Gebäuden mit nicht feuersicheren Umfassungswänden oder mit weicher Bedachung mindestens 5 m von der Traufkante

c) von Schobern, Strohhaufen u. dergl. mindestens 5 m.

II. Diese Abstände gelten für Heizung der Kessel mit Koks, Steinkohle und Steinkohlenbriketts. Werden zur Feuerung Braunkohlen, Torf, Holz oder andere zum Funkenwerfen neigende Brennstoffe benutzt, so sind die Entfernungen angemessen zu erhöhen.

III. Wo es die Umstände erheischen, können die Polizeibehörden (§ 14 Abs. III der Verordnung) diese Abstände unter Anordnung der alsdann etwa erforderlichen erhöhten Sicherheitsmaßnahmen ermäßigen.

51. Zur Heizung sollen womöglich ausschließlich Steinkohlen verwendet werden.

52. Der Betrieb beweglicher Kessel auf öffentlichen Wegen oder in geringerer Entfernung als 5 m von solchen ist nur mit besonderer Genehmigung der Polizeibehörden (§ 14 Abs. III der Verordnung) zulässig.

53. I. Die Umgebung beweglicher Dampfkessel ist beim Betrieb im Umkreise von mindestens 5 m von anderen als zur Heizung bestimmten leicht entzündlichen Gegenständen freizuhalten.

II. Neben dem Kessel muß ein mit Wasser gefülltes Gefäß stehen, in das die Schlacken zu werfen sind, sofern der Aschenkasten nicht zur Ablöschung der Asche und der Schlacken eingerichtet ist.

III. In der Nähe der im Betriebe befindlichen Kessel ist eine genügende Zahl von Löschgeräten bereit zu halten.

54. Die Speisevorrichtungen beweglicher Dampfkessel sind während des Betriebes mit Wasserbehältern von hinreichendem Inhalt oder mit natürlichen Wasserentnahmestellen (Teichen, Wasserläufen u. dergl.) betriebsfähig verbunden zu halten.

55. Vor der Fortbewegung beweglicher Kessel unter Dampf auf öffentlichen Wegen hat der Kesselwärter den Druck soweit zu ermäßigen, daß das Abblasen von Dampf vermieden wird. Erforderlichenfalls ist das Feuer unter Beachtung der erforderlichen Sicherheitsvorkehrungen vom Roste zu entfernen.

56. Treten beim Betriebe gefahrdrohende Mängel an den Einrichtungen des Dampfkessels hervor, die nicht sofort beseitigt werden können, so ist der Betrieb bis zur Beseitigung der Mängel einzustellen.

57. I. Bei Unterbrechung oder nach Beendigung des Betriebs darf der Wärter den Kessel erst verlassen, wenn die Brennstoffe im Kessel und die Asche erkaltet oder in geeigneter Weise unter Vermeidung von Feuersgefahr gelöscht sind.

II. Ebenso ist zu verfahren, wenn bewegliche Kessel nach Beendigung des Gebrauches in das Innere von Gebäuden gebracht werden.

58. I. Wenn bewegliche Dampfkessel in der Nähe von Gebäuden mit weicher Dachung, von Schobern, Strohhaufen usw., ferner von Waldbeständen oder anderen leicht entzündlichen Gegenständen betrieben werden, so muß bei starkem Winde der Betrieb unter Beachtung der Ziff. 57 Abs. I eingestellt werden, sobald eine Gefahr für die benachbarten Gebäude, Schober usw. durch Funkenflug erkennbar ist.

II. Bei Dunkelheit dürfen bewegliche Dampfkessel nur mit angemessener Beleuchtung betrieben, zur Beleuchtung dürfen an feuergefährlichen Betriebsstätten nur geschlossene, gegen Zerbrechen des Glases geschützte Beleuchtungskörper verwendet werden.

59. Wenn ein beweglicher Dampfkessel längere Zeit hindurch auf derselben Betriebsstätte gebraucht wird, so kann die Ortspolizeibehörde den Betriebsunternehmer zu Vorkehrungen anhalten, die geeignet sind, Schädigungen und Belästigungen der Nachbarn, der Bedienung oder anderer Personen abzuwenden.

60. I. Für die Einhaltung der Ziff. 45 bis 59 ist neben dem Betriebsunternehmer der Kesselwärter verantwortlich.

II. Als Betriebsunternehmer gilt derjenige, für dessen Rechnung der Betrieb stattfindet.

III. Die Wärter sind mit der Bedienung des Kessels und mit den vorstehenden Vorschriften vertraut zu machen.

61. Die Distriktspolizeibehörden können bei besonderen Umständen auch in anderen Fällen als in denen der Ziff. 48 Abs. II 50 Abs. III und 52 Erleichterungen zulassen.

Abschnitt IV.

Schlußbestimmungen.

Ziff. 62 mit 64. . . . .

IV. Brand- und zerknallgefährliche Stoffe.

Auszug aus dem Reichsgesetz vom 9. 6. 1884 gegen den verbrecherischen und gemeingefährlichen Gebrauch von Sprengstoffen.

(RGBl. S. 61.)

§ 1. Die Herstellung, der Vertrieb und der Besitz von Sprengstoffen, sowie die Einführung derselben aus dem Auslande ist unbeschadet der bestehenden sonstigen Vorschriften nur mit polizeilicher Genehmigung zulässig.

Wer sich mit der Herstellung oder dem Vertriebe von Sprengstoffen befaßt hat ein Register zu führen, aus welchem die Mengen der hergestellten, aus dem Auslande eingeführten oder sonst zum Zweck des Vertriebes angeschafften Sprengstoffe, sowie die Bezugsquellen und der Verbleib derselben ersichtlich sein müssen. Dieses Register ist der zuständigen Behörde auf Erfordern jederzeit vorzulegen.

Auf Sprengstoffe, welche vorzugsweise als Schießmittel gebraucht werden, finden vorbehaltlich abweichender landesrechtlicher Vorschriften die Bestimmungen des ersten und des zweiten Absatzes keine Anwendung. Die Bezeichnung dieser Stoffe erfolgt durch Beschluß des Bundesrats[1]).

Insoweit Sprengstoffe zum eigenen Gebrauch durch Reichs- oder Landesbehörden von der zuständigen Verwaltung hergestellt, besessen, eingeführt oder vertrieben werden, bleiben die Vorschriften des ersten und zweiten Absatzes ebenfalls ausgeschlossen.

— — — — — — — — — —

Auszug aus der Bekanntmachung des Staatsministeriums des Innern vom 27. 7. 05 den Verkehr mit Sprengstoffen betreffend, in der Fassung vom 31. 12. 26.

Auf Grund des Art. 2 Ziff. 9 des Polizeistrafgesetzbuches für Bayern vom 26. Dezember 1871 und unter Bezugnahme auf § 367 Nr. 5 des Strafgesetzbuches für das Deutsche Reich sowie auf das Reichsgesetz gegen den verbrecherischen und gemeingefährlichen Gebrauch von Sprengstoffen vom 9. Juni 1884 wird hinsichtlich des Verkehrs mit Sprengstoffen gemäß den von dem Bundesrate hierüber vereinbarten Bestimmungen verfügt was folgt:

Umfang der Bestimmungen.

§ 1. I. Die nachstehenden Bestimmungen begreifen:

1. die Versendung von Sprengstoffen auf Land- und Wasserwegen — mit Ausnahme des Eisenbahn- und Postverkehrs und des unter militärischer Begleitung stattfindenden Verkehrs mit Sprengstoffen und Munitionsgegenständen der Militär- und Marineverwaltung sowie der Versendung von Sprengstoffen in Kauffahrteischiffen —,
2. den Handel mit Sprengstoffen,
3. die Aufbewahrung und Verausgabung von Sprengstoffen innerhalb des Betriebs von Bergwerken, Steinbrüchen, Bauten und gewerblichen Anlagen,

---

[1]) Vgl. Bekanntmachung des Reichskanzlers vom 29. April 1903 (RGBl. S. 211), vom 20. Juni 1907 (RGBl. S. 375) und vom 10. April 1911 (RGBl. S. 180).

4. die Lagerung von Sprengstoffen — mit Ausnahme der Lagerung in Niederlagen oder Magazinen der Landespolizei, der Militär- und Marineverwaltung —.

II. Zu den Sprengstoffen im Sinne dieser Bestimmungen gehören nicht:
a) die in dem Heere und in der Marine vorgeschriebenen, nicht sprengkräftigen Zündungen,
b) die für Feuerwaffen bestimmten Zündhütchen und Zündspiegel, die für Handfeuerwaffen bestimmten Metallpatronen und alle Jagdpatronen,
c) Zündschnüre.

I. Allgemeine Bestimmungen.

Zum Verkehr zugelassene Sprengstoffe.

§ 2. I. Zum Verkehr im Sinne des § 1 Ziffer 1 bis 3 sind zugelassen:
1. Pulver — Sprengsalpeter, brennbarer Salpeter — (ein sehr inniges Gemisch aus neutral reagierenden Salpeterarten und Kohle oder Stoffen, deren wesentliche Bestandteile Kohlenstoff, Wasserstoff und Sauerstoff sind, mit oder ohne Schwefel);
2. folgende Nitroglyzerin enthaltende Präparate:
a) Dynamit I (ein bei mittlerer Temperatur plastisches, nicht abtropfbares Gemisch von Nitroglyzerin mit pulverförmigen, an sich nicht sprengkräftigen und nicht selbstentzündlichen Stoffen),
b) Dynamit II und III (Kohlendynamit, ein Gemisch von Nitroglyzerin mit schießpulverähnlichen Gemengen),
c) Sprenggelatine [ein bei mittlerer Temperatur zähelastisches Gemisch, bestehend aus Nitroglyzerin, welches durch Nitrozellulose gelatiniert ist, mit oder ohne kohlensauren Alkalien (beziehungsweise alkalischen Erden) oder neutral reagierenden Salpeterarten],
d) Rohmasse für rauchloses Pulver, bestehend aus einem innigen Gemenge von Nitroglyzerin und feuchter Nitrozellulose, dessen Wassergehalt mindestens 30 Prozent und dessen Nitroglyzeringehalt höchstens 28 Prozent beträgt,
e) Gelatinedynamit [ein bei mittlerer Temperatur plastisches Gemisch, bestehend aus Nitroglyzerin, welches durch Nitrozellulose gelatiniert ist, und Holzmehl, Salpeter und kohlensauren Alkalien (beziehungsweise alkalischen Erden)],
f) Karbonit (ein Gemisch von Nitroglyzerin mit schießpulverähnlichen Gemengen und mit flüssigen, an sich nicht sprengkräftigen oder nicht selbstentzündlichen Stoffen);
3. Nitrozellulose (lockere mit mindestens 20 Prozent Wassergehalt und gepreßte, nicht gelatinierte, insbesondere Schießbaumwolle und Kollodiumwolle, sowie Gemische von Nitrozellulose mit neutral reagierenden Salpeterarten;
4. Feuerwerkskörper, sofern sie nicht pikrinsaure Salze enthalten, geladene Geschosse, Geschützpatronen, Kartuschen, Petarden, sprengkräftige Zündungen, welche zum Entzünden von Ladungen dienen (z. B. Sprengkapseln), Knallkorken, soweit sie an trockenem Knallsatz höchstens 0,06 g und nicht weniger als 0,04 g enthalten, und Zündplättchen (amorces);
5. alle jeweilig zur Versendung auf den Eisenbahnen zugelassenen Sprengstoffe.

II. Zu Versuchszwecken kann die Versendung neuer, hier nicht aufgeführter Sprengstoffe auf bestimmten Wegen, sowie die Aufbewahrung und Verausgabung derselben von der Regierung, Kammer des Innern, für ihren Bezirk gestattet werden.

Vom Verkehr ausgeschlossene Sprengstoffe.

§ 3. Vom Verkehr im Sinne des § 1 Ziffer 1 bis 3 sind ausgeschlossen die nicht nach § 2 zugelassenen Sprengstoffe, insbesondere:

1. Nitroglyzerin als solches und in Lösungen;
2. Knallgold, trocken, in fester oder Pulverform, Knallquecksilber, Knallsilber und die damit dargestellten Präparate;
3. Nitrozuckerarten, Nitrostärkearten und die damit hergestellten Gemische;
4. Gemische, welche Nitroglyzerin abtropfen lassen;
5. Sprengstoffe welche entweder:
   a) bei einer Temperatur bis zu + 40 Grad Celsius zur Selbstzersetzung neigen, oder
   b) welche enthalten:
      aa) chlorsaure Salze [mit Ausnahme der Sprengkapseln und Zündplättchen (§ 2 Nr. 4)], oder
      bb) pikrinsaure Salze, oder
      cc) Phosphor [mit Ausnahme der Zündplättchen (§ 2 Nr. 4)], oder
      dd) Schwefelkupfer;
6. Sprengstoffe in Patronenhüllen, sofern diese äußerlich mit Nitroglyzerin (Ziffer 1) oder mit anderer Sprengflüssigkeit benetzt, oder äußerlich mit festen Sprengstoffen behaftet sind;
7. Sprengpräparate, bei welchen die einzelnen an und für sich nicht sprengkräftigen Bestandteile in einem geschlossenen Behälter durch leicht brechbare Scheidewände oder Hahnvorrichtungen solange getrennt gehalten werden, bis die Explosion, durch Zertrümmerung, Verschiebung der Scheidewände oder Öffnen der Hahnvorrichtungen veranlaßt, stattfinden soll.

§§ 4 mit 6 (Bestimmungen über Versendung, Verpackung, Erlaubnisscheine).

II. Besondere Bestimmungen für den Landverkehr.

Verbot gleichzeitiger Beförderung von Sprengstoffen und Personen auf Fuhrwerken.

§ 7. Auf Fuhrwerken oder Kraftfahrzeugen, die Personen befördern, dürfen Sprengstoffe nicht befördert werden. Ausnahmsweise ist jedoch ihre Beförderung in Mengen bis zu 2½ kg in dringenden Fällen allgemeiner Gefahr auf solchen Fahrzeugen gestattet, wenn sie unter zuverlässiger Begleitung in kürzester Frist nach dem Bestimmungsorte geschafft werden sollen. Die Mitbeförderung unbeteiligter Personen auf Fuhrwerken oder Kraftfahrzeugen, welche Sprengstoffe befördern, ist verboten.

§§ 8 mit 19 (Fuhrwerktransport).

III. Besondere Bestimmungen für den Wasserverkehr.

(§§ 20 mit 23).

IV. Bestimmungen über den Handel mit Sprengstoffen sowie über deren Aufbewahrung und Verausgabung.

Anzeigepflicht; polizeiliche Erlaubnis.

§ 24. I. Wer Sprengstoffe feilhalten will, muß davon der Ortspolizeibehörde Anzeige machen. Wer Sprengstoffe feilhalten will, welche den Vorschriften des Reichsgesetzes vom 9. Juni 1884 unterliegen, bedarf dazu der polizeilichen Erlaubnis gemäß § 1 dieses Gesetzes.

II und III (Bestimmungen über die Abgabe von Sprengpatronen in Originalpackungen).

§§ 25 mit 27 (Buchführung, Abgabe).

V. Bestimmungen über die Lagerung von Sprengstoffen.

Gefahrdrohender Zustand der Lagerung.

§ 28. Geraten Sprengstoffe auf ihrem Lager in einen Zustand, daß die weitere Lagerung bedenklich erscheint, so finden die Vorschriften des § 18 entsprechende Anwendung.

Lagerungen für Handelsgeschäfte.

§ 29. I. Wer mit Pulver, Sprengsalpeter, brennbarem Salpeter (§ 2 Ziffer 1), Feuerwerkskörpern oder Zündplättchen — Amorces — (§ 2 Ziffer 4) oder solchen Patronen für Handfeuerwaffen, welche nicht unter § 1 Abs. 2b fallen, Handel treibt, darf:

1. im Kaufladen nicht mehr als 2½ Kilogramm,
2. im Hause außerdem nicht mehr als 10 Kilogramm vorrätig halten.

II. Auf Nachweis eines besonderen Bedürfnisses kann die Erhöhung des Vorrats unter 2 zeitweilig bis auf 15 Kilogramm gestattet werden.

III. Die Aufbewahrung muß in einem auf dem Dachboden (Speicher) belegenen mit keinem Schornsteinrohr in Verbindung stehenden abgesonderten Raume erfolgen, welcher beständig unter Verschluß gehalten und mit Licht nicht betreten wird. Die Behälter müssen den Bestimmungen im § 6 Abs. 1 und 2 entsprechen und mit stets festgeschlossenen Deckeln versehen sein.

Polizeiliche Erlaubnis zur Lagerung.

§ 30. Personen, welche nicht unter die Bestimmung des § 29 fallen, bedürfen für die Aufbewahrung von mehr als 2½ Kilogramm der daselbst genannten Sprengstoffe der ortspolizeilichen Erlaubnis.

Magazine: Aufbewahrung an der Herstellungs- und Verbrauchsstätte.

§ 31. I. Größere als die in § 29 angegebenen Mengen dieser Sprengstoffe sind außerhalb der Ortschaften in besonderen Magazinen aufzubewahren, von deren Sicherheit die Distriktspolizeibehörde sich überzeugt hat. Diese Magazine müssen sich, wenn sie über Tage liegen, im Wirkungsbereiche sachgemäß ausgeführter und unter Aufsicht stehender Blitzableiter befinden.

II. Handelt es sich um Magazine, welche zu einem der Aufsicht der Bergbehörde unterstehenden Werke gehören, so hat die Distriktspolizeibehörde die Prüfung in Gemeinschaft mit der Bergbehörde vorzunehmen.

III. Es kann angeordnet werden, daß die Schlüssel zu diesen Magazinen in den Händen der Behörde bleiben.

§ 32. Die Aufbewahrung der im § 29 genannten Sprengstoffe an der Herstellungsstätte sowie an der Verbrauchsstätte unterliegt den im § 33 gegebenen Vorschriften.

§ 33. I. Die im § 2 aufgeführten Sprengstoffe dürfen — abgesehen von den im § 29 vorgesehenen Ausnahmen — nur an der Herstellungsstätte oder an denjenigen Orten, wo sie innerhalb eines Betriebs zur unmittelbaren Verwendung gelangen oder in besonderen Magazinen gelagert werden.

II. Für die Lagerung an der Herstellungsstätte sind, in Ermangelung besonderer, bei Genehmigung der Anlage gemäß § 16 der Gewerbeordnung vorgeschriebener Bedingungen, die Weisungen der Ortspolizeibehörde zu beachten.

III. Die Niederlagen an der Verbrauchsstätte sowie die besonderen Magazine bedürfen der distriktspolizeilichen Genehmigung und sind nach den von der Distriktspolizeibehörde zu erteilenden Vorschriften einzurichten.

IV. Für solche Niederlagen oder Magazine, welche zu einem der Aufsicht der Bergbehörde unterstehenden Werke gehören, tritt diese an die Stelle der Distriktspolizeibehörde.

V. Es kann angeordnet werden, daß die Schlüssel zu den Niederlagen oder Magazinen in den Händen der Behörde bleiben.

§ 34. I. Andere als die im § 2 aufgeführten, insbesondere die im § 3 genannten Sprengstoffe, dürfen nur an der Herstellungsstätte gelagert werden.

II. Zu Versuchszwecken kann die Lagerung neuer Sprengstoffe an anderen Orten von der Regierung, Kammer des Innern, gestattet werden.

VI. Straf- und Schlußbestimmungen.

(§§ 35 mit 37).

Auszug aus der Bekanntmachung des Staatsministeriums des Innern vom 26. 1. 10, die Lagerung und die Verwendung von Sprengstoffen und Zündmitteln bei der Ausführung von Sprengarbeiten betreffend.

(GVBl. S. 46.)

Auf Grund des Art. 1 Abs. II, des Art. 156 Nr. 2 PStGB. vom 26. Dezember 1871 und der Verordnung vom 17. Januar 1910 (GVBl. S. 45), dann unter Bezugnahme auf § 367 Nr. 5 RStGB., sowie auf das Reichsgesetz gegen den verbrecherischen und gemeingefährlichen Gebrauch von Sprengstoffen vom 9. Juni 1884 erläßt das Staatsministerium des Innern über die Lagerung und die Verwendung von Sprengstoffen und Zündmitteln bei der Ausführung von Sprengarbeiten die nachstehenden oberpolizeilichen Vorschriften:

I. Sprengstoffe.

Zugelassene Sprengstoffe.

§ 1. Als Sprengstoffe im Sinne dieser Vorschriften sind nur zugelassen:

I. Klasse: Dynamite (Gurdynamit, Sprenggelatine, Gelatinedynamit und ähnliche), ferner die Chlorat- und Perchloratsprengstoffe der Eisenbahnverkehrsordnung Anlage C I A, 2. und 3. Gruppe.

II. Klasse: Schwarzpulver.

III. Klasse: Handhabungssichere Sprengstoffe der Eisenbahnverkehrsordnung Anlage C I A, 1. Gruppe.

Dem Staatsministerium des Innern bleibt vorbehalten, auch andere Sprengstoffe in die vorbezeichneten Klassen einzureihen.

II. Die Genehmigungspflicht.

§ 2. Zur Lagerung und Verwendung von Sprengstoffen ist die distriktspolizeiliche Genehmigung erforderlich.

Die Gesuche um Genehmigung von Sprengarbeiten müssen eine genaue Angabe über Ort, Zeit und Umfang der beabsichtigten Sprengungen, über die Art des zu verwendenden Sprengstoffes, über die nächstgelegenen Verkehrswege und Wohnstätten, ferner Name, Stand und Wohnort der mit der verantwortlichen Leitung der Sprengarbeiten betrauten Personen (Feuerwerker und Stellvertreter) sowie des aufzustellenden Magazinsverwalters enthalten.

Als Feuerwerker und Magazinsverwalter dürfen nur Personen aufgestellt werden, die nach den gemäß § 2 des Reichsgesetzes v. 9. Juni 1884 erlassenen Anordnungen zum Besitze von Sprengstoffen berechtigt sind. Mit distriktspolizeilicher Genehmigung kann dieselbe Person als Magazinsverwalter und Feuerwerker aufgestellt werden.

Die Distriktsverwaltungsbehörde kann die namhaft gemachten Personen beanstanden, wenn sie die erforderliche Verlässigkeit nicht besitzen. Bis zur Behebung des Anstandes kann die Inangriffnahme oder Fortsetzung der Sprengarbeiten untersagt werden.

III. Die Lagerung von Sprengstoffen.

Die Magazine und deren Genehmigungspflicht.

§ 3. Vorbehaltlich der Bestimmung im § 20 dürfen Sprengstoffe der Klasse I mit solchen der Klasse II und III, Sprengstoffe dieser drei Klassen mit Zündmitteln nicht zusammen gelagert werden. Schwarzpulver und Sprengstoffe der Klasse III dürfen zusammen gelagert werden.

Die zur Durchführung von Sprengarbeiten erforderlichen Sprengstoffe und Zündmittel sind in eigenen Magazinen aufzubewahren.

Zur Anlage der Magazine und zu wesentlichen Änderungen hieran ist die distriktspolizeiliche Genehmigung erforderlich.

Bei vorübergehender Aufbewahrung von Sprengstoffen (z. B. bei Brunnen- und Kanalisationsarbeiten, Ausschachtungen, Baumrodungen) in Mengen bis zu $2\frac{1}{2}$ kg der Klassen I und II und bis zu 5 kg der Klasse III kann mit Erlaubnis der Distriktspolizeibehörde von der Anlage eines besonderen Aufbewahrungsraumes abgesehen werden, wenn für genügende Sicherheit gegen Diebstahl und für den Schutz der Umgebung gesorgt wird. In solchen Fällen genügt es, den Sprengstoff in einer hölzernen, starken, gut verschließbaren Kiste einzulagern (§ 20). In diese müssen täglich nach Beendigung der Sprengarbeiten die nicht verbrauchten Sprengstoffreste zurückgebracht werden. Die Kiste ist an einem gegen Diebstahl gesicherten Orte aufzubewahren; die Lagerung in oder unter bewohnten Räumen ist verboten.

§ 4. Dem Gesuche um die Genehmigung sind zweifach Pläne beizufügen, die zu enthalten haben:

1. die Lage nach allen Seiten, soweit dies erforderlich ist, um die Stellung des Magazins genau bestimmen zu können, mindestens in einem Umkreise im Sinne des § 5 mit Darstellung der in diesem Umkreise befindlichen Gebäude, Arbeitsstätten, Eisenbahnen und öffentlichen Wege,
2. den Grundriß und Durchschnitt des Magazins mit Angabe der Einteilung der Räume, der wesentlichen Maße und des Bau- und Eindeckungsmaterials.

Entfernung der Magazine von Wohnstätten, Wegen u. dgl.

§ 5. Von Wohn- und Arbeitsstätten, Eisenbahnen und öffentlichen Wegen sind folgende Mindestentfernungen einzuhalten:

bei Magazinen für eine Einlagerung

bis zu	50 kg	Sprengstoffe der Klasse	I	100 m
„ „	100 „	„ „ „	II	100 „
„ „	250 „	„ „ „	III	100 „
„ „	250 „	„ „ „	I und II	250 „
„ „	1000 „	„ aller drei Klassen		500 „
über	1000 „	„ „ „ „		1000 „

Unter besonderen günstigen örtlichen Verhältnissen kann die Distriktsverwaltungsbehörde geringere Entfernungen gestatten.

Mehrere Magazine, die in freier ungedeckter Lage errichtet werden, sollen in der Regel mindestens 100 m voneinander entfernt sein. Unter besonders günstigen örtlichen Verhältnissen, ferner wenn es sich ausschließlich um die Lagerung handhabungssicherer Sprengstoffe der Eisenbahnverkehrsordnung Anlage C I A, 1. Gruppe handelt, kann die Distriktspolizeibehörde geringere Entfernungen gestatten.

§ 6. An den Zugängen zu den Arbeitsstätten dürfen Magazine nicht errichtet werden.

Zugänge zu den Magazinen.

§ 7. Die Zugänge zu den Magazinen müssen so hergestellt und stets so in Ordnung gehalten werden, daß die Sprengstoffe sicher transportiert werden können. Insbesondere ist die Anlage von Stufen verboten.

Beschaffenheit der kleineren Magazine.

§ 8. Magazine für eine Einlagerung bis zu
50 kg Sprengstoff der Klasse I
100 „ „ „ „ II
250 „ „ „ „ III
können aus festen, gut verschließbaren, trocken gelegenen Bretterverschlägen bestehen, die mit Ausnahme der Türe, bis zur Höhe des Firstes von einer 1 m dicken Schicht Sand oder steinfreier Erde umgeben sein müssen.

Beschaffenheit der größeren Magazine.

§ 9. Magazine für eine Einlagerung von über 50 kg Sprengstoff der Klasse I, über 100 kg der Klasse II und über 250 kg der Klasse III müssen den §§ 10—18 entsprechen.

§ 10. Die Magazine sind je nach der Örtlichkeit entweder als freistehende Gebäude zu errichten oder im festen Gestein als einbruchsichere Nischen auszuarbeiten oder aber teilweise in den gewachsenen Boden zu versenken.

Im letzteren Falle sind Wände und Boden durch Isolierschichten gegen Feuchtigkeit zu schützen.

§ 11. Die Magazine sind mit einem bis zur Höhe des Firstes reichenden Erdwall sowie mit einer mindestens 2,25 m hohen, durch Stacheldraht gesicherten Einfriedigung außerhalb des Walles zu umgeben; bei besonderen örtlichen Verhältnissen kann die Distriktsverwaltungsbehörde Ausnahmen gestatten.

Der Wall ist aus Sand oder einem anderen möglichst klein zerteilten Material herzustellen, er muß bei einer Kronenbreite von 1 m ein- bis anderthalbfache Böschung haben und mit Rasen bedeckt oder durch Reisigflechtwerk befestigt sein.

Zwischen dem Walle und dem Gebäude ist ein 1 m breiter Raum zu belassen, in dem brennbare Stoffe nicht gelagert werden dürfen.

Der Zugang zum Magazin durch den Wall ist in gerader Linie seitlich vom Magazin anzulegen.

§ 12. Die Wände eines Magazins sollen, wenn es nicht ganz im festen Gestein als einbruchsichere Nische angelegt wird, aus leichtem Material wie aus Bimssandsteinen (Schwemmmsteinen),, leichten Tuffsteinen, Kiesbeton oder als Riegelfachwerk ausgeführt werden. Zur Herstellung des Betons darf nur Kies von höchstens 2 cm Korngröße verwendet werden.

Im Innern sind die Wände mit glattem Zementverputz oder einer glatt gehobelten Holzverschalung zu versehen.

§ 13. Das Dach ist aus leichtem Material (Holz, Zement- oder Betonbohlen, Gipsdielen) herzustellen. Es ist mit Asphaltpappe, präpariertem Segeltuche oder mit Asbest zu bekleiden und darf mit Steinen nicht beschwert werden.

Das Dach ist mit einer leichten Erdschüttung zu überdecken oder mit Kalk oder weißer Ölfarbe anzustreichen.

§ 14. Der Fußboden muß aus dicht gefugten Brettern, in denen die Nägel zu versenken und einzukitten sind, oder aus einem Lehm-, Gips- oder Asphaltestrich ohne Steinbeimischung bestehen. Er ist in seiner ganzen Fläche mit Linoleum zu belegen.

Gegen das Eindringen von Bodenfeuchtigkeit ist der Fußboden durch eine wasserdichte Schichte zu schützen.

§ 15. Der Verschluß der Magazine muß durch zwei hintereinanderliegende, nach außen aufgehende, möglichst einbruchsichere Türen von mindestens 1,8 m Höhe und 0,8 m Breite gebildet werden. Zwischen beiden Türen hat ein Vorraum von mindestens 1 m Tiefe zu verbleiben.

In Pulvermagazinen muß die innere Türe aus Holz gefertigt und auf der Außenseite mit Zinkblech verkleidet sein. Die Türbeschläge und Schwellen sind so einzurichten, daß Funkenbildungen oder gefährliche Erwärmungen durch Reibungen von Eisenteilen auf Stein oder Eisen ausgeschlossen sind.

§ 16. Eine künstliche Beleuchtung des Magazins darf nur vom Vorraume aus und nur durch Sicherheitslampen oder elektrische Glühlampen mit besonders starker Fassung und mit Schutzglocken nach Maßgabe der anerkannten Sicherheitsvorschriften des Verbandes Deutscher Elektrotechniker erfolgen. Die Ein- und Ausschalter für die elektrischen Glühlampen müssen sich außerhalb des Lagerhauses befinden. Auch eine Außenbeleuchtung mittels Laternen hinter zuverlässig dichten Glasfenstern ist erlaubt.

§ 17. Nahe der Decke und über dem Fußboden sind Ventilationsöffnungen anzuordnen, gekrümmt anzulegen, fest zu vergittern und innen mit einem Drahtnetz zu verschließen.

In jedem Magazin muß ein brauchbares Celsiusthermometer angebracht sein.

§ 18. Die Magazine sind mit der Aufschrift zu versehen: „Vorsicht! Sprengstoffe! Nicht rauchen! Feuer und Licht fernhalten!"

Unterhaltung der Magazine und Ordnung in ihnen.

§ 19. Die Magazine müssen in allen Teilen stets in gutem Zustand erhalten werden.

In den Magazinen sowie innerhalb der Einfriedigungen muß die größte Ordnung und Reinlichkeit herrschen. Leere Behälter, loses Packmaterial, Holz- und Papierabfälle sind daraus zu entfernen.

§ 20. Werden Sprengstoffe der Klasse I mit solchen der Klassen II und III, und Sprengstoffe einer der drei Klassen mit Zündmitteln in einem Magazine gelagert, so müssen die Sprengstoffe der Klasse I und die Zündmittel je in gesonderten, durch Zwischenwände von mindestens 12 cm (= ½ Stein) Stärke hergestellten Lagerräumen untergebracht werden. In Feldnischen, die als Lagerräume dienen, muß die Zwischenwand mindestens 50 cm (= 2 Stein) stark sein.

Die Zündmittel sind überdies in einer dichten Holzkiste unter Verschluß aufzubewahren.

Behandlung der Sprengstoffbehälter.

§ 21. Fässer sind zu stellen oder so festzulegen, daß sie nicht rollen. Andere Sprengstoffbehälter müssen auf Holzunterlagen ruhen. Es dürfen höchstens fünf Reihen übereinander gestellt werden, zwischen den Reihen sind glatte hölzerne Zwischenlager anzubringen.

Die Sprengstoffbehälter dürfen niemals ganz an der Wand anliegen und nicht gestürzt, gekollert oder geschoben werden; sie sind mit großer Vorsicht zu tragen und vor jedem Stoße zu schützen.

Arbeiten im Magazine.

§ 22. In den Magazinen dürfen Arbeiter, die außerhalb des Lagers ausgeführt werden können, wie das Herrichten oder Umarbeiten von Patronen, das Ausklopfen von Sprengkapseln nicht vorgenommen werden.

Pulver ist in den Versandgefäßen oder in einer gut verschlossenen Kanne aus Zinkblech, Holz oder Leder, (nicht aus Eisen- oder Weißblech) aufzubewahren. Gefäße zum Abmessen des Pulvers dürfen nicht aus Eisen bestehen. Enthält der eigentliche Lagerraum mehr als ein Faß Pulver in der Originalpackung, so ist das Umfüllen von Pulver sowohl im Lagerraum als auch im Vorraume verboten. Der Fußboden der Pulvermagazine ist von verstreutem Pulver sorgfältigst zu reinigen. Außerhalb des Magazins liegendes Pulver ist zu entfernen.

Vorsichtsmaßregeln beim Betreten der Magazine.

§ 23. Wer ein Magazin betritt, hat vorher alle feuergefährlichen Gegenstände abzulegen.

Pulvermagazine dürfen nur mit Filzschuhen betreten werden; solche sind im Vorraum bereit zu halten. Der Zutritt zu den Magazinen ist außer den Kontrollbeamten nur dem Verwalter des Magazins und unter der

Aufsicht des Verwalters den mit dem Heraus- und Hineinbringen von Sprengstoffen und Zündmitteln beauftragten Hilfskräften gestattet.

Der Verwalter hat allein den Schlüssel zu führen, soferne nicht besondere Anordnungen nach § 33 Abs. 5 der oberpolizeilichen Vorschriften vom 27. Juli 1905 (GVBl. S. 351) getroffen sind.

Der Aufenthalt in Magazinen während eines Gewitters ist verboten.

Einlagerung und Verausgabung der Sprengstoffe und Zündmittel.

§ 24. Der Verwalter des Magazins hat über die Einlagerung und Verausgabung von Sprengstoffen und Zündmitteln ein Buch zu führen, welches den Zeitpunkt des Empfangs und der Verausgabung, den Namen des Lieferanten und Empfängers, die Art und Menge der Sprengstoffe, sowie bei Sprengpatronen deren Jahreszahl und Nummer angibt.

§ 25. Aus den Magazinen dürfen nur Sprengstoffe und Zündmittel von tadelloser Beschaffenheit und diese nur in Mengen, die dem Tagesbedarf entsprechen, abgegeben werden.

Verdorbene Sprengstoffe sind möglichst bald unter der Aufsicht des Verwalters zu vernichten.

Über die Art und Menge der vernichteten Sprengstoffe ist Buch zu führen.

Öffnen der Verpackung.

§ 26. Die Verpackung ist entweder im Vorraum oder außerhalb des Magazins zu öffnen; hiezu dürfen mit Ausnahme von Nagelzangen und Schraubenziehern keine eisernen Werkzeuge, sondern nur solche aus Kupfer, Messing, Bronze, Zink oder Holz verwendet werden.

§ 27. Sprengstoffe, die aus der Verpackung genommen sind, müssen ganz besonders vor Feuchtigkeit geschützt werden. Zu diesem Zwecke sind kleinere Pulvermengen in Zinkblechkannen, andere Sprengstoffe in trockenen und dichten mit Deckel versehenen Holzkisten oder in Zinkblechbüchsen aufzubewahren.

Erst nach vollständigem Verbrauche des losen Vorrats an Sprengstoffen darf eine neue Verpackung gleicher Art geöffnet werden.

Die am längsten lagernden Sprengstoffe sind stets zuerst zu verwenden.

IV. Die Verbringung der Sprengstoffe und Zündmittel vom Magazin bis zur Verwendungsstelle.

§§ 28 mit 30.

V. Die Behandlung der Sprengstoffe und der Zündmittel an der Verbrauchsstelle.

§§ 31 mit 35.

VI. Ausführung der Sprengarbeiten.

§§ 36 mit 49.

VII. Schlußbestimmungen.

§ 50. Für das Verbringen der Sprengstoffe und Zündmittel vom Bezugsorte zum Verbrauchsmagazin und für die Anbringung von Blitzableitern auf letzteren sind die Bestimmungen der oberpolizeilichen Vorschriften vom 27. Juli 1905 GVBl. S. 531, maßgebend.

Der Zustand der Blitzableiteranlagen ist mindestens alljährlich durch einen geprüften Blitzableitersetzer zu untersuchen.

Die Magazinsverwalter und Feuerwerker.

§ 51. Als Magazinsverwalter und Feuerwerker und als deren Stellvertreter dürfen nur zuverlässige sachkundige Personen aufgestellt werden. Diesen obliegen im Bereiche der ihnen durch gegenwärtige Vorschriften übertragenen Aufgaben alle im Interesse der Sicherheit erforderlichen Anordnungen und Maßnahmen.

Verhalten der mit Sprengstoffen hantierenden Personen.

§ 52. Das Rauchen ist während der Hantierung mit Sprengstoffen und Zündmitteln verboten.

§ 53. Die mit Sprengarbeiten beschäftigten Personen sind in den ihnen obliegenden Verpflichtungen eingehend zu unterrichten. Auch ist ihnen ein Abdruck dieser Vorschriften gegen unterschriftlichen Nachweis einzuhändigen.

Überwachung der Anlagen und Betriebe.

§ 54. Die Anlagen und die Betriebe sind von der Distriktsverwaltungsbehörde geeignet zu überwachen; diese ist berechtigt, erforderlichenfalls hiezu Sachverständige heranzuziehen.

Die Kosten dieser Überwachung hat der Unternehmer zu tragen.

Zuständigkeit.

§ 55. Der Vollzug vorstehender Bestimmungen steht den Distriktsverwaltungsbehörden in erster, den Kreisregierungen, K. d. J., in zweiter und letzter Instanz zu.

In München besorgt der Stadtmagistrat die durch gegenwärtige Vorschrift den Distriktsverwaltungsbehörden zugewiesenen Geschäfte.

Die Kreisregierungen, K. d. J., sind ermächtigt, beim Vorhandensein ganz besonderer Verhältnisse von einzelnen Bestimmungen dieser Vorschriften Ausnahmen zuzulassen; hiebei dürfen jedoch weder öffentliche Interessen noch Rechte oder erhebliche Interessen eines Dritten beeinträchtigt werden.

Betriebe der Zivilliste und des Staates.

§ 56. Auf die der Aufsicht der Bergbehörden und der Militärverwaltung unterstehenden Betriebe finden vorstehende Bestimmungen keine Anwendung.

Für Sprengarbeiten in den übrigen Betrieben des Staates und im Betrieben der Zivilliste richtet sich die Zuständigkeit nach den hiefür jeweils geltenden besonderen Vorschriften. Dies gilt auch dann, wenn in solchen Betrieben die Ausführung der Sprengarbeiten Unternehmern mit Vorbehalt der Aufsicht der vergebenden Behörden übertragen wird. Eine Genehmigung nach § 2 Abs. I ist in diesen Fällen nicht erforderlich, doch ist über Ort, Zeit und Umfang solcher Sprengarbeiten rechtzeitig vor Beginn Anzeige an die Distriktsverwaltungsbehörde zu erstatten.

§ 57. Gegenwärtige Vorschriften treten am 1. Juli 1910 für den ganzen Umfang des Königreichs in Kraft. Von dem gleichen Tage ab werden die noch geltenden Bestimmungen der Bekanntmachung vom 6. August 1870, die Verfertigung, den Besitz, die Aufbewahrung, den Verkauf und den Transport von Schießpulver, Schießbaumwolle und Feuerwerksgegenständen betreffend (RegBl. Nr. 58), sowie der Bekanntmachung vom 5. August 1874, die Zubereitung, Aufbewahrung, Feilhaltung und Beförderung von explodierenden Stoffen betreffend (GVBl. Nr. 38), außer Wirksamkeit gesetzt.

Auszug aus dem Anhang zur Ministerialbekanntmachung vom 26. Januar 1910.

Kurze Erläuterungen über das Wesen der Sprengstoffe.

I. Allgemeines.

Die Sprengstoffe äußern ihre Kraft im Augenblicke der Explosion, d. h. beim Übergang vom festen in den gasförmigen Zustand. Von der

Schnelligkeit mit der sich diese Gase entwickeln, ferner von dem Verhältnis des Raumes der entwickelten Gase zu dem des festen Körpers hängt im allgemeinen die Wirkung der verschiedenen Sprengstoffe ab.

Ein Sprengstoff, bei dem die Entwicklung der Gase weniger schnell vor sich geht, wirkt in der Weise, daß er das ihn umgebende Gestein auseinanderschiebt und wegdrückt ohne es zu zermalmen. Ein Sprengstoff dagegen mit plötzlicher Entwicklung der Gase, brisanter Sprengstoff genannt, zermalmt die ihn umgebenden Gegenstände in kleine Stücke und schleudert sie weit fort.

Je nach dem Zwecke, den man mit der Sprengung verfolgt, verwendet man die eine oder die andere Art von Sprengstoffen.

II. Arten von Sprengstoffen.

Zu den in der Praxis am meisten verwendeten Sprengstoffen zählen: Das Schwarzpulver, die Dynamite, die handhabungssicheren Sprengstoffe, die Chlorat- und Perchloratsprengstoffe.

1. Das Schwarzpulver.

Das Schwarzpulver besteht aus einer Mischung von Salpeter, Schwefel und Holzkohle. Es gehört zu den Explosivstoffen mit langsamer drückender Gasentwicklung.

Schwarzpulver ist überaus leicht entzündbar, ferner sehr empfindlich gegen mechanische Einwirkungen, wie Stoß, Schlag oder Reibung an harten Körpern; bei rascher Erhitzung auf 270 bis 300° C explodiert es. Gegen feuchte Luft ist das Schwarzpulver sehr empfindlich; in Berührung mit Wasser verliert es seinen Zusammenhalt und wird unbrauchbar.

Schwarzpulver wird in Fässern und in Kisten von 12½, 25 und 50 kg Gewicht verpackt und zwar lose oder in Paketen von ½ und 1 kg Gewicht.

2. Die Dynamite.

Zu den Sprengstoffen mit rascher, zermalmender Gasentwicklung zählen die Dynamite (Gurdynamit, Sprenggelatine, Gelatinedynamit). Man versteht darunter alle diejenigen Sprengstoffe, die größere Mengen des äußerst explosiven Nitroglyzerins (Nobel-Sprengöl) enthalten.

Nitroglyzerin ist ein farb- und geruchloses giftiges Öl.

Nitroglyzerin sowie sämtliche Nitroglyzerinerzeugnisse besitzen die unangenehme Eigenschaft, daß sie schon bei +6 bis 8° C, unter Umständen noch bei höherer Temperatur gefrieren und in gefrorenem Zustande äußerst empfindlich gegen Stoß und Schlag sind. Heutzutage wird reines Nitroglyzerin wegen seines für ein Sprengmittel weniger geeigneten flüssigen Zustandes nicht mehr in der Sprengtechnik verwendet, sondern es bildet den Ausgangspunkt für die verschiedenen Nitroglyzerinerzeugnisse.

a) Gurdynamit. . . . .
b) Sprenggelatine. . . . .
c) Gelatinedynamite. . . . .

Gelatinedynamite stellen zurzeit die verbreitesten Dynamitsorten vor. Durch verschiedene Mischungsverhältnisse von gelatiniertem Nitroglyzerin und Zumischpulver kann die Brisanz der Gelatinedynamite geändert werden.

3. Die handhabungssicheren Sprengstoffe.

Für die Verwendung bei Sprengarbeiten kommen folgende zwei Gruppen von handhabungssicheren Sprengstoffen in Betracht:

a) Schwarzpulverähnliche handhabungssichere Sprengstoffe, die als Ersatz des Schwarzpulvers dienen und nicht unter das Gesetz vom 9. Juni 1884 fallen, so daß ihr Besitz und ihre Verwendung nicht von einem Erlaubnisschein abhängig ist.

Die schwarzpulverähnlichen, handhabungssicheren Sprengstoffe weisen verschiedene Zusammensetzungen unter Verwendung von Natron- und Kalisalpeter auf. Gegen Schlag, Stoß oder Reibung sowie gegen die Einwirkung von Flammen sind diese Sprengstoffe verhältnismäßig unempfindlich. Sie verbrennen mit ziemlich lebhafter Flamme, verpuffen jedoch nicht wie Schwarzpulver. Die Sprengstoffe sind für die Atmungsorgane weniger belästigend als die des Schwarzpulvers. Doch sind diese handhabungssicheren Sprengstoffe gegen Feuchtigkeit empfindlicher als Schwarzpulver.

b) Brisante handhabungssichere Sprengstoffe. die als Ersatz des Dynamites dienen und den Bestimmungen des Gesetzes vom 9. Juni 1884 unterliegen.

Man faßt diese Gruppe von handhabungssicheren Sprengstoffen unter dem Namen Ammoniaksalpetersprengstoffe zusammen. Gegen Stoß, Schlag und Reibung sind sie im höchsten Grade unempfindlich, bei Berührung mit offenem Feuer brennen sie schwer und können selbst durch die Einwirkung der höchsten Hitzegrade nicht zur Explosion gebracht werden. Ein weiterer Vorzug ist ihre Unempfindlichkeit gegen Frost und die Unschädlichkeit der Sprenggase. Als Nachteile sind hervorzuheben die große Empfindlichkeit gegen Feuchtigkeit, ferner der Umstand, daß man zur Einleitung der Explosion besonders starke Sprengkapseln verwenden muß.

4. Die Chlorat- und Perchloratsprengstoffe.

Die Chlorat- und Perchloratsprengstoffe stellen Gemenge der Chlorate und Perchlorate, von Kalium und Natrium mit Kohle oder kohlenstoffreichen Körpern Nitroverbindungen und Salpeterarten, teilweise unter Verwendung von fetten Ölen (Ricinusöl) vor. Je nach ihrer Empfindlichkeit gegen Stoß, Reibung und Entzündung werden zwei Gruppen unterschieden. Die in der Eisenbahnverkehrsordnung Anlage C I A 2. Gruppe erwähnten Chlorat- und Perchloratsprengstoffe werden in Mengen bis zu 200 kg als Stückgut auf den Eisenbahnen verladen. Die übrigen in der Anlage C I A 3. Gruppe aufgeführten werden nur in Wagenladungen befördert.

III. Verdorbene Sprengstoffe.

Verdorbene Sprengstoffe erkennt man an dem stechenden Geruche und den nitrosen Dämpfen, die infolge der Zersetzung auftreten. — — — —

IV. Die Zündmittel.

Die im Bohrloche befindliche Sprengstoffladung wird mittels eines Zünders, der durch den Besatz des Bohrloches hindurch in die Sprengmasse hineinreicht und von außen angezündet wird, zur Explosion gebracht. Als Zünder verwendet man heutzutage, wenn nicht die elektrische Zündung mit Drahtleitung zur Anwendung kommt, fast ausschließlich die Bickford'sche Zündschnur, die im Innern eine dünne Pulverseele enthält. — — — —

Bei Benützung von Schwarzpulver wird durch die in die Ladung einmündende Bickfordschnur die Explosion unmittelbar veranlaßt. Bei den Nitroglyzerinerzeugnissen und den brisanten Sicherheitssprengstoffen ist noch ein besonderes Hilfsmittel nötig, um sie zur Explosion zu bringen. Man bedarf hiezu der Zündkapseln; es sind dies Hüllen aus Kupferblech, die mit knallquecksilberhaltigem Zündsatz gefüllt und auf das Ende der Bickfordschnur geschoben und festgeklemmt werden. Bei der Zündung wird zunächst der Zündsatz der Kapseln durch die Zündschnur entzündet und hiedurch die Explosion der ganzen Ladung herbeigeführt.

Das Knallquecksilber explodiert durch Erhitzen, durch Stoß oder Schlag, sowie bei Berührung mit konzentrierter Schwefelsäure äußerst heftig. Die Füllung der Kapseln, die zu je 100 Stück in Blechbüchsen mit Sägemehl verpackt werden, beträgt je nach der gewünschten Stärke 0,3 bis 3 g. — —

Entschließung des Staatsministeriums des Innern vom 27. 3. 20, Verkehr mit Feuerwerkskörpern betr.

Es besteht Anlaß, erneut auf die großen Gefahren hinzuweisen, die durch mißbräuchliches Abbrennen von Feuerwerkskörpern entstehen können.

Nach § 26 Abs. I der ME. vom 27. Juli 1905 über den Verkehr mit Sprengstoffen (GVBl. S. 531) und § 367 Nr. 5 des RStrGB., ist die Abgabe von Feuerwerkskörpern, mit deren Verwendung eine erhebliche Gefahr für Personen oder Eigentum verbunden ist (Kanonenschläge, Fröschen, Schwärmern u. dgl.) an Personen, von denen ein Mißbrauch derselben zu befürchten ist, verboten und mit Geld- und Freiheitsstrafe bedroht. Unter allen Umständen gilt das von der Abgabe an Jugendliche unter 16 Jahren. Auch darüber hinaus macht sich nach den erwähnten Vorschriften jedermann strafbar, der solche Gegenstände an unzuverlässige Personen abgibt.

Hierauf ist wiederholt durch amtliche Bekanntmachung aufmerksam zu machen. Insbesondere sind die in Frage kommenden Händler auf das Verbot und die bei Zuwiderhandlung drohenden Strafen hinzuweisen. Im Betretungsfalle ist unnachsichtlich Strafanzeige zu erstatten.

Bekanntmachung des Staatsministeriums des Innern und für Soziale Fürsorge vom 23. 3. 21, Verwendung von flüssiger Luft bei Ausführung von Sprengarbeiten betr.

Auf Grund des Art. 1 Abs. II und 156 Nr. 2 PStGB. und der Verordnung vom 17. Januar 1910 (GVBl. S. 45), dann unter Bezugnahme auf § 367 Nr. 5 des RStGB. und das Reichsgesetz gegen den verbrecherischen und gemeingefährlichen Gebrauch von Sprengstoffen vom 9. Juni 1884, dann des § 120e Abs. II der Reichsgewerbeordnung erlassen die Staatsministerien des Innern und für Soziale Fürsorge in Ergänzung der Ministerialbekanntmachung vom 26. Januar 1910 (GVBl. S. 46) die nachstehenden oberpolizeilichen Vorschriften:

I. Als Sprengstoffe im Sinne der Bekanntmachung des Staatsministeriums des Innern über die Lagerung und die Verwendung von Sprengstoffen und Zündmitteln bei der Ausführung von Sprengarbeiten vom 26. Januar 1910 wird außer den in § 1 dieser Bekanntmachung aufgeführten Sprengstoffen — ohne Einreihung in eine der Klassen des § 1 — die flüssige Luft zugelassen.

II. Bei der Verwendung der flüssigen Luft zu Sprengungen sind die Vorschriften der §§ 36ff. der Bekanntmachung vom 26. Januar 1910 in sinngemäßer Anwendung zu beachten.

III. Für die Erteilung der bezirkspolizeilichen Genehmigung nach § 2 der Bekanntmachung vom 26. Januar 1910 gilt bei Verwendung von flüssiger Luft zu Sprengungen außerdem folgendes:

1. die Sprengarbeiten (das Laden und Besetzen der Bohrlöcher und das Entzünden der Schüsse) dürfen nur durch erfahrene, für dieselben gut ausgebildete, vollständig zuverlässige Arbeiter unter Leitung eines eigens geschulten, einwandfreien und verlässigen Vorarbeiters (Sprengmeister) vorgenommen werden;
2. bei Sprengungen mit flüssiger Luft ist noch besonders vorzuschreiben, daß die Bohrlöcher nicht zu eng gebohrt werden. Um der im Bohrloch verdampfenden flüssigen Luft Ausdehnung und Abzugsmöglichkeit zu schaffen, ist der Durchmesser des Bohrloches 5—6 mm größer als der Patronen zu machen und der Besatz mit einem etwa 3 mm starken Luftkanal zu versehen. Dies geschieht durch Einführen eines 2—3 mm starken Drahtes, der nach dem

Besetzen mit Lehm usw. wieder herausgezogen wird. Wo ein solcher Luftkanal mangels geeigneten Besatzmaterials nicht angebracht werden kann, ist ein loser luftdurchlässiger Besatz zu wählen.

3. das zu sichernde Sprengbereich ist genau festzusetzen;
4. beim Tränken der Patronen mit flüssiger Luft ist die größte Vorsicht geboten; auf die Gefahr der Hautverbrennung durch etwa verspritzende Tropfen flüssiger Luft oder beim Anfassen der getränkten Patronen mit der bloßen Hand und auf die Möglichkeit des Einfrierens der Ladung bei Vorhandensein von zu viel Feuchtigkeit ist bei Erteilung der Genehmigung besonders aufmerksam zu machen.

Auszug aus der Bekanntmachung des Staatsministeriums des Innern, für Soziale Fürsorge und für Handel, Industrie und Gewerbe vom 12. 12. 22 über die polizeiliche Genehmigung zur Herstellung, zum Vertrieb und zum Besitze von Sprengstoffen sowie zu ihrer Einführung aus dem Auslande (Sprengstoff-Erlaubnisscheine).

Auf Grund des § 2 des Reichsgesetzes gegen den verbrecherischen und gemeingefährlichen Gebrauch von Sprengstoffen vom 9. Juni 1884 (RGBl. S. 61) und des Art. 1 Abs. II des Polizeistrafgesetzbuches vom 26. Dezember 1871 (GBl. S. 9) wird folgendes bestimmt:

Zuständigkeit der Behörden.

§ 1. I Über Gesuche um die polizeiliche Genehmigung zur Herstellung, zum Vertrieb und zum Besitze von Sprengstoffen sowie zu ihrer Einführung aus dem Ausland entscheidet die Bezirkspolizeibehörde, in München die Polizeidirektion.

II Örtlich zuständig ist die Bezirkspolizeibehörde, in deren Bezirk die Sprengstoffe hergestellt, vertrieben, eingeführt oder in Verwahrung gehalten werden.

§ 2 mit 9. (Gesuche, Erlaubnisscheine.)

Überwachung der Sprengstofflager und der Buchführung.

§ 10. I Die Ortspolizeibehörden, bei den unter Aufsicht der Bergbehörden stehenden Betrieben die Berginspektionen, haben die Betriebe, in denen mit Sprengstoffen gearbeitet wird, und die Sprengstofflager ständig zu überwachen und sich durch wiederholte Musterungen davon zu überzeugen, daß die einschlägigen Vorschriften über den Verkehr mit Sprengstoffen genau beachtet werden und insbesondere die Register- und Buchführung mit den erteilten Erlaubnisscheinen und den tatsächlichen Lagerscheinen übereinstimmt. Ergeben sich hierbei Beanstandungen oder werden Änderungen in den der Ausstellung der Erlaubnisscheine zugrunde gelegten Tatsachen bekannt, so ist die Ausstellungsbehörde in Kenntnis zu setzen.

II Die Musterungen sind in dem Lagerregister und im Verausgabungsbuche zu vermerken.

Schluß- und Übergangsbestimmungen.

§ 11. I Alle bisher ausgestellten Erlaubnisscheine sind von den Bezirkspolizeibehörden zurückzufordern und einzuziehen. Neue Scheine sind nur dort auszustellen, wo hierauf besonderer Antrag gestellt wird.

II Bis 31. Dezember 1922 sind alle Erlaubnisscheine, die nach den bisherigen Vorschriften ausgestellt worden sind, verfallen.

§ 12. I Diese Vorschriften treten an Stelle der Ministerialbekanntmachungen vom 5. Oktober 1884 (GVBl. S. 471), vom 4. Februar 1890 (GVBl. S. 96) und der Ministerialentschließung vom 18. Mai 1886 (Weber Bd. 18 S. 8.)

II Die Ministerialbekanntmachung vom 27. Juli 1905 (GVBl. S. 531), insbesondere die §§ 2, 4, 24, 25, 26, 27, 30, 33 und 34 und die Ministerialbekanntmachung vom 26. Jan. 1910 (GVBl. S. 46), insbesondere die §§ 2, 24, 25, 28, 30, 51, 53, 54, 55 und 56 und weitergehende bergpolizeiliche Vorschriften und Anordnungen über die Verwendung von Sprengstoffen im Bergbau werden durch die neuen Bestimmungen nicht berührt.

Verordnung vom 9. Juni 1902, leicht entzündliche, flüssige Stoffe betr.[1])

§ 1. Als Stoffe, auf welche die gegenwärtige Verordnung Anwendung zu finden hat, werden erklärt:

I. Folgende bei weniger als 21° Cels. und bei 760 mm Barometerstand entflammbare Flüssigkeiten:
1. Roh-Petroleum,
2. dessen Destillationsprodukte, wie Benzin, Gasolin, Gasstoff, Hydririn, Hydrocarbür, Ligroin, Naphtha, Petroleumäther, Petroleumessenz, Putzöl, Terpentinölersatz,
3. Produkte der trockenen Destillation der Braunkohlen, des bituminösen Schiefers, der Steinkohlen, des Torfes, der Harze und des Asphaltes, wie Braunkohlen-Benzin, Roh-Photogen, Benzol, Toluol, Pinolin, Camphin, Harzessenz,
4. Aceton, Schwefeläther und Schwefelkohlenstoff,
5. Flüssigkeiten, welche die unter Ziffer 1—4 genannten Stoffe als Lösungsmittel enthalten und die gleiche Entflammbarkeit zeigen.

II. 1. Petroleum gereinigt von 21° Cels. Reichstest und darüber, Solaröl, Solvent-Naphtha, Terpentinöl, Weingeist raffiniert und denaturiert, Rohsprit über 50 Volumprozent Tralles oder 42,5 Gewichtsprozent, Holzgeist, Methylalkohol, Essigäther, Amylacetat und sonstige Fruchtäther,
2. Flüssigkeiten, welche die unter Ziffer II, 1 genannten Stoffe als Lösungsmittel enthalten und die gleiche Entzündlichkeit zeigen.

Das Staatsministerium des Innern ist ermächtigt, auch andere, hier nicht genannte Stoffe als unter gegenwärtige Verordnung fallend zu erklären.

Die Herstellung von Sprengstoffen und der Verkehr mit solchen wird durch gegenwärtige Vorschriften nicht berührt.

Zubereitung und Verarbeitung.

§ 2. Soweit für die Errichtung oder wesentliche Veränderung von Fabriken oder Werkstätten zur Zubereitung oder Verarbeitung der in § 1 bezeichneten Stoffe gemäß §§ 16ff. der Reichsgewerbeordnung in der Fassung vom Jahre 1900 eine besondere Genehmigung erforderlich ist, hat es bei den Vorschriften dieses Gesetzes und den zum Vollzug desselben erlassenen Bestimmungen sein Bewenden.

---

[1]) In Bayern gilt für die Lagerung und Verarbeitung leicht entzündlicher flüssiger Stoffe vorerst noch immer die VO. v. 9. 6. 02. Die neuzeitlichen Lagerverfahren können auf Grund des § 38 a. O. gestattet werden. Eine Zusammenstellung der vom Staatsministerium zugelassenen Lagerungen ist der Verordnung beigefügt.

Zur Behandlung der Angelegenheiten der feuergefährlichen Stoffe insbesondere der Mineralöle und der anderen leicht entzündlichen flüssigen Stoffe wurde vom Staatsministerium des Innern mit ME. v 14. 12. 26 ein Ausschuß gebildet, dessen Geschäftsführung der Polytechnische Verein in München übernommen hat. Diesem Ausschuß obliegt insbesondere die Aufstellung und Fortentwicklung der technischen Grundsätze für den Verkehr mit brennbaren Flüssigkeiten.

Die Prüfung neuer oder wesentlich veränderter Anlagen (§ 18 Abs. 25 RGO.) hat sich auch auf die Beachtung der Vorschriften gegenwärtiger Verordnung zu erstrecken.

Bereits genehmigten Anlagen können Auflagen im Sinne gegenwärtiger Verordnung nur insoweit gemacht werden, als solche Auflagen seinerzeit in dem Genehmigungsbescheid ausdrücklich vorbehalten worden sind.

§ 3. Wer sich mit der Zubereitung oder Verarbeitung dieser Stoffe befassen will, hat hievon vor dem Beginn des Betriebes der Distriktsverwaltungsbehörde, in München dem Stadtmagistrate, Anzeige zu erstatten und den hierauf ergehenden Anordnungen sich zu unterwerfen.

§ 4. Die Fabrikationsräume müssen in besonderen nach allen Richtungen freistehenden Gebäuden oder Gebäudegruppen angelegt werden. Die eigentlichen Fabrikationsgebäude müssen von bewohnten Gebäuden wenigstens 25 m entfernt sein. Die dauernde Einhaltung dieses Abstandes muß für die Zukunft sichergestellt sein.

Vorbehalten bleiben etwaige auf Grund des § 23 Abs. III der Reichsgewerbeordnung zu erlassende besondere Bestimmungen.

§ 5. Die für die Zwecke der Fabrikation dienenden Feuerungsanlagen müssen außerhalb der Arbeitsräume liegen. Die Heizung hat entweder von außen oder von einem im Innern des Gebäudes liegenden feuersicher abgeschlossenen Heizerstande aus zu erfolgen.

Die Erwärmung der Fabrik- und Arbeitsräume darf nur auf zentralem Wege durch Dampf oder Warmwasser erfolgen.

§ 6. Eine künstliche Beleuchtung der Fabrik- und Arbeitsräume hat mittels elektrischer Glühlampen mit durch Draht gegen Zerschlagen geschützten Überglocken, welche auch die Fassung dicht umschließen, zu geschehen. Es sind nur Glühlampen zulässig, welche im luftleeren Raum brennen. Die Drahtleitung selbst ist sicher zu isolieren. Ein- und Ausschalter, Schalttafeln, Sicherungen, Kontakte, Elektrizitätsmesser dürfen nur außerhalb der Räume angebracht werden.

Eine Verwendung anderer Lichtquellen ist zulässig, wenn die Beleuchtung von außen geschieht, und die Flammen durch dicht eingemauerte dicke Glasscheiben von den Innenräumen vollkommen abgeschlossen werden.

Zur vorübergehenden Beleuchtung dürfen nur zuverlässige Sicherheitslampen verwendet werden.

Das Betreten der Räume mit offenem Licht, mit brennender Zigarre oder Tabakspfeife ist verboten. Das Verbot ist an den Eingängen der Räume ersichtlich zu machen.

§ 7. Die Aufbewahrung der Rohstoffe, soweit diese leicht entzündlich sind, wie der fertigen Produkte muß in besonderen, ausschließlich hiezu bestimmten, von den Fabrikationsräumen feuersicher durch vorschriftsmäßige Brandmauern getrennten Räumen oder in besonderen Gebäuden geschehen.

Im übrigen finden auf die Errichtung und den Betrieb der Fabriklagerräume die Vorschriften der §§ 29 ff. über die Lagerung größerer Mengen entsprechende Anwendung.

Transport.

§ 8. Die Verfrachtung größerer, 60 kg oder darüber betragender Mengen der im § 1 genannten Stoffe muß in starken, der Ausschwitzung und Verdunstung des Inhaltes möglichst widerstehenden und sorgfältigst verschlossenen Fässern oder Blechgefäßen geschehen. Kleinere Mengen dieser Stoffe sind mindestens in Flaschen aus Steinzeug oder Glas zu versenden, welche noch in Blechbüchsen oder in hölzernen Kisten, in Körben oder Kübeln mit Kleie, Sägmehl, Holzwolle, Stroh, Infusorienerde oder ähnlichen Stoffen fest eingefüttert sein müssen.

Auf die Versendung von nicht über 2 kg betragenden Mengen, welche nicht feuergefährlichen Waren beigepackt sind, finden vorstehende Bestimmungen keine Anwendung.

§ 9. Der Inhalt der Gefäße ist in den Frachtbriefen ausdrücklich anzugeben.

Die Gefäße, welche zur Versendung der im § 1 Ziff. I bezeichneten Stoffe verwendet werden, sind mit der leicht erkennbaren Aufschrift „Feuergefährlich!" zu versehen.

§ 10. Wenn Wagen, die mit den in § 1 bezeichneten Stoffen beladen sind, beim Transporte in einem Orte anhalten oder übernachten, hat der Fuhrmann die erforderlichen Vorsichtsmaßregeln zu treffen und insbesondere dafür Sorge zu tragen, daß kein offenes Feuer in die Nähe der Wagen gebracht wird.

§ 11. Alle mit dem Auf- und Abladen und mit dem Transporte solcher Stoffe beschäftigten Personen haben sich hiebei des Tabakrauchens und jeder feuergefährlichen Handlung zu enthalten.

Die Laternen an den Wagen sind so anzubringen, daß jede Gefahr einer Entzündung der Stoffe ausgeschlossen ist.

§ 12. Derartige Stoffe dürfen niemals mit explosiblen Stoffen auf ein und dasselbe Fahrzeug verladen werden.

§ 13. Hinsichtlich des Transportes auf Eisenbahnen, Wasserstraßen und durch die Post kommen die hierüber jeweils geltenden besonderen Vorschriften zur Anwendung.

Feilhalten in Verkaufsstellen.

§ 14. In den Verkaufsstellen dürfen von den in § 1 Ziff. I genannten Stoffen nicht mehr als insgesamt 30 kg, von den in § 1 Ziff. II genannten Stoffen nicht mehr als insgesamt 750 kg vorrätig gehalten werden.

§ 15. Die Gefäße, welche zur Aufbewahrung der Stoffe dienen, müssen aus Metall Steinzeug oder starkem Glas hergestellt und sorgfältig verschlossen sein. Spiritus kann in Holzfässern gelagert werden.

Gefäße, welche die in § 1 Ziff. I genannten Stoffe enthalten, sind mit der Aufschrift „Feuergefährlich!" zu versehen.

§ 16. Petroleum ist in mit Meßvorrichtung versehenen Blechgefäßen zu verwahren, so daß die unmittelbare Abfüllung in die von den Kunden geführten Gefäße möglich ist.

Die Vorschriften der kaiserlichen Verordnung vom 24. Februar 1882 über das gewerbsmäßige Verkaufen und Feilhalten von Petroleum (RGBl. S. 40) sowie die bestehenden Vorschriften über Untersuchung des Petroleums werden hiedurch nicht berührt.

§ 17. Die in Verkaufsstellen aufbewahrten Stoffe müssen in möglichster Entfernung von Öfen und offenem Licht gelagert werden.

Die in § 1 Ziff. I genannten Stoffe dürfen nur bei Tageslicht umgefüllt und abgegeben werden.

Lagerräume und Verkaufsstellen.

§ 18. In den zu den Verkaufsstellen gehörigen Lagerräumen dürfen von den in § 1 Ziff. I genannten Stoffen nicht mehr als insgesamt 200 kg, von den in § 1 Ziff. II genannten Stoffen nicht mehr als insgesamt 6000 kg gelagert werden.

In Räumen, welche ausschließlich zur Lagerung dienen, in welchen also ein Auf- und Abfüllen überhaupt nicht oder nur von außen stattfindet, dürfen die in Absatz I bezeichneten Lagerungsmengen verdoppelt werden.

Eine vorübergehende Anwesenheit von größeren Mengen der in § 1 Ziff. II genannten Stoffe während des Tages bis zum Eintritt der Dunkelheit zum Zwecke der sofortigen Versendung ist nicht als Lagerung zu erachten.

§ 19. Die Lagerung darf nur im Keller, im Erdgeschoß oder in abgedeckten Gruben im Freien erfolgen.

§ 20. Die Lagerräume müssen durch mindestens einen Stein starkes Mauerwerk von anderen Räumen getrennt und feuersicher eingedeckt sein. Freiliegende tragende Eisenkonstruktionsteile sind flammensicher zu ummanteln.

§ 21. Die Türen der Räume dürfen nicht unmittelbar in das Stiegenhaus münden.

Die Türstöcke müssen aus Stein oder Eisen hergestellt und die Türschwellen mindestens 20 cm über dem Fußboden erhöht sein.

Die Türen sind aus feuerbeständigem Materiale, in mindestens 6 cm breiten Stein- oder Eisenfalz anschlagend und nach außen aufgehend anzubringen.

§ 22. Die Fußböden sind aus unverbrennbarem Materiale oder aus Holz, welches auf unverbrennbarem Materiale aufliegt, herzustellen.

Die Fensteröffnungen sind mit gut schließenden feuerbeständigen von außen schließbaren Läden zu versehen.

Die Fensterscheiben müssen aus blasenfreiem Glas bestehen.

§ 23. Jeder Lagerraum muß so eingerichtet sein, daß eine ausreichende Lüftung möglich ist.

§ 24. Fahrbahnen von Aufzügen sind feuersicher herzustellen und abzuschließen.

§ 25. In den Lagerräumen dürfen sich keine Heizkaminöffnungen, Heizeinrichtungen, Gas- oder Wassermesser befinden.

Bezüglich der Beleuchtung der Räume und des Gebrauches von offenem Licht finden die Vorschriften des § 6 entsprechende Anwendung.

§ 26. Feste Lagerbehälter (Zisternen, Reservoire und dgl.) müssen mit einer leicht sichtbaren, die Art des Stoffes und den Fassungsraum enthaltenden Bezeichnung versehen sein.

§ 27. In dem Lagerraum oder in nächster Nähe desselben ist eine genügende Menge trockenen Sandes vorrätig zu halten.

§ 28. Die Distriktsverwaltungsbehörden sind ermächtigt, unter den von ihnen festzusetzenden weiteren Bedingungen eine Erhöhung der in § 14 und 18 bezeichneten Lagerungsmengen, sowie bei der Lagerung geringerer Mengen in kleinen Geschäftsbetrieben eine Erleichterung der vorstehenden Bestimmungen über die Beschaffenheit der Lagerräume eintreten zu lassen.

Lagerung größerer Mengen.

§ 29. Bei Lagerung größerer Mengen finden die Vorschriften der §§ 19 bis 27 entsprechende Anwendung. Außerdem gelten hiefür folgende weitere Bestimmungen:

§ 30. Die Stoffe müssen in einzelnstehenden, nicht bewohnten Gebäuden gelagert werden, welche von bewohnten Gebäuden wenigstens 25 m entfernt sein müssen. Die dauernde Einhaltung dieses Abstandes muß für die Zukunft sichergestellt sein.

Für Lager, in welchen nicht mehr als 10000 kg der in § 1 Ziff. I bezeichneten und nicht mehr als 100000 kg der in § 1 Ziff. II bezeichneten Stoffe gelagert werden, kann die Distriktsverwaltungsbehörde unter Berücksichtigung der örtlichen Verhältnisse diese Schutzzone bis auf 10 m ermäßigen.

§ 31. Die Lagergebäude müssen derart eingerichtet sein, daß sie bei einem etwaigen Bruche der Behälter die Maximalmenge der zu lagernden Stoffe ohne überzufließen aufnehmen können.

§ 32. Die Lagergebäude müssen mit Blitzableitern versehen sein..

§ 33. Lagerhäuser, welche zu einer besonderen Feuersgefahr Anlaß geben, müssen nach näherer Bestimmung der Distriktsverwaltungsbehörde mittels 12 cm (1/2 Stein) starker Mauern in Abteilungen getrennt werden, deren jede ihre besondere Eingangstüre von der Außenseite des Gebäudes haben muß.

§ 34. Im Freien ist die Lagerung in eisernen Tanks oder in Fässern zulässig. Die Tanks oder die Fässer müssen mindestens 25 m von bewohnten Gebäuden entfernt sein. Die dauernde Einhaltung dieses Abstandes muß für die Zukunft sichergestellt sein. § 30 Abs. II findet entsprechende Anwendung.

Der Lagerplatz oder die einzelnen Tanks müssen mit Graben, Wall oder Mauer ohne Öffnungen umgeben sein.

Graben, Wall oder Mauer müssen so angelegt sein, daß der umschlossene Raum bei einem etwaigen Bruche der Behälter die Maximalmenge der zu lagernden Stoffe ohne überzufließen aufnehmen kann. Der Lagerplatz ist fest zu umzäunen.

§ 35. Die Tanks sind mit einer feuersicheren Lüftungsvorrichtung zu versehen und zum Schutz gegen Blitzgefahr mit dem Erdboden in gut leitende Verbindung zu bringen.

Das Auf- und Abfüllen der Stoffe in den Tanks darf nur bei Tageslicht oder bei einem den Vorschriften des § 6 entsprechenden künstlichen Licht geschehen.

§ 36. Das Rauchen und die Vornahme feuergefährlicher Handlungen auf den Lagerplätzen ist verboten. Das Verbot ist an den Zugängen ersichtlich zu machen.

Zuständigkeit und Verfahren.

§ 37. Den Ortspolizeibehörden bleibt vorbehalten, gemäß Art. 2 Ziff. 14 des PStrG., weitergehende ortspolizeiliche Vorschriften zu erlassen, soweit es die örtlichen Verhältnisse erfordern oder rätlich machen.

§ 38. Die Regierungen, K. d. J.[1]) sind ermächtigt, beim Vorliegen besonderer Verhältnisse, soweit es ohne Gefährdung der öffentlichen Sicherheit geschehen kann, Dispensation von einzelnen Bestimmungen gegenwärtiger Verordnung zu erteilen.

§ 39. Gegenwärtige Verordnung findet keine Anwendung:

a) hinsichtlich der Betriebe der Heeresverwaltung,

b) auf Laboratorien, in welchen Versuche von technisch vorgebildeten Personen ausgeführt werden.

Insoweit die Verordnungen über den Verkehr mit Arzneimitteln innerhalb und außerhalb der Apotheken und über den Verkehr mit Giften besondere Bestimmungen enthalten, hat es bei diesen sein Bewenden.

§ 40. Hinsichtlich der Anlagen und Betriebe, welche für den Dienst des Hofes, der Staatsbergwerke und Salinen, der Staatseisenbahnen und Dampfschiffe, sowie der sonstigen Staatsanstalten bestimmt sind, richtet sich die Zuständigkeit nach den hiefür jeweils geltenden besonderen Vorschriften.

Im übrigen finden die technischen Vorschriften dieser Verordnung auch im Falle des Abs. I Anwendung, vorbehaltlich derjenigen Ausnahmen, welche für einzelne Anlagen seitens der einschlägigen Staatsministerien bzw. Hofstäbe nach Benehmen mit dem Staatsministerium des Innern zugelassen sind.

---

[1]) Der Erlaß der nach langwierigen Verhandlungen fertiggestellten Verordnung über den Verkehr mit brennbaren Flüssigkeiten wird sich voraussichtlich noch um einige Zeit verzögern. Es werden deshalb im Vollzuge der Verordnung vom 9. 6. 02 (GVBl. S. 211) die Bezirksverwaltungsbehörden mit sofortiger Wirksamkeit ermächtigt, die Gesuche um Errichtung von Tanks und Zapfstellen in eigener Zuständigkeit zu bescheiden.

Die Errichtung von Zapfstellen ist vom Gesichtspunkte des Verkehrs wie der Feuersicherheit zu begrüßen. Die Verhandlungen sind deshalb beschleunigt durchzuführen.

Es versteht sich von selbst, daß deutsche Erzeugnisse nicht hinter ausländischen zurückgesetzt werden dürfen. (Min.Entschl. vom 10. 10. 27).

§ 41. Gegenwärtige Verordnung tritt am 1. Juli 1902 für den ganzen Umfang des Königreichs in Kraft.....

§ 42. Gegenwärtige Verordnung findet, vorbehaltlich der Bestimmung in § 2 Abs. III auch auf die zur Zeit bestehenden Anlagen und Betriebe (Fabriken, Werkstätten, Verkaufsstellen, Lager) Anwendung.

Zur Beseitigung der hienach etwa bestehenden Mängel sind den Beteiligten von den Distriktsverwaltungsbehörden angemessene Fristen zu gewähren.

Wenn die Anwendung einzelner Bestimmungen dieser Verordnung auf bestehende Anlagen und Betriebe mit Rücksicht auf deren Lage oder bauliche Beschaffenheit mit besonderen Schwierigkeiten oder mit unverhältnismäßigen Kosten verbunden wäre, so können die Distriktsverwaltungsbehörden von solchen Bestimmungen unter Anordnung der im Interesse der öffentlichen Sicherheit gebotenen Auflagen entbinden.

Zusammenstellung der zugelassenen Lagerungen für leichtentzündliche, flüssige Stoffe.

Apparatefabrik Paul Schönau G. m. b. H., Frankfurt a. M., Pumpanlage mit Schutzgasüberlagerung, Bauart M B II 24;
Pumpanlage ohne Schutzgas, Bauart O G II, ME. v. 11. 8. 27 Nr. 3734 aa 79.

„Asta" Apparatebaugesellschaft m. b. H., Frankfurt a. M., Pumpanlagen ohne Schutzgas, Bauart A 26, Bauart B 26, Bauart C 26, Bauart D 26, Bauart DS 26, Bauart E 26, Bauart ES 26, Bauart F 26, Bauart FS 26, ME. v. 4. 2. 27 Nr. 3734 aa 16.

Benzol-Verband G. m. b. H., Bochum. Pumpanlagen ohne Schutzgas, A III, C, F, D, EM 5, EM 5 ST, EM 20 und OM; ME. v. 15. 11. 27 Nr. 3734 aa 101.

Berger-Tankanlagenbau G. m. b. H., Berlin-Tempelhof. Druckgasanlage mit ummanteltem Steigrohr „Sichersparlager Patent Berger Typ D", ME. v. 22. 5. 24 Nr. 3734 a 4;
Pumpanlagen mit Schutzgasüberlagerung „Sicherheitsparlagerung Patent Berger", Typ H M O, Typ M M O, ME. v. 10. 3. 23 Nr. 4134 a 7, 22. 5. 24 Nr. 4134 a 21, 23. 7. 25 Nr. 3734 a 62, 10. 9. 25 Nr. 3734 a 84.
Pumpanlagen ohne Schutzgas, Typen H M O S und F S II, ME. v. 11. 9. 25 Nr. 3734 a 82;
Pumpanlagen ohne Schutzgas, Typen W, W M, W D M, ME. v. 4. 3. 27 Nr. 3734 aa 26.

Blancke-Werke G. m. b. H., Merseburg a. S. Pumpanlage ohne Schutzgas, ME. v. 3. 7. 26 Nr. 3734 aa 87.

Deutsch-Amerikanische Petroleum-Gesellschaft, München, Pumpanlagen ohne Schutzgas, Dapolin-Straßenzapfstelle nach Zeichnung und Beschreibung v. 27. 4. 23 und 26. 5. 23, Typ „M", Typ „B", Dapolinpumpanlage „B 10", ME. v. 24. 9. 23 Nr. 4134 a 27, 12. 6. 25 Nr. 3734 d 23, 25. 2. 26 Nr. 3734 aa 30, 31. 5. 26 Nr. 3734 aa 65, 3. 7. 26 Nr. 3734 aa 83, 23. 8. 26 Nr. 3734 aa 124, 23. 12. 26 Nr. 3734 aa 178, 27. 12. 26 Nr. 3734 aa 185, 10. 2. 27 Nr. 3734 aa 14, 12. 2. 27 Nr. 3734 aa 17, 14. 4. 27 Nr. 3734 aa 46;
„Amerikanische Einzylindermeßpumpe", ME. v. 6. 8. 27 Nr. 3734 aa 77.
Pumpanlage ohne Schutzgas: Dapolin-Doppelpumpanlage „D", ME. v. 18. 4. 28 Nr. 3734 aa 37.

Max Eickemeyer, Ingenieurbüro, Berlin-Wilmersdorf, Pumpanlage ohne Schutzgas, Typ P, ME. v. 25. 2. 25 Nr 3734 a 6, 18. 5. 26 Nr. 3734 aa 56.

Fabrik explosionssicherer Gefäße, G. m. b. H., Salzkotten, Pumpanlagen ohne Schutzgas: Typen AM, BM, AZM, BZM, AZA, BZA, Typ C ohne Meßgefäß, Typ CM mit Meßgefäß, Typen „Za" und „Zb", ME. v. 26. 9. 24 Nr. 3734 d 9, 31. 3. 25 Nr. 3734 d 9, 15. 5. 25 Nr. 3734 a 10,

4. 8. 25 Nr. 3734 a 65, 10. 9. 25 Nr. 3734 a 80, 30. 9. 25 Nr. 3734 a 101, 1. 7. 26 Nr. 3734 aa 84 (Typen C und CM), 19. 7. 26 Nr. 3734 aa 94, 22. 12. 26 Nr. 3734 aa 182, 20. 4. 27 Nr. 3734 aa 49 (Typen Za und Zb), 20. 4. 27 Nr. 3734 aa 49.

Hermann Fischer, Tankanlagen, Berlin N 24. Pumpanlagen ohne Schutzgas, Typ EP, Typ HP, Typ HU, Typ HR, Typ HRS, ME. v. 5. 11. 26 Nr. 3734 aa 156, 24. 3. 27 Nr. 3734 aa 41.

Hermann Hoffmann, Apparatebaugesellschaft m. b. H., Frankfurt a. M. Druckgasanlagen mit Doppelrohren: Hermhoff Typ GD, Hermhoff Typ GDKm, ME. v. 12. 4. 21 Nr. 4134 a 11, 22. 5. 24 Nr. 4134 a 20;

Hermhoff Typ GDKK, Hermhoff Typ GDKKm, ME. v. 23. 9. 25 und 24. 10. 25 Nr. 3734 a 87;

Druckgasanlagen mit einfachen Stahlrohren: Hermhoff Typen GDEm, GDR und GDRm, ME. v. 22. 5. 24 Nr. 4134 a 20;

Pumpanlagen mit Schutzgasüberlagerung: Hermhoff Typen GPh und GPhm ME. v. 23. 9. 25 und 24. 10. 25 Nr. 3734 a87;

Pumpanlagen ohne Schutzgas: Hermhoff Typen P 2 und P 2 m, ME. v. 23. 9. 25 und 24. 10. 25 Nr. 3734 a 87.

C. H. Jucho, Dortmund, Druckgasanlage mit Doppelrohren, ME. v. 24. 6. 25 Nr. 3734 a 33, 18. 5. 26 Nr. 3734 aa 49;

Pumpanlage ohne Schutzgas, ME. v. 24. 6. 25 Nr. 3734 a 33, 18. 5. 26 Nr. 3734 aa 49.

Keller & Prahl, Maschinenfabrik, Eschwege. Tankpumpe, ME. v. 1. 9. 27 Nr. 3734 aa 85.

Gebr. Körting AG., Hannover-München. Pumpanlage ohne Schutzgas, ME. v. 10. 9. 25 Nr. 3734 a 81, 18. 5. 26 Nr. 3734 aa 58;

desgl. mit Zapfständer, ME. v. 10. 9. 25 Nr. 3734 a 81, 18. 5. 26 Nr. 3734 aa 58, 31. 5. 26 Nr. 3734 aa 63.

Anton Korfmacher, Apparatefabrik, Düsseldorf. Pumpanlagen ohne Schutzgas, Akadus 26, ME. v. 3. 7. 25 Nr. 3734 d 24, Akadus 55, ME. v. 12. 10. 27 Nr. 3734 aa 96.

„Mabag", Maschinen- und Apparatebau AG., Nordhausen. Pumpanlagen ohne Schutzgas; „Mabag" Kleintankanlagen ohne Schutzgas, ME. v. 28. 2. 25 Nr. 3734 a 7, 25. 3. 25 Nr. 3734 d 10, 16. 6. 25 Nr. 3734 a 37, 22. 12. 25 Nr. 3734 aa 28, 18. 5. 26 Nr. 3734 aa 55, 19. 7. 26 Nr. 3734 aa 95, 2. 9. 26 Nr. 3734 aa 132, 24. 12. 26 Nr. 3734 aa 184, 4. 3. 27 Nr. 3734 aa 28 und alle vorgenannten ME.

Martini & Hüneke, Maschinenbau-Aktiengesellschaft, Berlin, Druckgasanlagen mit Doppelrohren: Typen E, Et, R, Rt, A, At, Ac, ME. v. 13. 10. 08 Nr. 22809, 13. 10. 25 Nr. 3734 a 113;

Druckgasanlagen mit einfachem Steigrohr: Typen L 1, L, Lt, Lc, ME. v. 18. 12. 24 Nr. 3734 a 22, 16. 2. 25 Nr. 3734 a 8, 13. 10. 25 Nr. 3734 a 113;

Pumpanlagen mit Schutzgasüberlagerung: Typen P, Pt, Pc, PK, PcK, ME. v. 17. 11. 24 Nr. 3734 a 16, 13. 10. 25 Nr. 3734 a 113, Umschaltmeßgefäß UM, ME. v. 5. 4. 24 Nr. 4134 a 18.

Mitteldeutsche Sitag Sicherheits-Tankanlagen-Gesellschaft Krüger & Co., Berlin-Südende. Pumpanlage mit Schutzgasüberlagerung, Typ PGZ, ME. v. 17. 11. 24 Nr. 3734 d 17;

Pumpanlagen ohne Schutzgas, Typ PSZm, Typ PJM, Typ WPM, ME. v. 30. 8. 26 Nr. 3734 aa 131; Typ PSZ, Typ PZD, Typ RW, Typ WPM ME. v. 8. 10. 27 Nr. 3734 aa 93.

„Olex", Bayerische Petroleumgesellschaft m. b. H., München. Straßenzapfstelle mit Druckgas (Martini & Hüneke), ME. v. 2. 10. 23 Nr. 4134 a 30;

Pumpanlage (Zapfstelle) ohne Schutzgas, Typ Strax, ME. v. 15. 2. 26 Nr. 3734 aa 24, 18. 5. 26 Nr. 3734 aa 50.

Prometheus-Werke, AG., Hannover-Herrenhausen. Pumpanlagen ohne Schutzgas: Typen M S I und M S II, Typen M L I und M L II, Typen K P I und K P II, K M I und K M II, ME. v. 5. 9. 25 Nr. 3734 a 79, 23. 12. 26 Nr. 3734 aa 177, 9. 2. 27 Nr. 3734 aa 10.

Pumpanlagen ohne Schutzgas: Typen MSI und MSII, MLI und MLII, Typen KPI und KPII, KMI und KMII, ME. v. 5. 9. 25 Nr. 3734 aa 79, 23. 12. 26 Nr. 3734 aa 177, 9. 2. 27 Nr. 3734 aa 10, 24. 4. 28 Nr. 3734 aa 36.

Rhenania-Ossag, Mineralölwerke, AG., Düsseldorf, Pumpanlage ohne Schutzgas: Typ v. 1924, ME. v. 24. 9. 24 Nr. 3734 d 10, Typ D, ME. v. 24. 6. 25 Nr. 3734 d 22, 10. 9. 25 Nr. 3734 d 36, 20. 11. 25 Nr. 3734 aa 14, 18. 5. 26 Nr. 3734 aa 52, 3. 11. 26 Nr. 3734 aa 159; Typ G, ME. v. 3. 7. 26 Nr. 3734 aa 85; Typ H, ME. v. 23. 8. 26 Nr. 3734 aa 126; Typ J, ME. v. 6. 8. 27 Nr. 3734 aa 75.

Rosenthal & Comp., Kommandit-Gesellschaft, Wien XX, Pumpanlagen ohne Schutzgas, Bauart Rocco: einfache Rocco-Tankanlage, Rocco-Monobloc Typ OLU, ME. v. 23. 7. 27. Nr. 3734 aa 72.

Schwelmer Eisenwerk Müller & Co., AG., Schwelm i. W., Druckgasanlage mit Doppelrohren Typ SEGD 10, ME. v. 25. 2. 26 Nr. 3734 aa 32;

Druckgasanlage mit einfachen Stahlrohren Typ SEGD 9, ME. v. 22. 9. 23 Nr. 4134 a 29, 8. 2. 24 Nr. 4134 a 5;

Pumpanlagen ohne Schutzgas Typ SE 3, ME. v. 1. 7. 25 Nr. 3734 a 38, 18. 12. 25 Nr. 3734 aa 26, 4. 3. 27 Nr. 3734 aa 25; Typ Za, Typ Zb, ME. v. 1. 7. 25 Nr. 3734 a 38, ME. v. 18. 12. 25 Nr. 3734 aa 26, 27. 12. 26 Nr. 3734 aa 186, 4. 3. 27 Nr. 3734 aa 25; Typ SE 28, ME. v. 20. 4. 27 Nr. 3734 aa 48.

Pumpanlage ohne Schutzgas: Typ SE 3, ME. v. 1. 7. 25 Nr. 3734 a 38, 18. 12. 25 Nr. 3734 aa 26, 4. 3. 27 Nr. 3734 aa 25, 18. 4. 28 Nr. 3734 aa 38.

Stiegler-Werk, Merbitz, Pumpanlage ohne Schutzgas, ME. v. 9. 11. 25 Nr. 3734 aa 10, 3. 11. 26 Nr. 3734 aa 157.

Tank- und Apparatewerke, G. m. b. H., H. J. B. Michiels, Brohl a. Rh., Pumpanlage ohne Schutzgas, ME. v. 18. 3. 27 Nr. 3734 aa 37.

Arthur Vonbran, Maschinenfabrik, Halle a. S., Druckgasanlage Typ K, ME. v. 24. 6. 25 Nr. 3734 a 31; Pumpanlage ohne Schutzgas Typ P, ME. v. 24. 6. 25 Nr. 3734 a 31, ME. v. 5. 12. 25 Nr. 3734 aa 18.

Wayne Tank & Pump Comp., Fort Wayne, Indiana U. S. A., Pumpanlage ohne Schutzgas, ME. v. 20. 2. 26 Nr. 3734 aa 25.

Werner, Handelsgesellschaft, Düsseldorf, Pumpanlage ohne Schutzgas, Bauart „Semper Exakt", ME. v. 10. 9. 25 Nr. 3734 d 35;

Anlage mit Verdrängung durch Druckwasser, Bauart „Werner-Bywater", ME. v. 18. 12. 25 Nr. 3734 aa 25.

Richtlinien für die Aufstellung von Benzinzapfanlagen.

(Merkblatt des B. Revisionsvereins.)

A) Für die örtliche Aufstellung der Zapfsäule bzw. des Zapfschrankes sind aus sicherheitstechnischen Gründen folgende Punkte zu beachten:

1. Ein Eindringen von irgendwelchen Brennstoffmengen in Kanalschächte oder sonstige unterirdische Hohlräume muß mit Sicherheit vermieden werden. Hierzu ist notwendig:
   a) einen Mindestabstand von 3 m von Wasser-Ablaufschächten, Gullis, Revisionsschächten und dergl. einzuhalten,
   b) darauf zu achten, daß von der Zapfstelle gegen solche Einlauföffnungen kein Gefälle vorhanden ist,
   c) daß womöglich die Bodenbeschaffenheit um die Zapfstelle einem Versickern günstig ist (lockerer Sand- oder Kiesboden),
   d) bei ungünstigen Verhältnissen (Abstand kleiner als 3 m, Gefälle, Pflaster) Benzinfänger einzubauen bzw. die Schachtdeckel benzindicht auszugießen.

2. Das obere Ende der Entlüftungsleitung soll mindestens 1 m von Türen oder Fenstern entfernt sein.
3. Der Aufstellungsort der Zapfsäule ist nach Möglichkeit so zu wählen, daß sie schon durch ihre Lage gegen Anfahren geschützt ist. Nötigenfalls sind in entsprechender Entfernung Prellsteine vorzusehen. Bei Aufstellung am Rande eines Gehsteiges ist ein Abstand von etwa 30 cm von der Randstein-Außenkante einzuhalten.

B) Für die sonstige Aufstellung, besonders in verkehrstechnischer Hinsicht sind die Bedingungen der zuständigen Bezirkspolizeibehörde einzuhalten.

C) Beim Einbau der Lagerbehälter sind folgende Punkte zu beachten:
1. Die unterirdischen Tanks müssen allseitig in eine 1 m starke Erdschicht eingebettet werden. Die Erddeckung der Behälteroberkanten nach oben muß daher mindestens 1 m betragen.
2. Der lichte Abstand der Lagerbehälter von bewohnten Gebäuden muß mindestens 1 m betragen.
3. Bei Einbau mehrerer Behälter ist ein lichter Abstand von mindestens 0,4 m der Behälter untereinander einzuhalten.
4. Bei hohem Grundwasserstand oder im Überschwemmungsgebiet müssen die Lagerbehälter in besonders sorgfältiger Weise und mit starker Verankerung eingebettet werden.
5. Nach Möglichkeit soll die Erdung der Lagerbehälter durch einen entsprechenden Anschluß an eine Wasserleitung erfolgen.

D) Beim Einbau der Rohrleitungen ist zu beachten:
1. Es sind nur nahtlose Rohre zu verwenden.
2. Die Rohrleitungen sind durch geeignete Maßnahmen (sorgfältiges Unterbauen, genügende Erddeckung) gegen die Raddrücke von darüberfahrenden Fahrzeugen zu schützen.

E) Zur Abnahmeprüfung sind folgende Punkte zu beachten:
1. Die Baugrube muß bis zur Abnahmeprüfung offen bleiben, so daß die Prüfkennzeichen an den Lagerbehältern festgestellt werden können und die Ausführung der Erdungsanlage ersichtlich bleibt.
2. Der Schacht unter der Zapfsäule und die Peilrohrschächte sind nach der Abnahmeprüfung mit Sand aufzufüllen. Der Zapfstellenhalter ist dementsprechend anzuweisen.
3. Folgende Papiere müssen bei der Abnahmeprüfung in Vorlage gebracht werden:
   a) Die Druckprobebescheinigung der Lagerbehälter.
   b) Der Genehmigungsbescheid der Bezirkspolizeibehörde.
   c) Der genehmigte Lageplan.
   d) Eine Typenzeichnung (kann bei den normalen Typen in Wegfall kommen).

   Diese Papiere sind bei dem Zapfstellenhalter zu hinterlegen, der sie dem Abnahmebeamten vorzulegen hat. Der Zapfstellenhalter ist entsprechend anzuweisen.

F) Die elektrische Beleuchtung der Zapfsäule muß nach den Leitsätzen des Verbandes deutscher Elektrotechniker in schlagwettersicherer Bauart ausgeführt werden. Insbesondere ist bei Innenbeleuchtung des Zapfschrankes auf gasdichten Abschluß der Überglocken für die elektrischen Glühbirnen zu sehen. (Gummidichtungsringe.) Die Firma, die die elektrischen Einrichtungen ausführt, ist entsprechend anzuweisen.

G) Aufschriften an der Zapfstelle: Das Verbot des Rauchens und der Hinweis auf die Feuergefährlichkeit muß in zweckentsprechender Weise ersichtlich gemacht sein.

Allgemeine Bedingungen für unterirdische Tanks[1]).

a) Der Tank muß allseitig 1 m, die Oberkante des Doms mindestens 50 cm mit Erde überdeckt sein. Nebeneinanderliegende Tanks müssen einen Abstand von mindestens 40 cm voneinander haben.

---

[1]) Aufgestellt vom Ausschuß zur Behandlung feuergefährlicher Angelegenheiten.

b) Ein etwaiger Einsteigschacht ist mit einem übergreifenden Deckel abzudecken. Dieser muß so stark sein, daß er den Einwirkungen des darüber hinweggehenden Verkehrs und eines Brandes sicher widersteht.

c) Zum Schutz gegen Anrosten ist der Tank vor dem Eingraben mit einer wasserundurchlässigen, das Eisen nicht angreifenden Umhüllung, z. B. aus mehrfachen Lagen von Steinkohlenteer (Gudron) und Jutegewebe zu umgeben.

d) Der Tank ist aus Eisenblech von nachweislich höchstens 45 kg/qmm Zerreißfestigkeit und mindestens 18 bzw. 20 % Dehnung (vergl. Dinorm 1621) entsprechend den Grundsätzen des Dampfkesselbaus nach dem jeweiligen Stand der anerkannten Regeln der Technik und Wissenschaft herzustellen. Für die Verbindung der Armaturen und Rohrleitungen mit den Tankwandungen darf nur ein Dichtungsstoff (z. B. Pappe) verwendet werden, der durch die Einwirkung der Wärme nicht zerstört wird.

Die Dichtheit der unterirdischen Tanks ist vor dem Einbau mit 2 Atmosphären Überdruck durch den Bayerischen oder Pfälzischen Revisionsverein zu prüfen und zu bescheinigen, sofern nicht schon ein Prüfungszeugnis eines im Heimatlande des Verfertigungsortes anerkannten Sachverständigen vorliegt. Als Mindeststärke der zu den Tanks verwendeten Eisenbleche werden vorgeschrieben:

für Tanks	bis 1,75 m	Durchmesser	= 5 mm
von 1,75 m	bis 2,00 m	Durchmesser	= 6 mm
von 2,00 m	bis 2,50 m	Durchmesser	= 7 mm
von 2,50 m	bis 2,75 m	Durchmesser	= 8 mm
von 2,75 m	bis 2,90 m	Durchmesser	= 9 mm
von 2,90 m	bis 3,20 m	Durchmesser	= 10 mm

Die fertiggestellte Anlage ist nach Wahl des Unternehmers durch den Bayer. Revisionsverein München oder den Pfälz. Revisionsverein Kaiserslautern oder die Bayer. Landesgewerbeanstalt Nürnberg der Abnahmeprüfung zu unterziehen, wobei die sachgemäße Ausführung der Anlage und der Vollzug etwaiger besonderer Bedingungen festzustellen sind. Die Bescheinigung über die Prüfung des Tanks ist dabei vorzulegen.

Die Anlagen sind ferner alle 5 Jahre auf den ordnungsmäßigen Zustand insbesondere der Sicherheitseinrichtungen und ihre Übereinstimmung mit der ursprünglichen Ausführung durch den amtlichen Sachverständigen zu prüfen.

e) Die Rohre, die aus dem Tank und den Meßvorrichtungen herausführen, sind zum Schutz gegen das Einschlagen der Flamme mit Davyschem Drahtgewebe aus Kupfer, Messing oder einem anderen nicht rostenden Metall so zu versehen, daß dieses leicht nachgesehen, gereinigt oder erneuert werden kann. An Stelle der Drahtgewebe kann auch eine andere Einrichtung von gleicher Wirkung (Töpfe mit Kies oder Raschig-Ringen oder Metalldraht- oder Tauchverschlüsse) treten. Diese Einrichtungen sind dauernd in gutem Zustand zu erhalten.

f) Alle Rohre, die aus dem Tank nach oben führen, sind gegen mechanische Verletzungen zu schützen.

g) Im Ruhestand, d. h. wenn weder abgezapft noch gefüllt wird, darf aus der Anlage Flüssigkeit nicht austreten können.

h) Peilvorrichtungen zur Feststellung des Flüssigkeitsstandes im Tank müssen im unbenützten Zustand fest verschlossen und gegen unbefugtes Öffnen gesichert sein. Die Peilrohre müssen am unteren Ende und an seitlichen Durchbrechungen ihrer Wandungen mit Davyschen Drahtsieben oder anderen Flammenrückschlagsicherungen ausgestattet sein, der Peilstab muß aus Messing bestehen.

Oberpolizeiliche Vorschriften der Regierung von Mittelfranken vom 31. 5. 12 für die Herstellung von Aluminium in Pulverform (Aluminiumbronze).

Die Regierung von Mittelfranken, Kammer des Innern, erläßt auf Grund des § 120e der Gewerbeordnung und des § 45 der Verordnung vom 29. März 1892, den Vollzug der Reichsgewerbeordnung betreffend, mit Ermächtigung des Staatsministeriums des Kgl. Hauses und des Äußern nachstehende oberpolizeiliche Vorschriften für die Herstellung von Aluminium in Pulverform (Aluminiumbronze):

A. Die Beschaffenheit der Herstellungsräume.

§ 1. Die Herstellung von Aluminium in Pulverform darf nur in einstöckigen oder in solchen Gebäuden, in deren oberen Räumen Menschen sich nicht aufhalten, vorgenommen werden.

§ 2. Bei Neuanlagen darf die Herstellung von Aluminium in Pulverform nur in Schedbauten bzw. einstöckigen 15 bis 20 Meter von anderen Gebäuden abseits gelegenen Gebäuden mit Oberlicht durchgeführt werden.

Die Bauten sind nur aus Stein und Eisen herzustellen und mit einer leichten Bedachung zu versehen, wovon ein Teil ausschließlich aus Glasfenstern besteht.

§ 3. Die Türen aller Arbeitsräume müssen nach außen aufschlagen. Die Zahl derselben bemißt sich nach der Größe der Arbeitsräume.

Die Fenster in den Arbeitsräumen dürfen nicht vergittert sein.

§ 4. In allen Arbeitsräumen muß während des Betriebes für ausreichenden Luftwechsel Sorge getragen werden.

§ 5. Eine künstliche Beleuchtung der Fabrikationsräume darf entweder nur durch eine Außenbeleuchtung oder im Innern nur mittels zuverlässiger Sicherheitslampen oder elektrischen Glühlichtes nach den Vorschriften des Verbandes Deutscher Elektrotechniker für explosionsgefährliche Räume erfolgen, wie auch jede andere elektrische Anlage nach diesen Vorschriften herzustellen ist. Bei Außenbeleuchtung dürfen sich die betreffenden Fenster, welche stets in gutem Zustande zu erhalten sind, nicht öffnen lassen. Das Betreten der Räume mit offenem Licht (Laterne, Lampe, brennender Zigarre u. dgl.) ist verboten. Das Verbot ist an den Türen der Räume sichtbar anzubringen.

§ 6. Stämpfe müssen in besonderen Räumen aufgestellt werden, welche durch Brandmauern von anderen getrennt sind. Auch die Trockenapparate, welche nur mit indirekter Heizung betrieben werden dürfen, sind in besonderen Räumen unterzubringen. Die gleiche Vorschrift gilt für die Reibmaschinen und Sedimentiergefäße; jedoch dürfen diese in einem Raume untergebracht werden, wenn dieser durch Brandmauern von den sonstigen Räumen getrennt ist. Sortiermaschinen (Siebzylinder) und Mischmaschinen können in besonderen Räumen oder im Stampfraum Aufstellung finden.

§ 7. Die Heizung der Fabrikationsräume darf nur auf zentralem Wege durch Dampf, Warmwasser u. s. f. oder durch Öfen mit Außenfeuerung stattfinden. Dies gilt ganz besonders auch für die Einrichtung zum Erwärmen der Trockenkessel.

B. Beschaffung der Poliermühlen und Steigmühlen.

§ 8. Bei neuen Poliermühlen muß die Lagerung der Bürstenwelle außerhalb des Gehäuses angebracht sein; sämtliche im Innern der Poliermühlen befindlichen Stellringe und Schrauben müssen aus Rotmetall bestehen.

§ 9. Das Untergestell neuer Poliermühlen einschließlich der Schublade ist in allen Teilen aus unverbrennlichem Materiale herzustellen.

§ 10. Auch in alten Poliermühlen müssen die beiden Stellringe sowie deren Schrauben aus Rotmetall hergestellt sein.

§ 11. Die Steigmühlen dürfen keine Bürsten enthalten. Es dürfen nur Flügel aus Messing oder Aluminium Verwendung finden, welche den Boden und die Wände der Maschine nicht berühren. Schieber, Becher und deren Haken sind aus Messing herzustellen.

§ 12. Die Spurpfanne für die senkrechte rotierende Rolle muß aus Bronzemetall bestehen und ist so hoch einzubauen, daß sie durch das eingefüllte Aluminium nicht bedeckt wird.

§ 13. Die Schmierung der Spurpfannen hat von außen zu geschehen.

§ 14. Der Deckel ist an der Stelle des Wellendurchganges aus Bronzemetall herzustellen. Die gleiche Vorschrift gilt für das oberste Lager und den Stellring.

§ 15. Die Verwendung von Holz ist bei neuen Steigmühlen verboten.

C. Betrieb der Maschinen und Arbeitsverfahren.

§ 16. Es ist strenge darauf zu achten, daß eine Lockerung der Eisenteile der Maschinen nicht stattfinden kann und sämtliche Lager gut geschmiert sind, so daß ein Warmlaufen ausgeschlossen ist.

Es dürfen nur Stoffbüchsenpackungen mit Mineralfett verwendet werden.

§ 17. Die Bürstenwellen der Poliermühlen dürfen höchstens 120 Umdrehungen in der Minute machen.

§ 18. Das zur Verarbeitung gelangende Aluminiumrohmaterial darf nicht mit brennbaren Stoffen (Benzin, Benzol usw.) mit Sand oder sonstigen zur Funkenbildung Anlaß gebenden Stoffen verunreinigt werden.

§ 19. Das vom Trockenofen kommende Aluminium ist zu sieben, damit auch die kleinsten Aluminiumknöllchen entfernt werden.

§ 20. Mischungen von Aluminiumpulver verschiedener Sorten miteinander sowie Mischungen von Aluminium in Pulverform mit anderen pulverförmigen Metallen oder mit irgendwelchen anderen Stoffen dürfen nur in besonderen Mischmaschinen vorgenommen werden.

Das Mischen von Aluminium in Pulverform mit anderen Stoffen, wobei entzündliche oder explosible Gemenge entstehen können, ist verboten.

Mischmaschinen sind mit Aluminium- oder Messingflügeln auszustatten, welche den Boden und die Wände nicht berühren. Abfüllschieber oder Klappen müssen aus Messing bestehen.

§ 21. Das Sedimentieren des geriebenen Aluminiums in Pulverform darf nur mit kaltem Wasser vorgenommen werden. Falls beim Reiben oder Sedimentieren eine Zersetzung des Aluminiumpulvers eingetreten ist, muß eine rasche Durchlüftung des Raumes durch Öffnen der Türen und Fenster bewirkt werden.

§ 22. Die Verwendung von Benzin, Benzol oder sonstigen Stoffen, deren Dämpfe mit Luft explosible Gemische bilden, ist beim Polieren des Aluminiumpulvers verboten.

Zu anderweitigen Zwecken, z. B. zum Färben, darf die Verwendung derartiger Stoffe nur in besonderen Räumen erfolgen, deren Heizeinrichtungen dem § 7 entsprechen müssen.

Die Bestimmungen der Verordnung vom 9. Juni 1902, leichtentzündliche, flüssige Stoffe betreffend — GVBl. S. 221 — bleiben hierdurch unberührt.

§ 23. Die Räume in denen Polier- und Steigmühlen Aufstellung finden, dürfen während des Ganges der Maschinen nicht betreten werden. Zur Durchführung dieser Vorschrift ist die Transmission zum Aus- und Einrücken von außen einzurichten.

Mit der Aus- und Einrückung ist zwangsläufig eine Ent- und Verriegelung der Türen zu den betreffenden Arbeitsräumen zu bewerkstelligen, sodaß die Arbeitsräume nur beim Stillstehen der Maschinen betreten werden können.

§ 24. Apparate, Transmissionen, Gebälke, Fußböden usw. sind von Aluminiumstaub freizuhalten.

§ 25. Der Raum, in welchem sich Stämpfe befinden, ist auf mechanischem Wege zu entstauben.

§ 26. Werden zur Entstaubung Exhaustoren verwendet, so sind diese außerhalb der Arbeitsräume anzubringen.

Die Flügel der Exhaustoren müssen aus Messing oder Aluminium hergestellt sein.

§ 27. Der abgesaugte Staub ist auf kürzestem Wege in einen im Freien gelegenen feuersicheren Staubsammler zu leiten. Staubsammler und dessen Zuleitungen, diese soweit sie im Freien liegen, müssen gegen Feuchtigkeit geschützt sein.

§ 28. Eine Aufbewahrung von Vorräten von Aluminium in Pulverform ist in sämtlichen Fabrikationsräumen verboten.

D. Ableitung der Elektrizität.

§ 29. Zur Vermeidung von Riemenelektrizität sind geeignete Maßnahmen zu treffen.

E.

§ 30. Brände dürfen mit Wasser nicht gelöscht werden, jedoch ist Menschen mit brennenden Kleidern in geeigneter Weise mit Wasser Hilfe zu leisten.

Brennendes oder glühendes Aluminium ist durch Aufwerfen mit Sand zu ersticken. Ein größerer Vorrat trockenen Sandes ist bereitzuhalten.

Außerdem müssen für den Fall eines Brandes eine flammsichere Decke, Verbandzeug und Mittel gegen Brandwunden zur Hand sein.

F. Schlußbestimmungen.

§ 31. In jedem der Fabrikation von Aluminium in Pulverform dienenden Räumen ist an leicht zugänglicher Stelle eine Abschrift gegenwärtiger Vorschriften sichtbar aufzuhängen.

Ebenso sind die Arbeiter bei Androhung der Entlassung zur Befolgung der Vorschriften zu verpflichten.

§ 32. Die Regierung, Kammer des Innern, von Mittelfranken behält sich vor, beim Vorliegen ganz besonderer Verhältnisse Dispens von einzelnen Bestimmungen gegenwärtiger Vorschriften zu erteilen.

§ 33. Gegenwärtige Vorschriften treten sofort in Kraft.

Die Vorschriften vom 23. Dezember 1901 — KrABl. S. 247 — werden aufgehoben.

Oberpolizeiliche Vorschriften der Staatsministerien des Königlichen Hauses und des Äußern, sowie des Innern vom 9. 3. 12 über Zelluloidbetriebe und Zelluloidlager in der Fassung vom 19. 6. 26.

Auf Grund des § 120 e, § 147 Abs. 1 Ziff. 4 und § 150 a der Gewerbeordnung und des Art. 156 Ziff. 2 des PolStGB. werden die nachstehenden Oberpolizeilichen Vorschriften erlassen:

I. Allgemeines.

Begriffsbestimmungen.

§ 1. Als Zelluloid im Sinne dieser Vorschriften sind solche brennbare Stoffe anzusehen, die aus nitrierter Zellulose oder chemisch ähnlichen Stoffen und aus Kampfer oder anderen Zusatzmitteln mit oder ohne Beigabe von Füll- und Färbstoffen bestehen. Als Zelluloid gelten hiernach auch die im Handel unter der Bezeichnung Zellhorn, Xylonit oder dergl. vorkommenden Stoffe.

Zelluloidwaren sind diejenigen Waren, die ganz oder zum Teil aus Zelluloid hergestellt sind.

Anzeigepflicht.

§ 2. Die Gewerbetreibenden, die sich mit der Be- oder Verarbeitung von Zelluloid befassen wollen, haben hiervon vor dem Beginn des Betriebes der Distriktspolizeibehörde, in München dem Stadtmagistrat, Anzeige zu erstatten. Die gleiche Anzeige haben innerhalb 14 Tagen vom Erlaß dieser Vorschriften ab diejenigen Gewerbetreibenden zu erstatten, welche zur Zeit sich mit der Be- oder Verarbeitung von Zelluloid befassen.

Diese Anzeigen sind ohne Verzug dem zuständigen Gewerberat zu übermitteln.

II. Vorschriften für Anlagen zur Herstellung von Zelluloidwaren, in deren Betriebsräumen drei oder mehr Gehilfen Lehrlinge oder sonstige Arbeiter beschäftigt oder mehr als 50 kg Zelluloid gleichzeitig be- oder verarbeitet oder (einschließlich des Rohmaterials, der Erzeugnisse und des Abfalls) aufbewahrt werden.

Betriebsräume (Lage).

§ 3. Die Räume, in denen Zelluloid be- oder verarbeitet wird, dürfen sich unter ebensolchen Räumen oder unter anderen bewohnten oder zum dauernden Aufenthalt von Menschen bestimmten Räumen nur dann befinden, wenn jedes höher liegende Geschoß wenigstens einen gesicherten Rückzugsweg besitzt, der bei einem Brand in einer Zelluloid-Betriebsstätte nicht gefährdet werden kann. Als solcher Rückzugsweg gilt auch eine im Freien an allen Geschossen vorbeiführende Nottreppe.

In neuen Betriebsstätten dürfen die Räume, in denen Zelluloid be- oder verarbeitet wird, nicht unter Wohnungen eingerichtet werden.

Ausgänge.

§ 4. Jeder Betriebsraum muß mit mindestens zwei nach verschiedenen Seiten gelegenen Ausgängen versehen sein, von denen aus man entweder ins Freie oder zu einer feuersicheren Treppe in einem massiven und rauchsicher abgeschlossenen Treppenhause gelangen kann. Die Ausgänge sind mit deutlich sichtbarer Aufschrift zu kennzeichnen.

Räume, die im gleichen Gebäude neben den Betriebsstätten liegen und zum dauernden Aufenthalt von Menschen bestimmt sind, müssen wenigstens mit einem Rückzugswege, der bei einem Brande in den Betriebsstätten nicht gefährdet werden kann, versehen sein; sie müssen von den Betriebsstätten durch eine massive, mindestens einen Stein starke, öffnungslose, beiderseits verputzte Wand getrennt sein.

Türen.

§ 5. Alle Arbeitsräume sind mit unverbrennlichen, nach außen aufschlagenden, während des Betriebs unversperrten und selbsttätig schließenden Türen zu versehen; bei derzeit bereits bestehenden Anlagen werden ebensolche feuersichere Türen zugelassen.

Wände.

§ 6. Die Arbeitsräume müssen massive Umfassungswände und eine unverbrennliche Decke besitzen; bei derzeit bereits bestehenden Anlagen werden feuersichere Decken zugelassen. Die Innenwände müssen glatt verputzt sein und sollen keinen Vorsprung aufweisen. Vorkommende Ecken und einspringende Winkel sind abzurunden.

In Arbeitsräumen, in denen beträchtliche Mengen von Zelluloidstaub auftreten, sind außerdem die Wände bis zu einer Höhe von 2 m über dem Fußboden mit einem waschbaren mineralischen Anstrich zu versehen.

Fußböden.

§ 7. Die Fußböden müssen glatt und fugenfrei, sowie leicht waschbar sein und sind während der Arbeitszeit durch öfteres Bespritzen feucht zu halten.

Sie müssen täglich durch feuchtes Aufwischen gereinigt werden.

Luftraum und Lüftung, Fenster.

§ 8. Die Arbeitsräume müssen auf jede Person mindestens 10 cbm Luftraum und mindestens 3 qm Bodenfläche bieten; in Räumen, in denen die Be- oder Verarbeitung unter Erhitzung des Materials oder unter Erzeugung feiner Abfälle (Staub, Spähne usw.) geschieht, muß der auf eine Person entfallende Luftraum mindestens 15 cbm betragen.

Die Größe der gesamten Fensterfläche muß mindestens 15 % der Bodenfläche und 40 % der Fensterwand betragen. Vorbehaltlich des § 9 müssen die Fenster der Arbeitsräume große Scheiben von dünnem Glase besitzen, möglichst bis zur Decke reichen und in ihrem oberen Teil durch eine vom Fußboden aus stellbare Lüftungsklappe geöffnet werden können. Die Arbeitsräume müssen überdies, wenn erforderlich, mit künstlichen Ventilationsvorrichtungen versehen sein; Dämpfe von Azeton, Amylazetat, Essigsäure usw., sowie Wasserdämpfe sind wirksam abzuführen.

Die Treppenhäuser müssen wirksam gelüftet werden können; sie sind im höchsten Punkt mit einer von unten zu öffnenden Luftklappe zu versehen, deren Öffnung mindestens ½ qm groß ist und mindestens 5 % der Bodenfläche des Treppenhauses beträgt.

§ 9. Fenster und ähnliche Öffnungen der Arbeitsräume, aus denen im Falle eines Brandes Stichflammen heraustreten können, sollen nicht auf solche Gänge, Stiegen, Vorplätze und dgl. münden die dem Verkehr im Gebäude dienen und im Falle der Gefahr notwendige Fluchtwege darstellen; ebenso sollen derartige Fenster und Öffnungen nicht gegen enge Gassen oder kleine Höfe gelegen sein, wenn durch die heraustretenden Stichflammen Personen oder gegenüberliegende Gebäude gefährdet werden können. Ist die Anbringung solcher Fenster oder Öffnungen nicht zu vermeiden, so müssen sie mit Drahtglas in eisernem Rahmen ohne Verkittung oder mit Elektroglas oder mit ähnlichem feuersicherem Glas verschlossen sein.

Verkehrswege.

§ 10. Die sämtlichen Verkehrswege, sowohl innerhalb wie außerhalb der Arbeitsräume, dürfen nicht verstellt, sondern müssen unter allen Umständen freigehalten werden.

In jedem Arbeitsraum müssen zu den Ausgangstüren Hauptgänge von mindestens 1,20 m nutzbarer Breite freigelassen werden. Die von den einzelnen Arbeitsplätzen zu den Hauptgängen führenden Verkehrswege müssen genügend breit und auch im Falle der Feuersgefahr leicht und sicher benützbar sein.

In den Arbeitsräumen dürfen nur die für den Betrieb unbedingt notwendigen Werkseinrichtungen untergebracht werden; diese müssen so aufgestellt sein, daß der Verkehr in den Arbeitsräumen nicht gehindert wird.

Alle Maschinen und sonstigen Betriebseinrichtungen, insbesondere jene, auf welchen sich leicht Staub anlegen kann, müssen zum Zwecke der Reinigung leicht zugänglich sein.

Löscheimer.

§ 11. An allen Arbeitstischen, an denen Zelluloid be- oder verarbeitet wird, müssen mit Wasser gefüllte Löscheimer bereitstehen; auf jede Arbeitsstelle hat ein Löscheimer zu kommen. Einige mit Wasser gefüllte Löscheimer müssen sich auch in unmittelbarer Nähe der Ausgänge befinden.

Weitergehende Anordnungen bleiben gemäß § 28 vorbehalten.

Beheizung.

§ 12. Die Betriebsräume einschließlich der Trockenräume dürfen nur erwärmt werden auf zentralem Wege durch Dampf oder Wasser oder durch Kachelöfen, die innerhalb der Betriebsräume von metallenen Außenteilen frei sind und von außen geheizt werden. Auch Trockenöfen dürfen in Betriebsräumen nur dann vorhanden sein, wenn sie auf zentralem Wege oder von außen geheizt werden.

Die Heizkörper, Heizrohre und Öfen müssen durch abnehmbare Schutzgitter, engmaschige Drahtnetze oder dgl. vor einer unmittelbaren Berührung mit Zelluloid-Abfällen geschützt sein; sie müssen so gestaltet und angeordnet sein, daß Zelluloidwaren nicht mit ihnen in Berührung kommen und nicht auf ihnen gelagert werden können, und daß jede Reinigung leicht und sicher vorgenommen werden kann. Die Heiz- und Dampfrohre sind so zu verlegen, daß sie mindestens 20 cm vom Fußboden entfernt bleiben.

Heizkörper, Heizrohre und Öfen sowie ihre Schutzgitter müssen von Staub freigehalten werden.

Beleuchtung.

§ 13. Eine künstliche Beleuchtung der Arbeitsräume hat mittelst elektrischer, durch Draht gegen Zerschlagen geschützter Glühlampen, zu geschehen; es sind nur Glühlampen zulässig, die im luftleeren Raum brennen; die Leitungen müssen eine wasserdichte Isolierhülle haben deren Beschaffenheit der verwendeten Spannung entspricht; sie sind in Rohren oder als armierte Bleikabel zu verlegen; Mehrfachleitungen sind unzulässig; Schalttafeln, Sicherungen, Kontakte, Elektrizitätsmesser sind außerhalb der Arbeitsräume oder in feuersicher abschließenden Schutzkästen unterzubringen. In Räumen, in denen die Be- oder Verarbeitung des Zelluloids unter Erzeugung feiner Abfälle (Staub, Späne usw.) geschieht, müssen außerdem die Glühlampen mit Überglocken versehen sein, die auch die Fassung dicht umschließen, und sämtliche Ein- und Ausschalter außerhalb der Arbeitsräume oder in feuersicher abschließenden Schutzkästen untergebracht werden.

Wo keine Elektrizität zur Verfügung steht, werden Gasglühlichtlampen zugelassen, wenn sie mindestens 1 m von der Arbeitsstelle entfernt, fest und sicher angebracht und mit einem Glimmerzylinder, ferner einem Schutzteller gegen auffliegende Späne, herabfallende Glasstücke und dgl., sowie mit einem Blacker versehen sind. Für das Anzünden der Lampen dürfen nur elektrische Anzünder oder Platin-Zündstoffe benützt werden.

Die Verwendung anderer Lichtquellen ist zulässig, wenn die Beleuchtung von außen geschieht und die Flammen durch eingemauerte Glasscheiben von mindestens 8 mm Dicke von den Innenräumen vollständig abgeschlossen werden.

Zur vorübergehenden Beleuchtung dürfen nur zuverlässige Sicherheitslampen verwendet werden.

Elektrische Anlagen.

§ 14. Für elektrische Anlagen sind im übrigen die vom Verbande deutscher Elektrotechniker aufgestellten Sicherheits-Vorschriften und Normalien unter besonderer Berücksichtigung der Vorschriften für feuergefährliche Betriebsstätten und Lagerräume maßgebend.

Sägen, Fräsen usw. des Zelluloids.

§ 15. Das Sägen, Fräsen, Drehen und Schleifen des Zelluloids muß unter andauerndem Auftropfen von Wasser geschehen; diese Vorschrift findet keine Anwendung auf Arbeiten, bei denen das Auftropfen von Wasser aus technischen Gründen unzulässig ist, ferner auf Schleifarbeiten, bei denen Tuchschwabbeln unter Gebrauch von feuchten Schleifmitteln verwendet werden.

Schleifen von Werkzeug.

§ 16. In Räumen in denen der Betrieb zur Bildung von Zelluloid-Staub oder sonstigen feinen Zelluloid-Abfällen führt, dürfen Werkzeuge auf trockenem Weg nicht geschliffen werden.

Prägepressen.

§ 17. Die Prägepressen dürfen nur mit Dampf oder auf elektrischem Wege geheizt werden.

Der Gebrauch von direkt geheizten Pressen ist nur dann gestattet, wenn die Pressen mit Schutzblechen zur Verhütung des Herausschlagens von Flammen versehen sind; falls die Pressen unmittelbar von Tischflächen umgeben sind, müssen sie auch mit einem Blechmantel ausgestattet werden. Die Anhäufung von Material in der Nähe der Pressen ist verboten.

Feuer und Licht.

§ 18. Es ist verboten, die Arbeits- und Lagerräume mit offenem Licht zu betreten und in ihnen zu rauchen. Personen, welche diese Räume betreten, dürfen Zündhölzer oder sonstiges Feuerzeug nicht bei sich führen.

Diese Verbote sind auf beiden Seiten aller Türen anzuschlagen.

Werden Zelluloidwaren für den Versand in hölzernen Kisten mit Zinkeinsätzen verpackt, so darf das Löten und Entlöten von Deckel und Einsatz nur mittels eines mäßig erwärmten Lötkolbens (nicht mit Lötlampen) und nur unter Zuhilfenahme einer feuersicheren Unterlage (z. B. Asbestpappe oder durch Tränken feuersicher gemachter Pappe) bewirkt werden. Es muß von einer mit dem Löten und Entlöten und der Leichtentzündlichkeit des Zelluloids vertrauten Person und tunlichst im Freien vorgenommen werden.

Aufbewahrung von Material und Abfällen in Arbeitsräumen.

§ 19. Rohmaterial darf nur in der Menge des Tagesbedarfs und fertige Waren dürfen nur in der Menge der Tageserzeugung in den Arbeitsräumen vorhanden sein; Zwischenprodukte dürfen in den Arbeitsräumen nur in solchen Mengen belassen werden, als durch das unabweisliche Bedürfnis des Betriebes erfordert wird; größere Mengen müssen in besonderen Lagerräumen aufbewahrt werden.

Kleine Zelluloidabfälle (Drehspäne, Sägemehl usw.), die an Maschinen oder bei der Handarbeit entstehen, sind in Blechbehältern aufzusammeln und täglich, im Bedarfsfalle mehrere Male, in feuersichere Behälter, die in einem feuersicheren Lagerraume ihren Standort haben, zu entleeren.

Die in der Verordnung vom 9. Juni 1902 benannten, leicht entzündlichen flüssigen Stoffe sind dieser Verordnung entsprechend aufzubewahren und müssen sich in dicht verschlossenen Blechgefäßen befinden, sobald die Menge 1/4 Liter übersteigt.

Anweisung der Arbeiter.

§ 20. Alle Arbeiter sind durch Anschlag über die Gefahren des Zelluloids zu unterrichten und anzuweisen, den Arbeitsraum beim Entstehen eines B r a n d e s wegen der Giftigkeit der Verbrennungsgase sofort zu verlassen, wenn die Benutzung von Wasser nicht das sofortige Löschen zur Folge hat. Ihre Kleidungsstücke, die bei der schnellen Rettung etwa verloren gehen könnten, sind vom Unternehmer gegen Feuerschaden zu versichern; daß dies geschehen, ist in dem Anschlag hervorzuheben.

In jedem Betriebe muß entweder der Arbeitgeber oder eine sonstige Person mit der Anstellung von Wiederbelebungsversuchen vermittels künstlicher Atmung vertraut sein[1]).

Gewerbetreibende, die Hausarbeiter beschäftigen, haben diese bei der Übertragung der Arbeit über deren Gefahren schriftlich zu unterrichten.

---

[1]) A n m e r k u n g. Bei Vergiftung durch Brandgase ist die Anstellung von Wiederbelebungsversuchen und ihre Fortsetzung bis zum Erscheinen des Arzts unerläßlich. In größeren Betrieben empfiehlt sich die Bereitstellung von Sauerstoffapparaten.

III. Vorschriften für Anlagen zur Herstellung von Zelluloidwaren, in deren Betriebsräumen weniger als 3 Gehilfen, Lehrlinge oder sonstige Arbeiter beschäftigt und weniger als 50 kg Zelluloid gleichzeitig be- oder verarbeitet oder (einschließlich des Rohmaterials, der Fertigprodukte und des Abfalls) aufbewahrt werden.

§ 21. Jeder Arbeitsraum muß mindestens zwei Ausgänge haben, deren Türen nach außen aufschlagen.

Die Arbeitsräume müssen auf jede Person mindestens 10 cbm Luftraum bieten und mit reichlicher natürlicher Lüftung versehen sein.

Die Fußböden sind während der Arbeitszeit durch öfteres Bespritzen feucht zu halten und müssen täglich durch feuchtes Aufwischen gereinigt werden.

§ 22. Die §§ 11 (Löscheimer), 12 (Beheizung), 13 (Beleuchtung), 14 (Elektrische Anlagen), 16 (Schleifen von Werkzeugen), 17 (Prägepressen), 18 (Feuer und Licht), 19 (Aufbewahrung von Material und Abfällen), 20 (Anweisung der Arbeiter) finden Anwendung.

IV. Vorschriften für gewerbliche Anlagen anderer Art, die nur nebenher Zelluloid verarbeiten und aufbewahren.

§ 23. Auf Anlagen, die als Rohmaterial, fertiges Produkt und Abfall nicht mehr als 10 kg Zelluloid im Betrieb haben, finden lediglich die §§ 11 (Löscheimer) und 18 (Feuer und Licht) Anwendung.

Auf die übrigen Anlagen finden, je nachdem ob sie mehr oder nicht mehr als 50 kg Zelluloid gleichzeitig im Betrieb haben, die Bestimmungen unter II oder III Anwendung.

V. Vorschriften für offene Verkaufsstellen.

Offene Verkaufsstellen.

§ 24. Im Betrieb offener Verkaufsstellen müssen Zelluloidwaren vor Entzündung geschützt und in ausreichender Entfernung von Öfen, offenem Licht und von leicht brennbaren Stoffen, wie z. B. Weingeist, Äther, Spiritus, Benzin, sowie von Feuerwerkskörpern gelagert werden.

VI. Zelluloidlager.

Zelluloidlager.

§ 25. Zelluloidlager (für Rohstoffe und Abfälle, sowie für halbfertige und fertige Waren) der Betriebe, in denen Zelluloid hergestellt oder be- oder verarbeitet wird, unterliegen den Vorschriften der Anlage.

Die Lager von Zelluloidwaren in Handelsbetrieben unterliegen den Vorschriften der Anlage unter B, wenn sie mehr als 2000 kg Zelluloid enthalten, unter C, wenn sie mehr als 20 000 kg Zelluloid enthalten. Sind bei kleineren Lagern in Handelsbetrieben besondere Sicherheitsvorkehrungen erforderlich, so bleibt deren Anordnung im einzelnen Fall der Distriktspolizeibehörde, in München dem Stadtmagistrat, vorbehalten.

VII. Schlußbestimmungen.

Ausnahmen.

§ 26. Die Regierungen, Kammern des Innern, sind ermächtigt, beim Vorliegen besonderer Verhältnisse, soweit es ohne Gefährdung der öffentlichen Sicherheit und der Sicherheit der Arbeiter geschehen kann, Ausnahmen von einzelnen Bestimmungen dieser Vorschriften zuzulassen.

Bestehende Anlagen.

§ 27. Diese Vorschriften finden auch auf die zur Zeit bestehenden Anlagen und Betriebe (Fabriken, Werkstätten, Verkaufsstellen, Lager) Anwendung.

Zur Beseitigung der hiernach etwa bestehenden Mängel sind den Beteiligten von den Distriktspolizeibehörden, in München dem Stadtmagistrat, angemessene Fristen zu gewähren.

Wenn die Anwendung einzelner Bestimmungen auf bestehende Anlagen und Betriebe mit Rücksicht auf deren Lage oder bauliche Beschaffenheit mit besonderen Schwierigkeiten oder mit unverhältnismäßigen Kosten verbunden wäre, so können die Distriktsverwaltungsbehörden von solchen Bestimmungen unter Anordnung der im Interesse der öffentlichen Sicherheit gebotenen Auflagen entbinden.

Vorbehalt weitergehender Anordnungen.

§ 28. Diese Vorschriften stehen weitergehenden Anordnungen der Distriktspolizeibehörden im Wege der Verfügung für einzelne Anlagen nach Maßgabe der §§ 120a und 120d der Gewerbeordnung, insbesondere in bezug auf die Löschvorrichtungen, nicht entgegen.

Inkrafttreten.

§ 29. Der § 2 dieser Vorschriften tritt sofort in Kraft; im übrigen treten die Vorschriften am 1. Mai 1912 in Kraft.

Anlage.

Bestimmungen für Zelluloidlager.

(Rohstoffe und Abfälle, halbfertige und fertige Waren) der Betriebe, in denen Zelluloid hergestellt oder be- oder verarbeitet wird.

A. Bestimmungen für die Lagerung von weniger als 50 kg Zelluloid.

Die Lagerräume müssen von den Betriebsstätten durch feuersichere Wände und feuersichere, selbstschließende Türen getrennt sein, dürfen keine Innen-Heizung und keine andere als Tag-, Außen- oder elektrische Beleuchtung besitzen und nicht in unmittelbarer Nähe eines Ausganges liegen.

Unter Arbeits- oder bewohnten Räumen dürfen die Lagerräume sich nur dann befinden, wenn sie eine feuersichere Decke haben.

Die Türen der Lagerräume müssen mit der Aufschrift „Zelluloidlager" versehen sein. Der Distriktspolizeibehörde, in München dem Stadtmagistrat, bleibt vorbehalten, im einzelnen Fall besondere Sicherheitsvorkehrungen, vorzuschreiben, wenn solche erforderlich sind.

B. Bestimmungen für die Lagerung von 50 kg bis 20000 kg Zelluloid.

I. Lagerung in Gebäuden, die noch anderen Zwecken dienen.

AA. Allgemeine Bestimmungen.

1. Die Lagerung darf nur in Gebäuden mit massiven Wänden erfolgen.
2. Die Lagerung in Gebäuden, die auch noch Wohnzwecken dienen, ist verboten.
3. Nachbargebäude müssen von dem Gebäude, in dem die Lagerung stattfindet, entweder durch eine Backstein-Brandmauer oder durch einen gemäß § 47 der Bauordnung von der Baupolizeibehörde festzusetzenden Abstand getrennt sein.
4. Jedes Gebäude muß, wenn es nicht gesichert ist, mit einem Blitzableiter versehen werden, der jährlich einmal durch einen Sachverständigen zu prüfen ist.

BB. Lagerung von Rohmaterialien und Abfällen.

1. Rohmaterialien und Abfälle dürfen nur im Keller und entweder im obersten Stockwerke oder im Dachgeschoß gelagert werden. In den Mittelgeschossen ist die Lagerung von Rohzelluloid und von Abfällen verboten.

2. In einem und demselben Gebäude dürfen Abfälle im Gewicht von höchstens 1500 kg gelagert werden.

3. Im Keller darf die Gesamtmenge des lagernden Zelluloids einschließlich der Abfälle, halbfertiger und fertiger Waren die Menge von 2000 kg nicht überschreiten.

4. Im obersten Stockwerk oder im Dachgeschoß darf die Gesamtmenge des lagernden Zelluloids einschließlich der Abfälle, halbfertiger und fertiger Waren die Menge von 20000 kg nicht überschreiten. Enthält das Gebäude Zelluloidlager auch im Keller und in Zwischengeschossen (CC), so verringert sich die zulässige Höchstmenge um das im Keller und in den Zwischengeschossen lagernde Gewicht.

5. Bei Lagerung im obersten Stockwerk oder im Dachgeschoß darf sich über dem Geschoß des Lagerraumes kein Arbeitsraum befinden.

6. Die Umfassungswände des Lagerraums sind in der Regel mindestens 25 cm stark massiv herzustellen. Enthalten sie Schornsteine, so muß die dem Lagerraume zugewendete Wange 25 cm stark sein. Schornsteinöffnungen dürfen nicht in den Raum führen.

7. Die Decke des Lagerraums ist unverbrennlich herzustellen.

Im Dachgeschoß können bei günstigen Verhältnissen Erleichterungen zugelassen werden.

Zur schnellen Abführung der Zelluloidgase im Brandfalle sind Fenster von entsprechender Größe mit dünner Verglasung und erforderlichenfalls auch noch Entlüftungsklappen einzubauen, die sich im Brandfalle selbsttätig öffnen und außerdem von gesicherter Stelle aus geöffnet werden können. Die Fenster und Klappen sind so anzuordnen, daß andere Gebäude oder Bauteile durch Stichflammen nicht gefährdet werden können.

8. Der Fußboden des Lagerraums ist unverbrennlich herzustellen, wenn die Decke darunter nicht unverbrennlich ist.

9. Die Türen des Lagerraums sind unverbrennlich, nach außen aufschlagend und selbsttätig zufallend einzurichten; sie sind mit der Aufschrift „Zelluloidlager" zu versehen.

10. Ein Lagerraum im obersten Stockwerk oder im Dachgeschoß muß einen besonderen feuersicheren Zugang von einem massiven Treppenhause und einen weiteren Rückzugsweg besitzen.

Andere Räume, die in demselben Geschoß wie die Lagerräume oder in einem darüber befindlichen Geschoß liegen, müssen wenigstens einen Rückzugsweg haben, der durch einen Brand in den Zelluloidlagerräumen nicht gefährdet werden kann.

11. Der Lagerraum muß mit wirksamen Entlüftungsvorrichtungen versehen sein.

12. Die Beleuchtung darf nur durch Tageslicht, feuersicher abgeschlossene Außenbeleuchtung oder elektrische Glühlampen, die im luftleeren Raum brennen, erfolgen. Die Glühlampen müssen mit dichtschließenden Überglocken, die auch die Fassung dicht einschließen, versehen sein.

13. Der Lagerraum darf keine Heizanlagen besitzen. Alle durch ihn hindurchführenden Rohrleitungen, die zeitweilig erwärmt werden, müssen durch Drahtnetze oder dgl. so geschützt sein, daß keine Gegenstände in geringerer Entfernung als 50 cm davon gelagert werden können. Elektrische Leitungen müssen eine wasserdichte Isolierhülle haben, deren Beschaffenheit der verwendeten Spannung entspricht; sie sind in Rohren oder als armierte Bleikabel zu verlegen. Mehrfachleitungen sind unzulässig. Schalter, Sicherungen, Elektrizitätsmesser, Kontakte u. dergl. sind außerhalb dieser Räume oder in feuersicher abschließenden Schutzkästen unterzubringen. Im übrigen gelten für die elektrischen Einrichtungen in diesen Räumen die vom Verbande Deutscher Elektrotechniker herausgegebenen Sicherheitsvorschriften und Normalien, insbesondere die Vorschriften für feuergefährliche Betriebsstätten und Lagerräume.

CC. Lagerung von halbfertigen und von fertigen Waren.

1. Halbfertige Waren deren Aufbewahrung in den Arbeitsräumen nicht durch das unabweisliche Bedürfnis des Betriebs erfordert wird (§ 19 der Oberpol. Vorschriften) sowie fertige Waren müssen entweder in den Lagerräumen für Rohmaterial und Abfälle oder in besonderen Lagerräumen aufbewahrt werden, die sich in den Geschossen zwischen Keller und Dachgeschoß befinden dürfen.

2. Für die besonderen Lagerräume für halbfertige und für fertige Waren gelten nachstehende Vorschriften:

a) in den Lagerräumen darf eine Be- oder Verarbeitung von Zelluloid nicht vorgenommen werden;
b) mehr als 500 kg Zelluloid-Waren dürfen in einem und demselben Lagerraume nicht gelagert werden;
c) die Lagerräume müssen von den übrigen Räumen durch feuersichere Wände getrennt sein und müssen mindestens zwei Ausgänge mit unverbrennlichen nach außen aufschlagenden und selbsttätig schließenden Türen besitzen; bei derzeit bestehenden Anlagen werden ebensolche feuersichere Türen zugelassen;
d) die Türen müssen mit der Aufschrift „Zelluloidlager" versehen sein;
e) im übrigen finden auf diese Lagerräume die Bestimmungen unter BB 7 und 8, 11—13 entsprechende Anwendung.

II. Lagerung in Gebäuden, die nur diesem Zweck dienen.

Die Lagerung darf nur in Gebäuden mit massiven Wänden erfolgen. Bei Neubauten muß jedes Lagergebäude mindestens 10 m von anderen Gebäuden entfernt bleiben. Ein Lagergebäude darf höchstens aus Keller-, Erd- und Dachgeschoß bestehen und muß mindestens zwei ins Freie führende Ausgänge besitzen.

Jedes Lagergebäude muß, wenn es nicht bereits gesichert ist, mit einem Blitzableiter versehen werden, der jährlich einmal durch einen Sachverständigen zu prüfen ist.

In einem Gebäude dürfen nicht mehr als im ganzen 20000 kg Zelluloid gelagert werden.

C. Lagerung von mehr als 20000 kg Zelluloid.

Für die Lagerung von mehr als 20000 kg Zelluloid werden der Distriktspolizeibehörde, in München dem Stadtmagistrat, besondere Vorschriften vorbehalten.

Gewerbetreibende, welche ein Zelluloidlager von diesem Umfang errichten wollen, haben vor dem Beginn des Lagerbetriebs der zuständigen Distriktspolizeibehörde, in München dem Stadtmagistrat, Anzeige zu erstatten.

Entschließung des Staatsministeriums des Königlichen Hauses und des Äußern und des Innern vom 23. 3. 12 zu den Oberpolizeilichen Vorschriften über Zelluloidbetriebe und Zelluloidlager.

Zu den oberpolizeilichen Vorschriften über Zelluloidbetriebe und Zelluloidlager vom 9. März 1912 (GVBl. S. 77ff.) ergeht nachstehende Entschließung:

1. Die Überwachung des Vollzugs der neuen Vorschriften, soweit sie den Schutz der Arbeiter betreffen, obliegt außer den Ortspolizeibehörden auch den Gewerbeaufsichtsbeamten.

2. Die K. Gewerberäte haben auf Grund der gemäß § 2 der Vorschriften ihnen zugehenden Anzeigen und der amtlichen Betriebsverzeichnisse eine Liste der Zelluloidbetriebe ihres Aufsichtsbezirkes anzulegen.

3. Sie haben die Zelluloidbetriebe zu besichtigen und dabei auch zu würdigen, ob nicht gemäß § 28 der Vorschriften weitergehende Anordnungen, insbesondere in bezug auf Löschvorrichtungen, veranlaßt sind; es kommt in Frage z. B. die Forderung der Anbringung von Zapfhähnen der Wasserleitung von genügendem Durchmesser mit angeschraubtem Schlauch, für größere Anlagen auch die Forderung der Anbringung selbsttätiger Brause- und Sprinkler-Einrichtungen.

4. Da in die Vorschriften auch Anordnungen über das Verhalten der Arbeiter im Betriebe aufgenommen sind (vgl. §§ 10 Abs. 1 und 18 Abs. 1), ist Veranlassung gegeben, auf die am 1. April 1912 in Kraft tretende Bestimmung in § 120e Abs. 1 Satz 3 der Gewerbeordnung über den Aushang der fraglichen Anordnung hinzuweisen.

5. Die Distriktspolizeibehörden haben dafür zu sorgen, daß die neuen Vorschriften in den beteiligten Kreisen hinreichend bekannt werden.

Oberpolizeiliche Vorschrift vom 11. 12. 22 über die Herstellung und Lagerung von Zündhölzern.

Auf Grund des § 368 Ziffer 8 des Strafgesetzbuches für das Deutsche Reich, des § 120e der Reichsgewerbeordnung und des Art. 2 Ziffer 14 des Polizeistrafgesetzbuches für Bayern wird vorbehaltlich der Vorschrift in § 367 Ziffer 6 des Strafgesetzbuches für das Deutsche Reich folgende

oberpolizeiliche Vorschrift

erlassen.

§ 1. Als Stoffe, auf die die nachstehenden Vorschriften anzuwenden sind, werden erklärt: Phosphor, Schwefelphosphorverbindungen, chlorsaures Kalium und Zündhölzer.

§ 2. Für Zündholzfabriken gelten folgende Bestimmungen:

a) Die zur Herstellung und Lagerung dienenden Räume sind in freistehenden Gebäuden oder Gebäudegruppen unterzubringen, die unter sich und von anderen Gebäuden mindestens 9 m entfernt sind. Die Einhaltung der Schutzzone ist sicherzustellen.

b) Die Rohstoffe und die Erzeugnisse (chlorsaures Kalium, Phosphor und ihre Ersatzstoffe, fertig verpackte Zündhölzer) sind einzeln und getrennt von anderen Gegenständen aufzubewahren. Die Lager sind feuersicher herzustellen, insbesondere mit unverbrennlichen Decken und feuersicheren, selbstschließenden Türen zu versehen. Türen ins Freie müssen nach außen aufschlagen. Mengen von mehr als 500 kg chlorsaurem Kalium sind in besonderen freistehenden Lagern unterzubringen.

c) Die Masseküchen und die Trockenräume müssen unter sich und von anderen Räumen feuersicher geschieden sein und vollkommen feuersicher und mit dichten und leicht abwaschbaren unverbrennlichen Fußböden hergestellt werden.

d) Das Mischen, Mahlen und Verarbeiten der Zündmasse darf nur in feuchtem Zustande geschehen. Jedes Antrocknenlassen von Rückständen der Masse an Gefäßen, Arbeitsgeräten usw. ist zu vermeiden.

e) Der Arbeitgeber hat den Arbeitern, die mit der Zündmasse oder mit der feuchten Schachtelanstrichmasse in Berührung kommen, waschbare Überkleider zur Verfügung zu stellen und regelmäßig reinigen zu lassen.

Er hat durch geeignete Anordnungen und Beaufsichtigung dafür Sorge zu tragen, daß die Arbeitskleider während der Arbeitszeit getragen und nachher an den dafür bestimmten Plätzen aufbewahrt werden. Von den Arbeitsplätzen getrennt müssen für diese Arbeiter nach Geschlechtern getrennte Wasch- und Ankleidegelegenheiten vorhanden sein.

f) Alle Arbeitsräume müssen durch elektrische Glühlampen mit gasdicht schließenden Überfangglasglocken beleuchtet werden. Schalter, Sicherungen, sowie sonstige, Funken gebende Ausrüstungen müssen feuersichere Bauart aufweisen. Die Arbeitsräume dürfen nur mit Dampf oder Warmwasser geheizt werden; etwa notwendige Feuerstellen sind von außen bedienbar einzurichten.

g) In allen Betriebsräumen, in denen die Gefahr einer Entzündung von Masse oder Zündhölzern besteht, sind zweckdienliche Löschvorrichtungen bereitzuhalten.

§ 3. Für die Lagerung von Zündhölzern in Verkaufsstellen wird bestimmt:

a) In den Verkaufsstellen dürfen Vorräte von Zündhölzern bis höchstens 150000 Stück aufbewahrt werden. Zündhölzer, die nur in Papier eingeschlagen sind, müssen in den Verkaufsstellen in einer mit Blech ausgeschlagenen und mit einem Blechdeckel versehenen Kiste aufbewahrt werden.

b) In Lagerräumen für Verkaufsstellen dürfen bis zu 36 Millionen Stück in gut zugenagelten Kisten aufbewahrt werden. Die Kisten sind äußerlich mit roten Aufschriften „Zündhölzer" zu versehen.

c) Größere Mengen sind in besonderen 9 m von anderen Gebäuden entfernten Lagergebäuden und in eigenen, von anderen Räumen feuersicher geschiedenen Räumen zu lagern; die Lager sind feuersicher herzustellen mit unverbrennlichen Decken und Fußböden zu versehen, sowie mit feuersicheren selbstschließenden Türen zu sichern.

§ 4. Den Ortspolizeibehörden bleibt vorbehalten, gemäß Art. 2 Ziffer 14 des Polizeistrafgesetzbuchs weitergehende ortspolizeiliche Vorschriften zu erlassen, soweit es die örtlichen Verhältnisse erfordern.

§ 5. Die Regierungen, Kammern des Innern, sind ermächtigt bei bestehenden Anlagen und Betrieben von einzelnen Bestimmungen dieser Vorschrift unter Anordnung der aus Gründen der öffentlichen Sicherheit gebotenen Auflagen zu befreien, wenn ihr Vollzug mit außerordentlichen Schwierigkeiten oder mit unverhältnismäßigen Kosten verbunden wäre.

§ 6. Zuwiderhandlungen gegen diese Vorschrift werden nach § 368 Ziffer 8 des Reichsstrafgesetzbuchs bestraft, soweit nicht härtere Strafen nach § 367 Ziffer 6 des Reichsstrafgesetzbuches oder nach § 147 Ziffer 4 der Reichsgewerbeordnung verwirkt sind.

§ 7. Gegenwärtige Vorschrift tritt am Tage ihrer Verkündung im Gesetz- und Verordnungsblatt in Kraft. Am gleichen Tage treten die bis jetzt noch gültigen Vorschriften der Verordnung vom 19. März 1874 (GVBl. S. 109) § 1 Ziffer III und § 5 außer Wirksamkeit.

Verordnung vom $\frac{21.\,12.\,23}{4.\,9.\,28,}$ über die Herstellung, Aufbewahrung und Verwendung von Acetylen sowie über die Lagerung von Calciumcarbid (Acetylenverordnung).

Auf Grund der §§ 367 Nr. 5 und 368 Nr. 8 und vorbehaltlich des § 367 Nr. 6 des Strafgesetzbuches für das Deutsche Reich; ferner auf Grund des Art. 2 Ziffer 9 und 14, dann des Art. 131 des Polizeistrafgesetzbuches wird folgende Verordnung erlassen:

Anzeigepflicht für Acetylenanlagen und Calciumcarbidlager.

§ 1. I Wer — abgesehen von den Fällen des § 19 dieser Verordnung — Acetylen herstellen oder Calciumcarbid (im folgenden abgekürzt: „Carbid") lagern will, hat dies spätestens beim Betriebsbeginn durch Vermittlung der Ortspolizeibehörde der Bezirkspolizeibehörde des Ortes anzuzeigen, an dem der Betrieb oder die Lagerung stattfinden soll. Wenn ein ständiger Betriebsort nicht angegeben werden kann, ist der Wohnsitz des Betriebsunternehmers maßgebend. Daneben sind die Verkäufer von Acetylenentwicklern verpflichtet, diejenigen Personen oder Firmen, welche die Entwickler zum Zwecke der Herstellung von Acetylen erwerben, der genannten Behörde spätestens bei der Ablieferung zu bezeichnen.

II Der Betriebsunternehmer hat bei der Anzeige 2 Beschreibungen, die auch die Angaben des Fabrikschildes enthalten müssen, und 2 Schnittzeichnungen des Entwicklers mit Zubehör (Gasbehälter, Reiniger, Wasservorlage usw.), sowie bei Aufstellung in besonderen Entwicklerräumen, je 2 Baurisse und Lagepläne des Aufstellungsraumes vorzulegen. Aus den Lageplänen müssen alle im Umkreis von mindestens 5 m um die Acetylenanlage liegenden Gebäude oder Räume nebst ihren Tür- und Fensteröffnungen ersichtlich sein. Die Beschreibung muß die Einrichtung und die Betriebsweise des Entwicklers, die Zeitfolge seiner Entschlammung (ausgedrückt durch die Gewichtsmenge vergasten Carbids) sowie die Art der Reinigung des Gases, bei Entwicklern zu technischen Zwecken (z. B. zum Schweißen und Schneiden) mit mehr als 10 kg Carbidfüllung auch die Einrichtung der Hauptwasservorlage oder einer gleichwertigen Einrichtung erkennen lassen.

III Die gleiche Anzeige ist bei wesentlichen Änderungen der Anlage, ihrer dauernden Außerbetriebsetzung sowie bei wesentlichen Änderungen des Entwicklerraumes (§ 6 Abs. I) oder seiner nächsten Umgebung zu erstatten. Die für eine solche Anzeige erforderlichen Unterlagen können sich auf die Abänderungen beschränken.

Befreiung von einer wiederholten Anzeige. (Freizügigkeit.)

§ 2. I Eine wiederholte Anzeige über die vorübergehende Inbetriebsetzung von Acetylenentwicklern für technische Zwecke, deren Bauart und Größe nach § 4 Abs. I Ziffer 1 zur Verwendung in Arbeitsräumen besonders zugelassen sind, im Gebiet anderer Bezirkspolizeibehörden ist nicht erforderlich. Desgleichen bedürfen solche aus anderen deutschen Ländern kommende Entwickler bei vorübergehender Inbetriebnahme in Bayern keiner erneuten Anzeige. Voraussetzung für beide Fälle ist, daß die Entwickler durch Stempelung des Fabrikschildes und durch den mitgeführten Abstempelungsschein (§ 5) als zugelassen kenntlich gemacht sind.

II Dieselbe Erleichterung wird Acetylenentwicklern für besonders bewegliche Beleuchtungsanlagen (z. B. für Schaubuden) gewährt, wenn eine der für technische Zwecke zugelassenen Bauarten (§ 4 Abs. I Ziffer 1) zur Beleuchtung benutzt wird.

Allgemeine Grundsätze für Acetylenanlagen und Carbidlager.

§ 3. Acetylenanlagen und Carbidlager müssen den folgenden Bestimmungen und den anerkannten Regeln der Wissenschaft und Technik entsprechend ausgeführt, betrieben und erhalten werden. Als solche gelten neben den allgemeinen Regeln bis auf weiteres die in der Anlage A zusammengestellten „Technischen Grundsätze für den Bau und die Aufstellung von Acetylenanlagen", deren Weiterbildung dem durch Vereinbarung der Länder eingesetzten Deutschen Acetylenausschuß übertragen wird.

Bauart — Prüfungen.

§ 4. I Die Zulassung der Bauart auf Grund einer besonderen Prüfung ist erforderlich für:

1. Acetylenentwickler bis zu einer Höchstleistung von 10 Kilogramm Carbid und bis zu einer Höchststundenleistung von 6000 Litern Acetylen, die zu technischen Zwecken auch in Arbeitsräumen oder zu besonderen Beleuchtungszwecken (z. B. in Schaubuden) benutzt werden sollen (§ 6 Abs. IV) (freizügige Entwickler);
2. die in § 19 Ziffern 4 und 5 genannten Entwickler (freizügige Kleinentwickler und Acetylenfackeln);
3. Wasservorlagen oder andere Sicherheitsvorrichtungen, die gleichen Zwecken dienen.

II Einer (freiwilligen) Bauartprüfung können auf Antrag unterzogen werden: Acetylenentwickler mit einer Füllung von mehr als 10 kg Carbid.

III Alle Acetylenentwickler ohne ausdehnungsfähigen Gassammler müssen ohne Rücksicht auf ihre Größe einer Bauartprüfung unterzogen werden.

Anlage B. IV Die Prüfungen erfolgen gemäß den Bestimmungen der anliegenden Prüfungsordnung. Über ihr Ergebnis wird eine Bescheinigung ausgestellt, in der dem Antragsteller eine Zulassungsnummer für die Bauart des geprüften Entwicklers oder der Sicherheitsvorrichtung erteilt wird. Diese Zulassung kann auf gewisse Größen der Bauart beschränkt und zurückgenommen werden, wenn sich die zugelassenen Einrichtungen im praktischen Betriebe als bedenklich erweisen oder der Hersteller der in den Verkehr zu bringenden Einrichtungen wesentliche Änderungen an der zugelassenen Ausführung ohne Genehmigung vornimmt. Im Einverständnis mit dem Inhaber der Zulassungsnummer kann der Deutsche Acetylenausschuß die Herstellung von Acetylenentwicklern unter Mitbenutzung der gleichen Zulassungsnummer auch anderen Personen oder Firmen gestatten.

V Die Zulassung und die Zurückziehung erfolgen durch den Deutschen Acetylenausschuß. Zurückziehungen werden im Reichsarbeitsblatt veröffentlicht.

Fabrikschild (Abstempelung).

§ 5. I An jedem Acetylenentwickler muß an leicht wahrnehmbarer Stelle ein mit Nieten oder Zinntropfen zu befestigendes Fabrikschild angebracht sein, das mindestens folgende Angaben enthält:

1. den Namen oder die Firma und den Wohnort des Herstellers oder Verkäufers;
2. das Jahr der Anfertigung und die laufende Herstellungsnummer;
3. die Carbidfüllung in Kilogramm und den höchst zulässigen Betriebsgasdruck in Millimetern Wassersäule.

Außerdem sind auf dem Fabrikschild noch zu vermerken:

4. bei Entwicklern, die einer Bauartprüfung nach § 4 Abs. I unterzogen worden sind, die Zulassungsnummer und die Höchstleistung;
5. bei Entwicklern, die nach § 4 Abs. II geprüft worden sind, die Zulassungsnummer und
6. bei den unter § 19 Ziffer 4 fallenden Entwicklern der Verwendungszweck.

Anlage C. II Die Nieten oder Zinntropfen des Fabrikschildes von Entwicklern, deren Bauart nach § 4 Abs. I oder II geprüft worden ist, sind nach Feststellung der Übereinstimmung mit der zugelassenen Bauart von dem zuständigen Sachverständigen abzustempeln. Der Hersteller erhält für jeden Entwickler einen Abstempelungsschein nach anliegendem Muster, der dem Käufer zu behändigen ist.

III An jeder Wasservorlage und jeder gleichen Zwecken dienenden anderen Sicherheitsvorrichtung muß ein Schild angebracht sein, das die Firma und den Wohnort des Herstellers oder Verkäufers, das Jahr der Anfertigung, die Zulassungsnummer und den für die Sicherheitsvorrichtung höchstzulässigen Betriebsgasdruck angibt.

Aufstellung von Acetylenanlagen.

§ 6. I Acetylenentwickler mit Zubehör müssen, soweit nicht in dieser Verordnung etwas anderes bestimmt ist, in besonderen Entwicklerräumen, deren

Lage und Beschaffenheit den Sonderheiten des Acetylenbetriebs entsprechen muß (s. Anl. A Ziffern 26—36) aufgestellt werden.

II Die Aufstellung und Benutzung von Acetylenentwicklern darf nicht in oder unter Räumen erfolgen, die häufig von Menschen betreten werden. Bei Aufstellung und Benutzung von Acetylenentwicklern über solchen Räumen muß der Fußboden des Aufstellungsraumes wasserdicht sein.

III Die Benutzung von Acetylenentwicklern im Freien ist gestattet, wenn keine Gefahr des Einfrierens besteht (s. Anlage A Ziffer 37). Grubenentwickler (Tiefbausysteme) können während des ganzen Jahres im Freien benutzt werden, wenn die Gruben und das Verbindungsrohr zum Gasbehälter sachgemäß gegen Einfrieren geschützt werden. Gasbehälter dürfen im Freien aufgestellt werden, wenn ihre Wasserabschlüsse gegen Einfrieren geschützt sind.

IV Abweichend von den Bestimmungen der Abs. I und II können Acetylenentwickler für technische Zwecke, die nach dem § 4 Abs. I Ziffer 1 zugelassen sind, auch in Räumen, die zu gewerblichen Zwecken bestimmt sind (Arbeitsräumen), und unterhalb von Räumen, die häufig von Menschen betreten werden, aufgestellt werden (s. Anl. A Ziffern 38 und 39).

Kalkschlammgruben.
Warnung vor Feuersgefahr.

§ 7. Kalkschlammgruben müssen so angelegt sein, daß entweichendes Acetylen nicht in überdachte Räume einströmen kann (s. Anl. A Ziffer 40).

§ 8. Das Rauchen oder der Verkehr mit glühenden oder brennenden Gegenständen in den besonderen Entwicklerräumen und Carbidlagern, sowie in der Nähe von diesen Räumen, von Kalkschlammgruben und von Acetylengasbehältern ist verboten. An geeigneten Stellen der Betriebsstätten sind entsprechende Warnungstafeln anzubringen.

Betrieb der Acetylenanlagen.

§ 9. Die Überwachung und selbständige Bedienung der Acetylenanlagen darf nur durch zuverlässige, mit der Einrichtung und dem Betrieb vertraute, mindestens 16 Jahre alte Personen erfolgen.

§ 10. Die für die Herstellung von Acetylen bestimmten besonderen Entwicklerräume (§ 6 Abs. I) dürfen nur für diesen Zweck verwendet werden; Unbefugten ist der Eintritt durch Anschlag an der Eingangstür zu verbieten.

§ 11. In jedem Raume, in dem Acetylenanlagen dauernd benutzt werden, muß an einer in die Augen fallenden Stelle eine Anweisung über die Behandlung der Anlage im regelmäßigen Betrieb und bei Störungen in deutlicher Schrift angebracht sein.

Lagerung von Carbid. a) im allgemeinen.

§ 12. I Carbid darf nur in trockenen, wasserdicht verschlossenen Gefäßen gelagert werden. Die Gefäße müssen gegen Zutritt von Feuchtigkeit geschützt sein; sie müssen die Aufschrift tragen: „Carbid! Vor Nässe zu schützen!“

II Die Anwendung von Entlötungsgeräten oder von funkenreißenden Werkzeugen zum Öffnen der Gefäße ist verboten.

III Im allgemeinen darf in jedem Lagerraum nur ein Carbidgefäß geöffnet sein. Zwei oder mehr geöffnete Gefäße sind zulässig, soweit ihr Carbidinhalt den voraussichtlichen Tagesbedarf nicht übersteigt. Geöffnete Gefäße sind mit wasserdicht schließenden oder übergreifenden wasserundurchlässigen Deckeln verdeckt zu halten.

b) in besonderen Entwicklerräumen.

§ 13. In Räumen, in denen Acetylenentwickler mit einer 10 Kilogramm nicht übersteigenden Füllung an Carbid betrieben werden, dürfen unter Beachtung der Vorschriften des § 12 außer dem für den Gebrauch geöffneten Carbidgefäß höchstens 500 Kilogramm, bei größeren Anlagen höchstens 1000 Kilogramm Carbid gelagert werden.

c) in Verkaufsräumen.

§ 14. Mengen bis zu 100 Kilogramm Carbid dürfen unter Beachtung der Vorschriften des § 12 ohne weitergehende Beschränkungen gelagert werden. Die Lagermenge kann ausnahmsweise bis auf 200 Kilogramm erhöht werden, wenn der über 100 Kilogramm hinausgehende Vorrat in luft- und wasserdicht verschlossenen Gefäßen aufbewahrt wird, und diese Gefäße nur verschlossen abgegeben werden.

d) in besonderen Lagerräumen.

§ 15. I Mengen von mehr als 100 (oder 200, vgl. § 14) bis zu 1000 Kilogramm Carbid dürfen nur in trockenen, hellen und gut gelüfteten Räumen, die gegen den Zutritt von Wasser zuverlässig geschützt sind, unter Beachtung der Vorschriften des § 12 gelagert werden. Geheizt dürfen die Lagerräume nur durch Einrichtungen werden, bei denen auch im Falle der Beschädigung der Eintritt von Wasser in den Lagerraum und der Zutritt etwa entwickelten Acetylens zu offenem Feuer oder hocherhitzten Gegenständen ausgeschlossen ist.

II Die Lagerung in Kellern ist untersagt.

§ 16. I Mengen von mehr als 1000 Kilogramm Carbid dürfen, abgesehen von der Lagerung im Freien nach § 17, nur in besonderen Räumen gelagert werden, die von den anstoßenden Räumen und benachbarten Gebäuden durch massive, den baupolizeilichen Bestimmungen entsprechende Brandmauern, von darunter befindlichen Räumen durch massive öffnungslose Gewölbe oder diesen gleichwertige Bodenkonstruktionen getrennt sind. Hierbei sind die Vorschriften der §§ 12 und 15 zu beachten.

II Brandmauern dürfen durch feuerfeste, selbsttätig schließende Türen durchbrochen sein. Wände, die den Lagerraum gegen ein Nachbargebäude abschließen, das mindestens 3 Meter entfernt ist, können aus Wellblech hergestellt werden. Gegen ein Nachbargebäude, das einen Abstand von mindestens 5 Metern hat, ist eine Abtrennung durch eine Brandmauer oder Wellblechwand nicht erforderlich.

III Die Türen müssen nach außen aufschlagen.

IV Die Mitlagerung zerknallbarer oder leicht entzündlicher Gegenstände ist gestattet in Lagerräumen, in denen Carbid oder leicht entzündliche Gegenstände und Flüssigkeiten weder umgepackt noch abgefüllt werden. Die Räume dürfen mit Licht nicht betreten werden; als Innenbeleuchtung ist nur elektrische Beleuchtung in schlagwettersicherer Ausführung (entsprechend den Vorschriften des Verbandes Deutscher Elektrotechniker für schlagwettergefährliche Grubenräume) mit außerhalb des Raumes angebrachten Schaltern zulässig. Außenbeleuchtung muß sich hinter dicht schließenden, nicht öffenbaren Fenstern aus starkem Glase befinden. In Fabrikräumen ist die Mitlagerung zerknallbarer Stoffe oder leicht entzündlicher Gegenstände nicht gestattet.

e) im Freien.

§ 17. I Im Freien darf Carbid nur in wasserdichten Metallgefäßen und in einer Entfernung von mindestens 3 Metern von Gebäuden gelagert werden. Die Lagerstätte ist auf allen Seiten in einem Abstand von mindestens 1 Meter mit einem Zaune oder Drahtgitter zu umgeben. Der Raum zwischen Lager und Umwehrung ist von brennbaren oder zerknallbaren Gegenständen frei zu halten.

II Die Gefäße sind auf einer Bühne zu lagern, von deren Unterkante bis zum Erdboden ein freier Zwischenraum von mindestens 20 Zentimetern vorhanden ist.

III Die Gefäße sind durch ein Schutzdach oder durch wasserdichte Planen zu schützen.

§ 18. Jeder Zugang zu den in §§ 15 und 16 bezeichneten Lagerräumen und den in § 17 angegebenen Lagerplätzen muß an auffallender Stelle eine Warnungstafel mit der Aufschrift erhalten:

„Carbidlager! Unbefugten ist der Zutritt verboten. Zum Löschen eines Brandes kein Wasser verwenden!“

Erde, Sand oder geeignete Feuerlöscher sind in der Nähe bereit zu halten.

Ausnahmen.

§ 19. Die Bestimmungen dieser Verordnung finden keine Anwendung:

1. auf staatliche und private wissenschaftliche Anstalten, sowie Versuchsräume der chemischen Fabriken und der Hersteller von Acetylenanlagen oder Gaswerkzeugen, soweit das Acetylen zu Lehr- oder Prüfzwecken hergestellt und verwendet wird;
2. auf die Lagerung von Carbid in Fabriken, in denen Carbid hergestellt oder verarbeitet wird, soweit ihre Genehmigung nach anderen gesetzlichen Bestimmungen erfolgt;
3. auf selbsttätige Acetylenentwickler ohne ausdehnungsfähigen Gasraum zur Beleuchtung von Kraftfahrzeugen, auf tragbare Lampen und tragbare Laternen sowie auf die Lagerung der hierzu erforderlichen Mengen Carbid. Die Carbidfüllung solcher Entwickler darf 2 Kilogramm, ihr Überdruck 0,2 Atmosphären, die Temperatur im Gasraum des Entwicklers 100° C und die Lagermenge an Carbid 10 Kilogramm nicht übersteigen;
4. auf selbsttätige, zu Heiz-, Koch- und Beleuchtungszwecken, sowie ausschließlich für vorübergehende technische Montagezwecke zu verwendende Acetylenentwickler von höchstens 2 Kilogramm Carbidfüllung, sofern ihre Bauart vom Deutschen Acetylenausschuß zugelassen und ihr Fabrikschild, das einen Hinweis auf diesen Verwendungszweck enthalten muß, entsprechend § 5 Abs. II abgestempelt ist (freizügige Kleinentwickler);
5. auf Acetylenfackeln bis zur Höchstfüllung von 10 kg Carbid, die in Neubauten, welche noch nicht bezogen sind, in offenen Montagehallen oder im Freien (außerhalb von Gebäuden, Überdächern, Schuppen und dergleichen) in genügender Entfernung von leicht entzündlichen Stoffen aufgestellt werden, sofern die Bauart und Größe der Fackeln vom Deutschen Acetylenausschuß für diese Zwecke zugelassen und ihr Fabrikschild entsprechend § 5 Abs. II abgestempelt ist. Die Anbringung von Anschlußstutzen für Gasschläuche und Nebengasleitungen an Aectylenfackeln ist verboten;
6. auf gelöstes Acetylen in Behältern, die den Bestimmungen der Eisenbahnverkehrsordnung entsprechen.

§ 20. Von den Bestimmungen dieser Verordnung können Ausnahmen *in einzelnen Fällen* die Bezirkspolizeibehörden nach Einvernahme des Sachverständigen (§ 23 Abs. II), *allgemeine* Ausnahmen der Deutsche Acetylenausschuß zulassen.

Abnahmeprüfung.

§ 21. I Die zuständige Bezirkspolizeibehörde hat nach erfolgter Anzeige (§ 1) eine amtliche Prüfung der Anlage durch Sachverständige zu veranlassen. Der Besitzer der Anlage ist verpflichtet, die amtlichen Prüfungen zu gestatten, die hierzu nötigen Arbeitskräfte und Vorrichtungen bereitzustellen und die Kosten der Prüfungen zu tragen. Das gleiche gilt bei wesentlichen, der Anzeigepflicht unterliegenden Änderungen der Anlagen (§ 1 Abs. III).

II Bei Entwicklern, die einer Bauartprüfung nach § 4 Abs. II unterzogen worden sind, hat sich die Abnahmeprüfung bei ordnungsmäßigem Befund der Unterlagen auf eine Besichtigung der Anlage und die Feststellung vorschriftsmäßiger Ausführung des Aufstellungsraumes zu beschränken.

III Nach der Prüfung der ganzen Anlage erhält der Betriebsunternehmer bei ordnungsmäßiger Ausführung von dem Sachverständigen eine Abnahmebescheinigung nach anliegendem Muster, die ebenso wie der unter § 5 Abs. II genannte Abstempelungsschein aufzubewahren und den zu- **Anlage D.**

ständigen Aufsichtsbeamten und amtlich bestellten Sachverständigen auf Verlangen vorzulegen ist.

IV Entwickler, die auf Grund einer Bauartprüfung nach § 4 Abs. I Ziffer 1 zugelassen sind (freizügige Entwickler), bleiben von der Abnahmeprüfung befreit. Die Ortspolizeibehörde stellt lediglich bei der ersten Anzeige fest, ob die Entwickler gemäß § 5 Abs. II abgestempelt sind und ob ein Abstempelungsschein vorliegt. Zutreffendenfalls macht sie einen Vermerk gemäß Vordruck auf den Abstempelungsschein.

§ 22. I Die Bezirkspolizeibehörde hat die Beseitigung der bei der Prüfung etwa festgestellten Mängel in angemessener Frist zu veranlassen.

II Für besondere Fälle bleibt es den Bezirkspolizeibehörden überlassen, die anzeigepflichtigen Anlagen einer Prüfung oder Nachprüfung durch Sachverständige oder durch die Ortspolizeibehörde zu unterziehen.

§ 23. I Die zur Vornahme der Abnahmeprüfungen zuständigen Sachverständigen bestimmt das Staatsministerium des Innern.

II Für die Abnahmeprüfungen haben die Sachverständigen von dem Besitzer der Anlage Gebühren zu beanspruchen, die von den Sachverständigen festgesetzt werden.

Acetylenexplosionen (Zerknalle).

§ 24. Von Zerknallen hat der Betriebsunternehmer oder sein Stellvertreter unverzüglich der Bezirkspolizeibehörde Anzeige zu erstatten. Diese Behörde hat zur Ermittlung der Ursache des Zerknalles sofort den Tatbestand unter Zuziehung von Sachverständigen festzustellen und die gebotenen polizeilichen Anordnungen zu treffen. Vor Beginn und bis zur Beendigung der technischen Untersuchung dürfen an dem Zustande der Apparate und an deren Lage sowie an den durch den Zerknall berührten Bauten und Einrichtungen keinerlei Veränderungen vorgenommen werden, es sei denn, daß sie aus polizeilichen Rücksichten erforderlich sind. Die Kosten hat der Anzeigepflichtige (§ 1 Abs. I der Verordnung) zu tragen. Nach einem Zerknall darf die Anlage erst wieder in Betrieb genommen werden, nachdem durch eine Abnahmeprüfung gemäß § 21 Abs. I der ordnungsmäßige Zustand der Anlage festgestellt und bescheinigt ist.

Acetylenfabriken.

§ 25. Die Bestimmungen dieser Verordnung, mit Ausnahme derjenigen über die Lagerung von Carbid, finden auch auf die Anlagen zur fabrikmäßigen Herstellung von gasförmigem, verdichtetem und gelöstem Acetylen Anwendung, welche als chemische Fabriken einer Genehmigung nach § 16 der Gewerbeordnung bedürfen. Bei der Herstellung von flüssigem Acetylen sind außerdem die Bestimmungen des Gesetzes gegen den verbrecherischen und gemeingefährlichen Gebrauch von Sprengstoffen vom 9. Juni 1884 (Reichsgesetzblatt S. 61) zu beachten.

Übergangsbestimmungen.

§ 26. I Bei den zur Zeit des Inkrafttretens dieser Verordnung bereits bestehenden und der bisher giltigen Verordnung entsprechenden Acetylenanlagen können, solange sie nicht wesentlich verändert werden, neue Anforderungen auf Grund dieser Verordnung nur gestellt werden, wenn solche zur Beseitigung erheblicher Gefahren für das Leben und die Gesundheit der mit der Bedienung betrauten Personen oder der Allgemeinheit erforderlich oder ohne unverhältnismäßige Aufwendungen ausführbar erscheinen.

II Die vor dem Inkrafttreten dieser Verordnung erbauten Entwickler mit Zubehör die einem Typenzeugnis nach den §§ 12 oder 14 der bisherigen Acetylenverordnung entsprechen und amtlich abgestempelt sind, gelten als nach § 4 Abs. I Ziffer 1 zugelassen. Ebenso gelten die einem Typenzeugnis nach § 26 Ziffern 4 und 5 der bisherigen Verordnung entsprechenden Entwickler als nach § 4 Abs. I Ziffer 2 (vgl. noch § 19 Ziffern 4 und 5) zugelassen.

III Den Inhabern von Typenzeugnissen gemäß den §§ 12, 14 und des § 26 Ziffern 4 und 5 der bisherigen Verordnung ist es gestattet, ihre zugelassenen Entwickler mit Zubehör noch während der Dauer eines Jahres nach Inkraftreten dieser Verordnung unter den bisherigen Voraussetzungen und Bedingungen herzustellen und zu vertreiben. Auf Antrag kann der Deutsche Acetylenausschuß für diese Entwicklertypen eine weitere Zulassung der Bauart gemäß § 4 Abs. I Ziffer 1 oder 2 ohne erneute Betriebsprüfung erteilen.

IV Entwicklerbauarten mit einer Füllung von mehr als 10 Kilogramm Carbid, die einem vom Deutschen Acetylenverein vor Inkrafttreten dieser Verordnung ausgestellten „Systemzeugnis" (bisweilen auch „Typenzeugnis des Deutschen Acetylenvereins" genannt) entsprechen, können auf Antrag, der spätestens binnen einem Jahre nach Inkrafttreten dieser Verordnung beim Deutschen Acetylenausschuß zu stellen ist, eine Zulassung gemäß § 4 Abs. II erhalten. Ob und in welchem Umfange zu diesem Zwecke eine erneute Prüfung der Bauart erforderlich ist, entscheidet im Einzelfalle der Deutsche Acetylenausschuß.

Besondere Bestimmungen für Eisenbahnbetriebe, Betriebe der Reichspost und der Bergverwaltung

§ 27. I An die Stelle der Bezirkspolizeibehörde im Sinne der §§ 1, 21, 22, 24 tritt für die Dienststellen der Reichsbahn, die Privateisenbahnen und die Kleinbahnen die zuständige technische Aufsichtsbehörde (Reichsbahndirektion), für die Betriebe der Reichspost das Verkehrsamt der Abteilung München des Reichspostministeriums, für das Zuständigkeitsgebiet der Bergpolizei die Berginspektion.

II Die gleichen Behörden sind innerhalb ihres Aufsichtsbereiches für die Zulassung von Einzelausnahmen nach § 20 und für die Ernennung der Sachverständigen nach § 23 zuständig.

III Die Befugnis der Bergbehörden, zur Sicherheit der ihnen unterstehenden Betriebe weitergehende Anordnungen, namentlich über Menge und Art der Lagerung von Carbid zu treffen, wird durch die Verordnung nicht berührt.

Strafbestimmungen.

§ 28. Zuwiderhandlungen gegen die Vorschriften dieser Verordnung werden, sofern nicht andere Strafvorschriften Platz greifen, nach § 367 Nr. 5 und § 368 Nr. 8 des Reichsstrafgesetzbuches bestraft.

Vollzugsbestimmungen; Kosten.

§ 29. I Das Staatsministerium des Innern ist ermächtigt, Bestimmungen zum Vollzuge dieser Verordnung zu erlassen.

II Die aus dem Vollzuge dieser Verordnung und der Vollzugsbestimmungen erwachsenden Kosten des Verfahrens hat der Anzeigepflichtige (§ 1 Abs. I der Verordnung) zu tragen.

Inkrafttreten der Verordnung.

§ 30. Die Verordnung tritt am 1. Januar 1924 unter Aufhebung der Verordnung vom 14. Dezember 1913 (GVBl. S. 919) in Kraft.

Auszug aus der Anlage A zur Acetylenverordnung.

Technische Grundsätze für den Bau und die Aufstellung von Acetylenanlagen.

A. Baustoff, Größe und Bauart der Acetylenentwickler.

Ziff. 1 mit 15.

B. Gasbehälter.

16. Jede Acetylenanlage muß in der Regel einen Gasbehälter mit schwimmender Glocke haben, dessen Größe allen in sicherheitstechnischer Hinsicht zu stellenden Anforderungen entspricht.

Der nutzbare Fassungsraum gilt als hinreichend, wenn er die Gasausbeute aus der ganzen Carbidfüllung (Ziffer 5) oder bei deren gesicherter Unterteilung die der unterteilten Menge entsprechende Gasausbeute aufzunehmen vermag.

Entwickler ohne schwimmende Glocke dürfen nur auf Grund einer Betriebsprüfung zugelassen werden (§ 4 Abs. III).

17. Bei Gasbehältern über 400 Liter Nutzinhalt muß der Gasraum vom Entwickler durch einen Wasserabschluß oder eine ähnliche sicher wirkende Vorrichtung getrennt sein.

18. Bei den feststehenden nicht unter § 4 Abs. I Ziffer 1 zugelassenen Entwicklern muß der Gasbehälter mit einem Abzugsrohr (Sicherheitsrohr) versehen sein, welches das Gas ins Freie ableitet, sobald der Gasbehälter nicht mehr aufnahmefähig ist. Vorrichtungen zur Absperrung des Abzugsrohres dürfen nicht angebracht werden. Die Weite des Rohres muß mindestens der Weite der Gaszuführungsleitung entsprechen.

19. Ein besonderes Abzugsrohr für den Gasbehälter ist nicht erforderlich, wenn der Entwickler mit einem solchen versehen ist, durch das gleichzeitig überschüssiges Gas aus dem Gasbehälter abgeführt werden kann.

Gasbehälter, die im Freien stehen, brauchen nicht mit einem Abzugsrohr versehen zu werden.

20. Die Mündung des Abzugsrohres muß von Kaminmündungen für Feuerungsanlagen, von Feuerstellen im Freien, von Fenster- und Türöffnungen benachbarter Räume, in denen sich offenes Licht, Feuerstellen oder leicht entzündliche Gegenstände befinden, sowie von Verbindungswegen an Wohnhäusern (Galerien, offenen Treppen) mindestens 5 Meter, nach der Länge des Gasweges gemessen, entfernt sein. Auf Fenster aus starkem Glase, die gasdicht und nicht öffenbar sind, findet diese Bestimmung keine Anwendung.

C. Reiniger.

21. Das Gas muß für den Gebrauchszweck genügend trocken und rein sein. Bei Anlagen zur Beleuchtung in geschlossenen Räumen muß es hinreichend frei von Phosphorwasserstoff, Schwefelwasserstoff, Ammoniak, Kalkstaub und dergl., bei Anlagen für technische Zwecke mindestens frei von mechanischen Beimengungen sein.

22. Die Reinigungsmasse darf keine Stoffe enthalten, welche mit dem Acetylen entweichen und die Metalle der Anlage oder der Leitungen angreifen, und darf mit Acetylen keine explosiblen Verbindungen bilden. Sie muß im Reiniger so untergebracht werden, daß sie dem Acetylen den Durchtritt nicht wesentlich erschwert.

Der Reiniger ist in der Regel hinter dem Gasbehälter anzuordnen.

D. Sicherheitsvorlagen.

23. Acetylenanlagen zu technischen Zwecken müssen vor jeder Gebrauchsstelle mit einer zuverlässigen, für den Gasdruck des Entwicklers nach § 4 Abs. I Ziffer 3 der Verordnung zugelassenen Wasservorlage oder einer ihr nachweislich gleichwertigen zugelassenen Einrichtung versehen sein. Diese muß das Zurücktreten von Sauerstoff oder Luft in den Entwickler oder Gasbehälter wirksam verhindern und einen Flammenrückschlag unschädlich machen. Entwickler über 10 Kilogramm Carbidfüllung müssen außerdem bei Anschluß mehrerer Gebrauchsstellen eine ebenso wirksame zugelassene Hauptsicherheitsvorlage erhalten.

24. Wasservorlagen müssen so gebaut sein, daß sie eine Nachprüfung der Höhenlage der in ihnen untergebrachten Rohre gegeneinander und des Zustandes der Vorlage im Innern gestatten.

25. Mit Luft und Acetylen arbeitende Werkzeuge (Löt-, Schweiß- und Schneidbrenner), die mit einer Hauptsicherheitsvorlage am Entwickler versehen sind, bedürfen keiner Wasservorlagen oder gleichwertigen Einrichtungen an den Verbrauchsstellen, wenn der Luftdruck vor der Ausströmungsdüse nicht höher ist als der Gasdruck im Acetylenentwickler.

E. Aufstellung der Acetylenentwickler.
a) in besonderen Entwicklerräumen.

26. Die besonderen Räume zur Aufstellung und Benutzung von Acetylenentwicklern (Entwicklerräume, vgl. § 6 Abs. I der Verordnung) müssen dichte feuersichere Wände haben. Neben massiven und Monierwänden gelten z. B. beiderseits verputzte Bretter- oder ausgemauerte Fachwerkwände, Rabitz-, Drahtziegel-, Asbestschiefer-, Gips- oder Kunststeinplattenwände als dicht und feuersicher. Entwicklerräume, die in frostsichere Betriebsräume eingebaut werden, können auch durch dichte Blechwände abgeschlossen werden.

27. Die Entwicklerräume müssen leichte Bedachung haben. Die Verschalung der Dachflächen oder die lose Auflegung einer leichten, auch einer mit schlechten Wärmeleitern versehenen Zwischendecke ist gestattet.

Die Benutzung des Raumes über Zwischendecken zur Lagerung und für ähnliche Zwecke ist unzulässig.

28. Die Entwickler mit Zubehör müssen leicht zugänglich sein.

29. Entwicklerräume sollen genügendes Tageslicht haben, um in ihnen bei Tage alle erforderlichen Arbeiten ohne künstliche Beleuchtung vornehmen zu können. Ist nach der Zweckbestimmung der Räume und der Art oder der Größe der Entwickler zu erwarten, daß eine Bedienung der Anlage, wenn auch nur gelegentlich, in der Dunkelheit erforderlich wird, so müssen Einrichtungen zur künstlichen Beleuchtung vorhanden sein. Für Anlagen geringen Betriebsumfanges genügt Bereitschaft elektrischer Handlampen. Für andere Anlagen ist elektrische Beleuchtung in schlagwettersicherer Ausführung entsprechend den Vorschriften des Verbandes Deutscher Elektrotechniker für schlagwettergefährliche Grubenräume zu wählen oder die Beleuchtung außerhalb des Entwicklerraumes vor gasdichten, nicht zu öffnenden Fenstern aus starkem Glase anzubringen. Wird dazu Acetylen aus der Anlage benutzt, so muß daneben eine andere Beleuchtungsart betriebsbereit vorhanden sein.

30. Motoren sowie Sicherungen und Kontaktvorrichtungen elektrischer Einrichtungen müssen außerhalb des Entwicklerraumes liegen, oder den Vorschriften und Regeln des Verbandes Deutscher Elektrotechniker für schlagwettergefährliche Grubenräume entsprechen.

31. Entwicklerräume müssen mit guten Lüftungseinrichtungen in der Decke versehen werden.

Für die Lage der Ausmündungsstellen dieser Lüftungseinrichtungen gelten die Vorschriften der Ziffer 20.

32. Entwicklerräume müssen durch ihre Lage und Bauweise oder durch geeignete Maßnahmen vor Frost geschützt sein, falls die Acetylenanlagen nicht frostsicher gebaut und betrieben werden. Frostschutzmittel dürfen die Wandungen der Entwickler nicht angreifen.

33. Entwicklerräume dürfen nur durch Dampf, Wasser oder durch andere Einrichtungen (z. B. dichte und gut mit Isolierungsmitteln überdeckte Heizkanäle) geheizt werden, bei denen auch im Fall der Beschädigung der Austritt von Funken, das Erglühen einzelner Teile oder der Zutritt von Acetylen zu offenem Feuer oder hocherhitzten Gegenständen ausgeschlossen ist. Die Entwicklerräume müssen von benachbarten Feuerstellen ihrer Heizungsanlage durch Brandmauern getrennt sein.

34. Die Türen und diejenigen Fenster der Entwicklerräume, welche öffenbar und nicht durch starkes Glas verschlossen sind, müssen ins Freie führen. Ihre Entfernung von Türen und Fenstern benachbarter Räume, in denen sich offenes Licht, Feuerstellen oder leicht entzündliche Gegenstände usw. befinden, sowie von Verbindungswegen (Galerien, offenen Treppen) an Wohnhäusern muß mindestens 5 Meter, nach der Länge des Gasweges gemessen, betragen. Bei geringerem Abstand sowie beim Anbau an die Nachbargrenze oder an öffentliche Wege muß der Aufstellungsraum nach dieser Seite hin durch eine öffnungslose massive Mauer abgeschlossen sein.

Türen müssen nach außen aufschlagen.

35. Entwicklerräume (§ 6 Abs. I) dürfen in frostsichere Betriebsräume eingebaut werden und Zugang zu diesen erhalten, wenn folgende Bedingungen erfüllt werden:

a) Es dürfen nur Entwickler verwendet werden, die vom Deutschen Acetylenausschuß nach § 4 Abs. II zugelassen, jedoch nach Abs. I a. a. O. geprüft worden sind (vgl. Ziffer 11 der Prüfungsordnung).
b) Der Betriebsraum einschließlich des abzutrennenden Entwicklerraumes darf nicht unterhalb von Räumen liegen, die häufig von Menschen betreten werden.
c) Der Entwicklerraum ist besonders gut zu entlüften.
d) Der Zutritt vom Betriebsraum zum Entwicklerraum muß durch einen geräumigen, gut entlüfteten Vorraum nach Art eines Windfanges erfolgen, dessen Türen so angeordnet sind, daß sie zwangläufig den Eintritt von dem einen in den anderen Raum verhindern, bevor die Gegentür geschlossen ist.

36. Bei Aufstellung von Entwicklern auf Schiffen ist von der leichten Bedachung des Aufstellungsraumes und von der Vorschrift abzusehen, daß die Türen und Fenster ins Freie führen und mindestens 5 Meter Abstand von Feuerstellen und von Türen und Fenstern benachbarter Räume haben müssen, in denen sich offenes Licht oder dgl. befindet.

Bei Aufstellung von Entwicklern über Räumen, die häufig von Menschen betreten werden, oder im Festungsrayon kann gleichfalls auf den genannten Abstand von 5 Metern verzichtet werden.

In allen diesen Fällen sind jedoch die Türen und Fenster des Aufstellungsraumes von benachbarten Türen und Fenstern usw. abgewendet anzuordnen; die Wände der Entwicklerräume müssen feuersicher sein.

b) im Freien.

37. Bei Benutzung von Acetylenentwicklern im Freien sind die Vorsichtsmaßnahmen der Ziffer 32 sinngemäß zu beachten.

c) in Arbeitsräumen.

38. Arbeitsräume, in denen nach § 4 Abs. I Ziffer 1 zugelassene Entwickler aufgestellt werden, müssen mit guten Lüftungseinrichtungen versehen sein und für jeden Entwickler mindestens 60 cbm Luftraum und 20 qm Grundfläche haben.

39. Die Entwickler müssen von offenem Licht und von Feuerstellen mindestens 3 Meter, von anderen Entwicklern mindestens 6 Meter Abstand haben.

F. Kalkschlammgruben.

40. Offene Kalkschlammgruben oder offene Teile derselben sind zu umwehren, dicht bedeckte mit einer wirksamen Entlüftungseinrichtung zu versehen.

G. Rohrleitungen.

41. Die Abmessungen der Rohrleitungen und Absperrvorrichtungen müssen im richtigen Verhältnis zu der Leistung der Entwickler stehen. Den Rohrleitungen ist genügendes Gefälle zu geben, so daß die Ansammlung von Wasser vermieden wird; an allen tiefsten Punkten müssen zugängliche Entwässerungsvorrichtungen angebracht werden.

Als Baustoff für Gasleitungen darf nur Eisen, rostsicherer Stahl oder Messing verwendet werden. Gummischläuche sind nur zur Verbindung mit beweglichen Lampen, Kochapparaten, Schweißpistolen usw., bei Anlagen zur Beleuchtung von Schaubuden, Karussels und dgl. zum Anschluß des Entwicklers an die festverlegte Gasleitung zulässig. Die Schläuche müssen durch Drahtwickelung oder auf ähnliche Weise verstärkt und durch Hähne in den festen Leitungen absperrbar sein. Für technische Zwecke bedürfen die Schläuche keiner Drahtumwicklung. Zum Schutze gegen Abgleiten der Schlauchenden sind diese auf den Rohrstutzen durch geeignete Befestigungsmittel zu sichern. Die Leitungen müssen im übrigen nach den Regeln des Deutschen Vereins von Gas- und Wasserfachmännern unter Beobachtung derselben Vorsichtsmaßregeln wie bei Steinkohlengasleitungen verlegt werden.

H. Allgemeine Bestimmungen.

42. Die Beschickung der Entwickler mit Carbid und Wasser muß so geregelt sein, daß das Entwicklungs- oder Kühlwasser keine höhere Temperatur als 60 °C annimmt.

43. Der innere Überdruck der Acetylenentwickler darf in der Regel in keinem Teile 0,2 Atmosphären bei offenen Wasserverschlüssen überschreiten. In besonderen Fällen können höhere Drucke bis zu 1,5 Atmosphären auch ohne offene Wasserverschlüsse angewendet werden, wenn die Verwendung des Gases zu technischen Zwecken erfolgt. Jedoch müssen Entwickler dieser Art zur Verhütung unzulässiger Drucksteigerungen mit zuverlässigen, selbsttätig arbeitenden Einrichtungen, die unmittelbar auf die den Druck erzeugende Vorrichtung wirken, versehen sein.

44. Der Überdruck in den Hausleitungen darf in der Regel 250 mm Wassersäule nicht überschreiten, es sei denn, daß in besonderen Fällen höhere Drucke durch die Art der Verwendung des Gases (z. B. zu technischen Zwecken) bedingt werden und ohne Gefahr zulässig sind.

45. In keinem Teile des Entwicklers darf die Temperatur des Gases über 100 °C betragen. Bei Eintritt in den Gasbehälter darf das Gas nicht wärmer als 50 °C sein.

46. Werden Druckmesser mit flüssiger Füllung angebracht, so müssen sie absperrbar und mindestens doppelt so lang sein, als es der normale Gasdruck erfordert. In Acetylenanlagen für Beleuchtungszwecke mit einer Stundenleistung von 3000 oder mehr Litern Gas ist für jede Entwicklergruppe sowie für etwa besonders aufgestellte Gasbehälter und für das Rohrnetz je ein eigener Druckmesser mit entsprechender Bezeichnung anzubringen.

47. Jede Acetylenanlage ist so einzurichten, daß bei der ersten Inbetriebnahme und nach Bedarf die Ableitung des Gasluftgemisches ins Freie erfolgen kann. Jede Anlage ist mit einer Absperrvorrichtung zu versehen, die das Abstellen der ganzen Rohrleitung gestattet und leicht zugänglich vor dem Reiniger angebracht sein muß.

Bemerkung.

Als weitere Anlagen enthält die Verordnung außer der Anlage A: Die Prüfungsordnung (Anlage B), den Abstempelungsschein (Anlage C), die Abnahmebescheinigung (Anlage D), die Gebührenordnung (Anlage E).

Auszug aus der Bekanntmachung des Staatsministeriums des Innern vom 21. 12. 23 zum Vollzug der Acetylenverordnung.

Gemäß § 29 Abs. I der Verordnung vom 21. Dezember 1923 über die Herstellung, Aufbewahrung und Verwendung von Acetylen sowie über die Lagerung von Calciumcarbid (GVBl. S. 393) erläßt das Staatsministerium des Innern folgende Vollzugsvorschriften:

Abschnitt I. Vorbemerkungen.

Die neue Acetylenverordnung entspricht einer Vereinbarung der Länder. Sie bringt gegenüber der bisherigen Acetylenverordnung eine Reihe von Vereinfachungen. An die Stelle der technischen Aufsichtskommission für die Untersuchungs- und Prüfstelle des Deutschen Acetylenvereins tritt der Deutsche Acetylenausschuß, dem die Weiterbildung der technischen Grundsätze für den Bau und die Aufstellung der Acetylenanlagen und die Zulassung der Bauart von Acetylenentwicklern und Wasservorlagen und die Zurückziehung solcher Zulassungen, ferner die Zulassung allgemeiner Ausnahmen von den Bestimmungen der Acetylenverordnung (d. h. solcher

Ausnahmen, die für ganze Gattungen von Acetylenanlagen gelten) übertragen ist. Einzelne Befreiungen sind von den Bezirkspolizeibehörden zu bescheiden.

Abschnitt II. Die wichtigsten Bestimmungen.

A. Die Vorschriften über die Lagerung von Calciumcarbid sind im wesentlichen unverändert geblieben.

B. Für Acetylenentwickler gilt im wesentlichen folgendes:

a) Die Unterscheidung zwischen feststehenden und beweglichen Apparaten fällt künftig weg.

b) Jeder Entwickler muß ein Fabrikschild tragen.

c) Die Bestimmungen der Verordnung finden keine Anwendung

1. auf wissenschaftliche Anstalten,
2. auf selbsttätige Acetylenentwickler ohne ausdehnungsfähigen Gasraum zur Beleuchtung von Kraftfahrzeugen, auf tragbare Lampen und tragbare Laternen mit höchstens 2 kg Carbidfüllung, höchstens 0,2 atm Überdruck und höchstens 100 ° C Temperatur im Gasraum und nicht mehr als 10 kg Lagermenge an Carbid,
3. auf selbsttätige, zu Heiz-, Koch- und Beleuchtungszwecken und ausschließlich für vorübergehende technische Montagezwecke zu verwendende Acetylenentwickler von höchstens 2 kg Carbidfüllung, wenn die Bauart zugelassen und das Fabrikschild abgestempelt ist (freizügige Kleinentwickler). Hierunter fallen nunmehr auch die Beagidentwickler, soweit sie einen Fassungsraum von nicht mehr als 60 l haben (Ziffer 15 Satz 2 der technischen Grundsätze Anlage A der Verordnung),
4. auf Acetylenfackeln von begrenzter Höchstfüllung und für bestimmte Verwendungsorte, wenn Bauart und Größe zugelassen sind und das Fabrikschild abgestempelt ist,
5. auf gelöstes Acetylen in Behältern, die den Bestimmungen der Eisenbahnverkehrsordnung entsprechen.

d) Im übrigen werden jetzt unterschieden:

Entwickler, die auf Grund einer Bauartprüfung zugelassen sind und Entwickler, für die eine solche Prüfung nicht in Betracht kommt.

— — — — — — — — — —

Abschnitt III. Besondere Vollzugsvorschriften.

1. Gemäß § 23 der Verordnung werden als Sachverständige bestimmt:

a) für Bayern rechts des Rheins: Der Bayerische Revisionsverein in München, Kaiserstraße 14,

b) für Bayern links des Rheins: Der Pfälzische Revisionsverein in Kaiserslautern.

2. Diese Sachverständigen haben gemäß § 5 Abs. II der Verordnung die Nieten oder Zinntropfen des Fabrikschildes von Entwicklern, deren Bauart nach § 4 Abs. I oder II geprüft worden ist, abzustempeln und den Abstempelungsschein auszustellen.

3. Diese Sachverständigen haben die Abnahmeprüfung vorzunehmen und im übrigen den Behörden auf Ansuchen Gutachten abzugeben.

Abschnitt IV.

Die Bekanntmachung des Staatsministeriums des Innern vom 18. Dezember 1913 über den Vollzug der Acetylenverordnung vom 14. Dezember 1913 (GVBl. S. 941) tritt hiermit außer Kraft.

Auszug aus der Verordnung vom 1. 10. 26, über den Verkehr mit verflüssigten oder verdichteten Gasen.

Auf Grund des Art. 2 Ziff. 9 und 14 des Polizeistrafgesetzbuchs, ferner der §§ 367 Nr. 5 und 6 und 368 Nr. 8 des Strafgesetzbuches für das Deutsche Reich und §§ 120e und 147 der Reichsgewerbeordnung wird für den Verkehr mit verflüssigten oder verdichteten Gasen verordnet, was folgt:

Geltungsbereich der Verordnung.

§ 1. Die Verordnung erstreckt sich auf den Verkehr mit allen verflüssigten und verdichteten Gasen in geschlossenen Behältern. Soweit solche Gase als Sprengstoffe anzusehen sind (z. B. verflüssigtes Acetylen), sind sie daneben den besonderen Bestimmungen über den Verkehr mit Sprengstoffen unterworfen.

Auf kleine Mengen verflüssigter oder verdichteter Gase bis zu 100 Kubikzentimeter finden diese Bestimmungen bei sachgemäßer Verpackung keine Anwendung.

Zulässiger Baustoff der Behälter für verflüssigte und verdichtete Gase.

§ 2. Verflüssigte oder verdichtete Gase dürfen nur in Behältern aus Schweißeisen, Flußeisen (Flußstahl) oder Formflußeisen (Stahlformguß oder Gußstahl) befördert oder aufbewahrt werden.

Abweichend hiervon dürfen kupferne Behälter verwendet werden für die verflüssigten Gase: Chlorkohlenoxyd, Chlormethyl, Chloräthyl, Methyläther und schweflige Säure, ferner für alle verdichteten Gase, deren Druck 20 Atmosphären nicht übersteigt, mit Ausnahme des Acetylens.

Anforderung an die Beschaffenheit des Baustoffs und an die Wandstärke der Behälter.

§ 3. Jeder neue, für verflüssigte oder verdichtete Gase bestimmte, geschlossene Behälter muß, bevor er in den Verkehr gebracht wird, von einem Sachverständigen (§ 12) auf die Beschaffenheit seines Baustoffs und auf seine Wandstärke in folgender Weise geprüft sein: ...... (Es folgen die Prüfungsbestimmungen.)

§§ 4 mit 6. (Ausrüstung, Größe, Anstrich, zulässige Füllung der Gefäße.)

§§ 7 und 8. (Druckprobe, Stempelung, Bescheinigungen.)

§ 9. (Besondere Vorschriften für verdichtete Gase.)

Behandlung gefüllter Behälter.

§ 10. Die mit verflüssigten oder verdichteten Gasen gefüllten Behälter dürfen nicht geworfen oder der unmittelbaren Einwirkung der Sonnenstrahlen ausgesetzt werden. Der Einwirkung anderer Wärmequellen (Heizkörper, Öfen usw.) sind sie durch hinreichende Entfernung oder Schutzwände zu entziehen. Das Lagern gefüllter Behälter auf Plätzen, an denen Menschen verkehren ist nur statthaft, wenn die Behälter zeltartig mit einer Decke von Segeltuch oder mit einem hölzernen Kasten überdeckt werden. Gefüllte Behälter dürfen in Werkstätten oder an Verkehrsplätzen nicht aufgestellt werden, ohne gegen Umstürzen in geeigneter Weise gesichert zu sein.

Verflüssigte oder verdichtete Gase dürfen in andere Behälter nicht durch unmittelbare Erwärmung mittels offenen Feuers oder Gasflammen, sondern nur durch Erwärmen mittels feuchter, heißer Tücher oder im Wasser- oder Luftbad umgefüllt werden, wenn Vorsorge getroffen ist, daß die Temperatur des Bades nicht über 40° C, für Chloräthyl nicht über 60°, steigen kann.

Werden verflüssigte oder verdichtete Gase aus Versandbehältern in geschlossene Gefäße übergeleitet, die nicht für den gleichen Druck gebaut sind wie die Versandbehälter, so sind entweder Reduzierventile zu verwenden, oder die Gefäße sind mit einem zuverlässigen Sicherheitsventil und Manometer zu versehen.

§ 11. (Beförderung gefüllter Behälter auf Fuhrwerken.)

Sachverständige.

§ 12. Als Sachverständige zur Vornahme der in den §§ 3, 4, 5, 6 vorgeschriebenen Prüfungen und zur Ausstellung von Bescheinigungen nach § 8 werden für das rechtsrheinische Bayern der bayerische Revisionsverein in München, Kaiserstraße 14, für die Pfalz der pfälzische Revisionsverein in Kaiserslautern bestimmt.

Die Bescheinigungen der in anderen Ländern zur amtlichen Prüfung im Sinne des Abschnitts I d der Anlage C zur Eisenbahn-Verkehrsordnung zugelassenen Sachverständigen werden ohne weiteres anerkannt. Sachverständige des Auslandes bedürfen der Anerkennung des Staatsministeriums des Innern.

§ 13. (Ausnahmen und Übergangsbestimmungen.)

§ 14. (Gebühren.)

Strafbestimmungen.

§ 15. Zuwiderhandlungen gegen diese Verordnung werden nach § 367 Nr. 5, 6, § 368 Nr. 8 des Strafgesetzbuches oder nach § 147 der Gewerbeordnung bestraft, sofern nicht andere gesetzliche Vorschriften eine schwerere Strafe androhen.

Inkrafttreten der Verordnung.

§ 16. Diese Verordnung tritt am 1. Oktober 1926 in Kraft.

Bemerkung.

Die Anlagen I mit IV enthalten Bestimmungen über Ventile, über Prüfungsbescheinigungen sowie die Gebührenordnung.

Verordnung vom 23. 5. 25 über die Lagerung von Ammonsalpeter, von Mischsalzen aus Ammonsalpeter mit Ammonsulfat oder Kaliumchlorid und von Gemengen aus Ammonsalpeter mit anderen Düngemitteln.

Auf Grund des RStGB. §§ 367 Ziff. 5 und 368 Ziff. 8 mit Polizeistrafgesetzbuch Art. 2 Ziff. 9 und 14 und der Reichsgewerbeordnung §§ 120e und 147 und vorbehaltlich des RStGB. §§ 367 Ziff. 6 und 368 Ziff. 5 und 6 und des Polizeistrafgesetzbuchs Art. 86 wird folgendes bestimmt:

§ 1. I Wer Ammonsalpeter, Mischsalze aus Ammonsalpeter mit Ammonsulfat oder Kaliumchlorid oder Gemenge aus Ammonsalpeter oder den bezeichneten Milchsalzen lagert, hat dies durch Vermittlung der Ortspolizeibehörde des Lagerortes der Bezirkspolizeibehörde, in den Städten mit staatlicher Polizeidirektion dem Stadtrat, unter Angabe der Höchstmenge, die gelagert wird, anzuzeigen. Mit der Anzeige sind eine Beschreibung nebst Zeichnung und ein Lageplan, alle in doppelter Fertigung, einzureichen, aus denen die Bauart und die Einrichtung der Lagerräume sowie ihre Lage zu benachbarten Wohnungen und öffentlichen Verkehrswegen zu ersehen ist.

II Jede wesentliche Änderung in der Anlage und Beschaffenheit des Lagers ist vorher anzuzeigen.

III Die Anzeigepflicht entfällt für solche Lager in landwirtschaftlichen Betrieben, in denen nicht mehr als 100 t der in Abs. I genannten Stoffe für den eigenen Bedarf zeitweise gelagert werden. Bei sonstigen Lagern, in denen nicht mehr als 100 t dieser Stoffe gelagert werden, kann die Bezirkspolizeibehörde auf Ansuchen des Lagerinhabers die Beibringung der der Anzeige beizufügenden Unterlagen nachsehen.

§ 2. I Mengen von über 1000 t der in § 1 Abs. I bezeichneten Stoffe dürfen nur in angemessener Entfernung von Wohnungen und Arbeitsstätten sowie von öffentlichen Verkehrswegen gelagert werden. Welche Entfernung angemessen ist, bestimmt die Bezirkspolizeibehörde nach Benehmen mit dem Gewerbeaufsichtsbeamten. Sie kann auch die Schütthöhe beschränken.

II Mengen von mehr als 100 bis 1000 t dürfen, soweit nicht den Anforderungen in Abs. I genügt ist, nur in Lagern gelagert werden, die von anstoßenden Räumen durch massive Mauern und von angrenzenden Gebäuden durch Brandmauern im Sinne der Bauordnungen getrennt sind. Wo es die örtlichen Verhältnisse geboten erscheinen lassen, kann die Bezirkspolizeibehörde verlangen, daß auch die Lagerung von Mengen von mehr als 100—1000 t in der in Abs. I angegebenen Weise erfolgt, und daß Mengen, die 100 t nicht übersteigen, in der in Satz 1 dieses Absatzes angegebenen Weise gelagert werden. Dies gilt nicht für die im § 1 Abs. III erwähnten Lager in landwirtschaftlichen Betrieben.

III Bei vorübergehender Lagerung kann die Bezirkspolizeibehörde unter Zustimmung des Gewerbeaufsichtsbeamten und der Versicherungskammer, Abteilung für Brandversicherung, Ausnahmen von der Vorschrift des Abs. II S. 1 gestatten.

§ 3. I Holzwerk darf mit den in § 1 Abs. I bezeichneten Stoffen bei der Lagerung nicht in Berührung kommen. Fußböden, Wände, Dachstützen und andere Teile des Lagerraums, die aus Holz bestehen, sind mit Stoffen zu überziehen oder zu durchtränken, die ein Eindringen von Ammonsalpeter in das Holzwerk verhindern.

II Für die Lagerung von Mengen bis zu 100 t kann die Bezirkspolizeibehörde nach Zustimmung des Gewerbeaufsichtsbeamten und der Versicherungskammer, Abteilung für Brandversicherung, Ausnahmen gestatten.

§ 4. I In den Lagern ist es verboten, Feuer anzuzünden, mit offenem Licht umzugehen und zu rauchen. Ferner ist es untersagt, die in § 1 Abs. I genannten Stoffe mit feuergefährlichen oder leicht brennbaren Stoffen zusammen zu lagern.

II Die Lager müssen an jedem Zugange mit Warnungstafeln oder deutlich lesbaren Anschlägen versehen sein, die die Verbote des Abs. I enthalten.

§ 5. In den Lagern ist die Auflockerung verhärteter Massen durch andere als mechanische Hilfsmittel verboten. Insbesondere sind in solchen Lagern oder in ihrer unmittelbaren Umgebung Sprengungen jeder Art verboten.

§ 6. Die Lagerräume sind sicher zu verschließen, solange in ihnen nicht gearbeitet wird; Personen, die in den Lagern nicht beschäftigt sind, müssen ferngehalten werden.

§ 7. In den Lagern ist ein deutlich lesbarer Abdruck dieser Verordnung auszuhängen.

§ 8. I Die Vorschriften des § 3, des § 4 Abs. II und der §§ 6 und 7 gelten nicht für solche Lager in landwirtschaftlichen Betrieben, in denen nicht mehr als 15 t der in Abs. I der § 1 genannten Stoffe zum eigenen Bedarf gelagert werden.

II Die Vorschriften in den §§ 2 Abs. I und II, 3, 4, 5 und 7 finden sinngemäß Anwendung auch auf Anlagen zur Herstellung von Ammonsalpeter und ammonsalpeterhaltigen Mischsalzen, die der Genehmigung nach § 16 RGewO. bedürfen, soweit dafür nicht Sonderanordnungen getroffen sind.

§ 9. Soweit nicht nach anderen Vorschriften eine höhere Strafe verwirkt ist, werden Zuwiderhandlungen gegen § 8 Abs. II mit Geldstrafe bis zu 10000 Reichsmark, im Unvermögensfalle mit Haft, Zuwiderhandlungen gegen §§ 3 und 4 mit Geldstrafe bis zu 150 Reichsmark oder mit Haft bis zu vierzehn Tagen, sonstige Zuwiderhandlungen gegen die Verordnung mit Geldstrafe bis zu 150 Reichsmark oder mit Haft bestraft.

§ 10. I Diese Verordnung tritt sofort in Kraft. Gleichzeitig tritt die Bekanntmachung des Staatsministeriums für Landwirtschaft vom 15. Mai 1922 (StAnz. Nr. 117) außer Wirksamkeit.

II Zur Beseitigung von Mängeln bei bestehenden Anlagen können die Bezirkspolizeibehörden den Beteiligten eine angemessene Frist gewähren.

Verordnung des Staatsministeriums des Innern vom 10. 8. 28 über Koch- und Heizeinrichtungen, bei denen leichtentzündliche, flüssige Stoffe verwendet werden.

Auf Grund des § 368 Nr. 8 des Reichsstrafgesetzbuches sowie der Art. 131 und 2 Ziffer 14 des Polizeistrafgesetzbuches wird nachstehende Verordnung erlassen:

§ 1. Einrichtungen zu Koch- und Heizzwecken, bei denen flüssige Stoffe benützt werden, die bei einem Barometerstand von 760 mm und bei einer Erwärmung auf weniger als 21° Celsius entflammbare Dämpfe entwickeln, (z. B. Benzin, Benzol, Dapolin, Gasolin, Monopolin, Motalin) dürfen in Wohngebäuden nicht verwendet werden.

Dieses Verbot gilt nicht für Koch- und Heizeinrichtungen, bei denen lediglich Spiritus verwendet wird.

§ 2. Das Staatsministerium des Innern kann Ausnahmen für einzelne Bauarten der in Ziffer 1 Abs. 1 genannten Koch- und Heizeinrichtungen zulassen.

§ 3. Soweit nicht nach anderen Vorschriften eine höhere Strafe verwirkt ist, werden Zuwiderhandlungen gegen diese Verordnung nach § 368 Nr. 8 des Reichsstrafgesetzbuches bestraft.

§ 4. Diese Verordnung tritt mit ihrer Verkündung in Kraft.

V. Sonstige Bestimmungen, Merkblätter usw.

Entschließung des Staatsministeriums des Innern vom 1. 2. 01, feuergefährliche Baumaterialien betr.

Gemäß § 31 Abs. I der Bauordnung vom 31. Juli 1890, § 41 Abs. I der Münchener Bauordnung vom 29. Juli 1895 bzw. § 15 Abs. I der Bauordnung für die Pfalz vom 30. August 1890 darf zur Eindeckung der Gebäude im Allgemeinen nur feuersicheres Material verwendet werden.

In letzter Zeit sind nun Dachziegel in den Verkehr gebracht und zur Dacheindeckung verwendet worden, welche aus porösem Zement hergestellt und mit Teer getränkt sind[1]). Wie die mit diesen Ziegeln in bezug auf Feuerempfindlichkeit angestellten Proben gezeigt haben, tritt bei starker Erhitzung durch Feuer der Teer aus den Poren der Ziegel an die Oberfläche derselben heraus, entzündet sich und brennt mit heller Flamme bis zur Aufzehrung, ohne daß eine Löschung mit Wasser hiebei möglich ist. Auch tritt zum Teil ein Abtropfen des brennenden Teeres von den Rändern der Ziegel ein.

Im Hinblicke auf die hienach festgestellte Feuergefährlichkeit derartiger Ziegel sind dieselben von der Verwendung als Dacheindeckungsmaterial im Sinne der angeführten Bestimmungen der Bauordnung auszuschließen.

Entschließung des Staatsministeriums des Innern vom 29. 10. 01, Anlage und Beschaffenheit sogenannter deutscher besteigbarer Kamine betr.[2])

An verschiedenen Orten des Königreichs, insbesondere in Städten, bestehen noch solche deutsche, (besteigbare) Kamine, bei welchen die Einsteigöffnung im Dachraume oder im obersten Stockwerk angebracht ist, die also nach unten vollständig geschlossen sind. Diese Kamine sind nicht nur schwer zu reinigen, sondern sie bilden zufolge ihrer Anlage auch eine stete Feuersgefahr für das Gebäude sowie eine nicht unerhebliche Unfallgefahr für die mit ihrer Reinigung betrauten Kaminkehrer.

Es besteht Veranlassung, den in obenerwähnter Weise angelegten Kaminen besondere Aufmerksamkeit zuzuwenden. Die Distriktsverwaltungsbehörden haben daher die Kaminkehrermeister ihrer Bezirke zu beauftragen, besteigbare Kamine, welche von unten geschlossen und an ihrer untersten Stelle weder mit einer seitlichen Einsteigöffnung noch an ihrer Sohle mit einer sogenannten Falle versehen sind, zur behördlichen Kenntnis zu bringen.

Je nach der Lage des einzelnen Falles haben alsdann die Distriktsverwaltungsbehörden die Anbringung entweder einer seitlichen Einsteigöffnung, welche durch eine eiserne Türe verschließbar zu machen ist oder eines

[1]) Nach der E. d. Staatsm. d. J. vom 14. 12. 01 sind von der Verwendung als Dacheindeckungsmaterial nur solche aus porösem Material hergestellte Dachziegel auszuschließen, welche in Teer getaucht oder allseitig mit demselben bestrichen sind, nicht aber solche, welche nur auf ihrer oberen Seite und an ihren Rändern mit Teer bestrichen sind.

[2]) Diese M. E. wurde mit M. E. vom 19. 11. 25 wieder in Erinnerung gebracht.

horizontalen verschließbaren Falltürchens aus Eisenblech an den vorbezeichneten Stellen des Kamines anzuordnen. Die Kontrolle über den Vollzug kann anläßlich der regelmäßigen Feuerbeschau betätigt werden.

Entschließung des K. Staatsministeriums des Königlichen Hauses und des Äußern und des Innern vom 5. 3. 09, Grundsätze für die Aufstellung und den Betrieb von Sauggas-Kraftanlagen.

§ 1. Die Vorrichtungen zur Darstellung und Reinigung des Sauggases und die Gasmaschinen (Sauggas-Kraftanlagen) sind in mindestens 3,50 m, bei Maschinen über 50 PS in mindestens 4 m hohen, hellen Räumen aufzustellen, die durch besondere, nötigenfalls durch mechanisch betriebene Entlüftungsvorrichtungen gut ventilierbar sind, so daß eine Ansammlung von Gasen darin ausgeschlossen ist.

In Kellern ist die Aufstellung nur dann zulässig, wenn zudem der lichte Raum zwischen der Oberkante der im Kellerraum befindlichen Einschüttöffnung des Gaserzeugers und der Decke mindestens 1,50 m beträgt.

§ 2. Sauggas-Kraftanlagen dürfen in Arbeitsräumen oder in Räumen, welche mit Wohnräumen in unmittelbarer Verbindung stehen, nicht aufgestellt werden. Es ist Vorsorge zu treffen, daß über oder neben einer Sauggasanlage liegende Wohn- oder Arbeitsräume nicht durch heiße Luft oder Dünste belästigt werden.

§ 3. Die Betriebsräume der Sauggasanlagen müssen so groß sein, daß alle Teile der Apparate, Motoren und sonstigen Betriebseinrichtungen von allen Seiten leicht zugänglich sind und sicher bedient werden können.

§ 4. Die Beschickung der Gaserzeuger muß leicht und sicher (von besonderen Bühnen oder festen Treppen) sowie derart geschehen können, daß durch die Füllöffnung keine Verbrennungsprodukte in den Betriebsraum entweichen können.

§ 5. Die beim Anheizen oder während des Stillstandes der Maschine entstehenden Verbrennungsprodukte sind durch eine dichte sowie entsprechend weite und widerstandsfähige Rohrleitung so hoch abzuführen, daß sie weder in bewohnte Räume noch in Räume gelangen, in welchen sich Menschen vorübergehend aufhalten, noch die Anwohner belästigen können; sind mehrere Gaserzeuger vorhanden, so sind die Verbrennungsprodukte eines jeden Gaserzeugers durch eine besondere Rohrleitung in dieser Weise abzuführen. Ebenso hoch sind die Auspuffgase durch ein besonderes Rohr abzuleiten, wobei Vorsorge zu treffen ist, daß ein die Nachbarschaft belästigendes Geräusch vermieden wird.

Die sämtlichen vorgenannten Betriebsgase dürfen weder in Kamine bestehender Feuerungen eingeleitet, noch dürfen Rauchgase anderer Feuerstätten in die zur Abfuhr der Betriebsgase bestimmten Rohrleitungen eingeführt werden.

§ 6. Es sind Einrichtungen zu treffen, welche während der Anheizperiode und während des Stillstandes der Maschine den Austritt von Gasen aus dem Gaserzeuger in seine Umgebung sowie in die Kühl- und Reinigungsapparate (Wäscher, Reiniger und dgl.) verhindern.

Ebenso sind Vorkehrungen zu schaffen, welche bei Fehlzündungen oder bei anderen Störungen den Rücktritt von Explosionsgasen aus dem Motor in die Gaszuleitung unmöglich machen.

§ 7. Zur möglichsten Vermeidung von Belästigungen während des Reinigens (Ascheziehens, Ausschlackens) der Gaserzeugerfeuerung sind entsprechende Vorkehrungen zu treffen. Nötigenfalls sind die heißen Dämpfe und Gase an den Räumungsöffnungen abzufangen und fortzuleiten.

§ 8. Bei der Entleerung des Gaserzeugers, der Neubeschickung der Reinigungsapparate sowie bei etwa vorzunehmenden Reparaturen der Anlage sind die betreffenden Apparate vorher durch Einblasen von Luft vollständig zu entgasen und die dabei entweichenden Gase gemäß den Vorschriften des § 5 abzuführen.

§ 9. Die Probierhähne sind so einzurichten, daß ein Zurückschlagen der Flamme ausgeschlossen ist.

§ 10. Die bei der Reinigung des Gases anfallenden Abwässer sind so zu behandeln, daß sie geruchlos und völlig neutral abfließen. Abwässergruben müssen undurchlässig und dicht abgedeckt sein.

Die Rückstände sind so zu beseitigen, daß Belästigungen der Nachbarschaft vermieden werden.

§ 11. Im Aufstellungsraum einer Sauggasanlage muß an einer in die Augen fallenden Stelle eine genaue Anweisung über die Behandlung der Anlage ausgehängt sein.

Die Überwachung und Bedienung der Sauggasanlage darf nur durch zuverlässige, mit der Einrichtung und dem Betriebe vertraute Personen erfolgen.

Bei Reinigungsarbeiten, bei denen die Möglichkeit von Gasaustritt besteht, müssen mindestens zwei Arbeiter in dem Betriebsraume anwesend sein.

§ 12. Das Andrehen des Motors einer Sauggasanlage darf nur mittelst geeigneter Andrehvorrichtungen geschehen. Sogenannte Sicherheitsandrehkurbeln dürfen ohne Einschaltung einer Übersetzung nur bei kleineren Motoren — höchstens bis zu 15 Pferdestärken — Anwendung finden.

§ 13. Die Gaswasch- und Reinigungsapparate sind mit Vorkehrungen auszustatten, welche den jeweiligen Druck erkennen lassen.

§ 14. Die Entlüftungseinrichtungen dürfen weder das Bedienungspersonal durch lästigen Zug noch die Nachbarschaft durch Geräusche oder auf andere Weise behelligen.

§ 15. Die Gaserzeuger sind, wenn sie durch strahlende Hitze belästigen würden, in geeigneter Weise zu verkleiden. Auch sind die Auspuffrohrleitungen, soweit sie innerhalb der Betriebsräume liegen, wirksam zu isolieren.

§ 16. Die Gas- und sonstigen Maschinen sind so zu fundieren, und die mechanischen Kraftleitungen sind so anzuordnen, daß die Nachbarschaft nicht durch Erschütterungen belästigt wird.

§ 17. Bei Eintritt der Dunkelheit ist für angemessene Beleuchtung zu sorgen.

§ 18. Den Forderungen des Unfallschutzes ist Rechnung zu tragen.

§ 19. Für die Arbeiter ist Sitzgelegenheit und Wascheinrichtung vorzusehen.

§ 20. Wo mit der Kraftanlage eine Akkumulatorenanlage verbunden ist, sind die Akkumulatorenräume von allen anderen Betriebsräumen zu trennen und gut zu lüften. Zur künstlichen Beleuchtung der Akkumulatorenräume darf nur elektrisches Glühlicht mit besonderer Schutzglocke oder Außenbeleuchtung verwendet werden.

Entschließung des Staatsministeriums des Innern vom 14. 6. 10, Erbauung von Dampfsägewerken betr.[1])

Die Ursache der zahlreichen Brandschäden, von denen Dampfsägewerke betroffen werden, ist nach Mitteilung der Versicherungskammer, Abteilung für Brandversicherung, nicht selten in der bauordnungswidrigen Anlage der Sägewerksgebäude zu suchen.

[1]) Vgl. Merkblatt der VersKammer Seite 197.

Die Baupolizeibehörden werden daher ausdrücklich darauf hingewiesen, daß die Baupläne für solche Anlagen besonders sorgfältig zu prüfen und veranlaßtenfalls gemäß §§ 47 und 48 Abs. I Ziffer 8 der Bauordnung der K. Versicherungskammer zur Äußerung mitzuteilen sind.

Bei Dispensgesuchen ist darauf Bedacht zu nehmen, daß, wenn von einzelnen Bestimmungen der Bauordnung abgesehen werden will, in anderer Weise für tunlichste Feuersicherheit Vorsorge getroffen wird.

Auszug aus der Entschließung des Staatsm. d. J. vom 6. 7. 12, Blitzableiter [1]) betr.

Mit Ministerialentschließung vom 22. Mai 1899 (MABl. S. 193) wurde auf das Findeisen'sche Verfahren für das vereinfachte Setzen von Blitzableitern und auf die von Findeisen herausgegebenen „Ratschläge über den Blitzschutz der Gebäude unter besonderer Berücksichtigung der landwirtschaftlichen Gebäude" aufmerksam gemacht. Hierbei wurde besonders darauf hingewiesen, daß nach diesem Verfahren auch weniger bemittelte Gebäudebesitzer in die Lage gesetzt sind, sich einen billigen und doch brauchbaren Blitzschutz zu verschaffen.

— — — — — — — — — — —

Gerade auf dem Lande, wo die Gebäude erfahrungsgemäß in höherem Maße als in den Städten durch den Blitz Schaden leiden — 97 % aller Blitzschäden mit einem Gebäudeschaden von jährlich 500—600 000 Mk. treffen auf das Land — sollte aber die Anwendung dieses vereinfachten Verfahrens weiteste Verbreitung finden [2]).

— — — — — — — — — — —

Bei Neu- und Umbauten ist es besonders wichtig, daß schon bei Aufstellung der Pläne durch zweckentsprechende Anlage der Dachrinnen und Regenabfallrohre, des Wasserleitungsnetzes, der First- und Kehlbleche und dgl., sowie durch richtige Wahl der Ausmaße solcher Metallteile auf die Bedürfnisse des Findeisen-Ruppel'schen Verfahrens Rücksicht genommen wird. Die Ausführung der vereinfachten Blitzableiter wird dadurch wesentlich vorbereitet und die an sich nicht erheblichen Kosten für eine solche Anlage werden noch weiter verringert. In dieser Richtung sind insbesondere die baugewerblichen Unternehmer entsprechend aufzuklären.

— — — — — — — — — — —

Grundsätze für die Aufstellung, Beschaffenheit und den Betrieb von Luftgasanlagen. (MinBek. v. 11. 2. 13.)

§ 1. Unter Luftgasanlagen im Sinne dieser Grundsätze werden Anlagen verstanden, in welchen ein (für Leucht- Kraft- oder Heizzwecke verwendbares) Gemenge von Luft mit Dämpfen von Kohlenwasserstoffen hergestellt oder aufgespeichert wird.

[1]) Zur Bearbeitung und Fortentwicklung der technischen Grundsätze für den Blitzableiterbau besteht in Berlin ein Ausschuß für Blitzableiterbau (A. B. B.), der im Verlag von E. Mittler u. S. Berlin ein Werkchen „Blitzschutz" herausgegeben hat, das über den neuesten Stand der Blitzschutztechnik erschöpfenden Aufschluß gibt.

[2]) Die Versicherungskammer gewährt nach **Maßgabe der verfügbaren Mittel** unverzinsliche Vorschüsse, zurückzahlbar in 5 Jahresteilbeträgen, für Blitzschutzanlagen nach dem vereinfachten Verfahren Findeisen-Ruppel und zwar in der Regel nur für landwirtschaftliche Gebäude. Die Blitzschutzanlage darf jedoch noch nicht ausgeführt sein.

§ 2. Luftgasanlagen sind in besonderen Räumen aufzustellen, die zu anderen Zwecken nicht benutzt werden dürfen.

§ 3. Luftgasanlagen, deren Gaserzeuger zusammen mehr als 30 Liter der zu vergasenden Flüssigkeit fassen, dürfen nicht mit Räumen, die häufig von Menschen betreten werden, unter einem Dache errichtet werden.

§ 4. Räume, in denen Luftgasanlagen aufgestellt werden sollen, müssen folgenden Anforderungen entsprechen:

a) Die Räume müssen so groß sein daß die Apparate in allen Teilen leicht zugänglich sind.

b) Der Fußboden muß aus glatten, nicht brennbaren, den Kohlenwasserstoff nicht aufsaugenden und leicht zu reinigenden Stoffen hergestellt werden; er darf an der Zugangstüre nicht tiefer als das umgebende Erdreich liegen.

c) Die Wände und Decken müssen feuersicher und dicht hergestellt werden. Durchbrechungsstellen nach Nebenräumen für Heizungen, Transmissionen, Rohrleitungen usw. sind sicher abzudichten.

d) Die Türen müssen nach außen aufschlagen und dürfen nicht in Räume führen, in denen sich Feuerstätten befinden oder die mit offen brennendem Licht beleuchtet werden. Mindestens eine Türe muß unmittelbar ins Freie führen. Verbindungstüren müssen feuersicher oder beiderseits mit Blech beschlagen sein.

e) Die Räume müssen genügendes Tageslicht haben, um in ihnen alle erforderlichen Arbeiten bei Tag ohne künstliche Beleuchtung vornehmen zu können. Apparatenräume, bei denen nach ihrer Zweckbestimmung von vornherein anzunehmen ist, daß eine Bedienung der Apparate, wenn auch nur gelegentlich, in der Dunkelheit erforderlich wird, müssen Einrichtungen zur künstlichen Beleuchtung erhalten. Diese darf nur von außen vor gasdichten, nicht zu öffnenden Fenstern aus starkem Glas durch geschlossene haltbare Laternen erfolgen. Wird in letzteren Luftgas benutzt, so muß daneben eine andere Beleuchtungsart für diese Laternen betriebsbereit vorhanden sein.

f) Die Apparate und Rohrleitungen müssen gegen Einfrieren gesichert sein. Die Heizung der Räume darf nur durch Dampf, Wasser oder andere Einrichtungen (z. B. dichte und gut mit Isolationsmitteln überdeckte, gemauerte Heizkanäle) erfolgen, bei denen auch im Falle der Beschädigung der Austritt von Funken, das Glühendwerden oder der Zutritt von Luftgas zu offenem Feuer oder hoch erhitzten Gegenständen ausgeschlossen ist. Die Apparatenräume müssen von benachbarten Feuerstellen ihrer Heizungsanlage durch Brandmauern getrennt sein.

g) In den Apparateräumen sind entweder in oder unmittelbar unterhalb der Decke sowie unmittelbar oberhalb des Fußbodens ausreichende Entlüftungseinrichtungen zu treffen, die den ungehinderten Abfluß der Kohlenwasserstoffdämpfe in die freie Luft dauernd oder in kürzester Zeit gestatten. Die Entlüftungen sind so einzurichten, daß die abziehenden Gase und Dämpfe nicht in andere Räume, wo sie schädlich wirken könnten, gelangen können. In Abzugskanäle, Regenrohre, Feuerungskamine u. dgl. dürfen sie nicht eingeführt werden.

§ 5. Heißluft- und Verbrennungsmotoren dürfen in den Apparatenräumen nicht aufgestellt werden, Elektromotoren nur insoweit, als sie den Vorschriften des Verbandes deutscher Elektrotechniker für Motoren entsprechen, die in Schlagwettergruben laufen sollen. Ein- und Ausschalter, Sicherungen, Kontakte und ähnliche elektrische Apparate, die Funken bilden können, dürfen nur außerhalb der Apparatenräumen untergebracht werden.

§ 6. Der Betriebsmittelbehälter am Apparat muß mit einem Flüssigkeitsanzeiger versehen sein. Das Fassungsvermögen des Behälters ist so zu wählen, daß er bei geordnetem Betrieb während der Dunkelheit nicht gefüllt zu werden braucht. Die Füllung darf in der Regel nur mittels geschlossener metallener Rohrleitung von tiefer liegenden Behältern aus erfolgen, die in besonderen Vorratsräumen lagern. Die Höchstfüllung ist durch eine Rücklaufleitung zu sichern. Bei Apparaten, deren Gaserzeuger höchstens 2 Liter Flüssigkeit fassen, ist die Füllung auch mit geeigneten, zu dem Zwecke konstruierten gasdichten Gefäßen, die erst nach Verschraubung mit dem Apparate geöffnet werden, gestattet.

§ 7. Die Apparate müssen mit einer Sicherheitsvorrichtung versehen sein, die so beschaffen ist, daß auch bei gefülltem Gasbehälter durch den Weiterbetrieb des Apparats kein Gas in die Räume gelangen kann.

Nichtmetallische Dichtungen von Stellen, die mit dem flüssigen Betriebsmittel in Berührung kommen, sind zu vermeiden. In keinem Falle dürfen solche Stellen mit Gummi, Pappe, Asbest oder Ölkitten gedichtet werden.

Bei Apparaten, die durch ein herabsinkendes Gewicht betrieben werden, sind gegen Unfälle, die durch Herabfallen des Gewichts entstehen können, geeignete Sicherheitsvorkehrungen zu treffen.

§ 8. Die in der Luftgasanlage enthaltenen Kohlenwasserstoffe dürfen nicht durch Feuer oder durch Heizflammen erwärmt werden.

§ 9. Es sind Vorkehrungen zu treffen, die das Zurückschlagen der Flamme von den Verwendungsstellen des Gases bis zum Apparate verhindern.

§ 10. Die Apparatenräume dürfen von Unbefugten nicht betreten werden. Das Betreten der Räume mit Licht, die Benutzung von Feuerzeug sowie das Rauchen in ihnen ist verboten. Auch die Anbringung und Benutzung von Kontrollflammen innerhalb der Räume ist untersagt.

Diese Verbote sind an der Außenseite der Türen durch einen in die Augen fallenden, deutlich lesbaren Anschlag bekanntzugeben.

Das Betreten der Apparatenräume mit elektrischen Hand- oder Taschenlampen ist gestattet.

§ 11. Werden die Räume zum Zwecke der Reinigung des Apparats oder der Leitungen, zur Untersuchung von eingetretenen Betriebsstörungen oder zur Vornahme von Reparaturen betreten, so muß zuerst eine gute Lüftung vorgenommen werden. Reparaturen an den Apparaten dürfen erst nach ihrer Entleerung, gründlichen Reinigung und Durchlüftung ausgeführt werden.

§ 12. Rückstände, welche sich bei der Reinigung der Apparate vorfinden, nicht mehr brauchbare Kondensate aus den Leitungen oder Apparaten oder sonstige Abfälle, welche mit Kohlenwasserstoffen getränkt sind, dürfen nicht in Kanäle, Aborte, Dunggruben oder dgl. gebracht, müssen vielmehr abgefahren oder, unter Beobachtung aller Vorsichtsmaßregeln gegen Feuersgefahr, verbrannt werden.

§ 13. In dem Apparatenraum ist stets eine hinreichende Menge Sand zur Löschung und Überdeckung auslaufender Kohlenwasserstoffe vorrätig zu halten.

§ 14. Auf die Lagerung der Vorräte finden die Vorschriften der §§ 18 mit 28 der Verordnung vom 9. Juni 1902, leicht entzündliche, flüssige Stoffe betreffend, sinngemäße Anwendung.

Neben den Apparatenräumen liegende Vorratsräume müssen von jenen durch eine öffnungslose, beiderseits verputzte Mauer getrennt sein.

§ 15. Der Käufer einer Luftgasanlage hat sich eine genaue Zeichnung und Beschreibung der Anlage sowie eine Anweisung über deren Behandlung zu verschaffen. in welcher namentlich auch Verhaltungsmaßregeln für den Fall des Einfrierens der Apparate oder des Eintretens sonstiger Betriebsstörungen, ferner auch Vorschriften für die Inbetriebsetzung, Außerbetriebsetzung, dann für die Ausbesserung, Reinigung und Durchlüftung der Apparate gegeben werden.

§ 16. Die Bedienung der Anlage darf nur durch zuverlässige, mit der Einrichtung vertraute Personen erfolgen.

§ 17. Eine Abschrift dieser Grundsätze sowie die Anweisung (§ 15) muß im Apparatenraum dauernd gut sichtbar aufgehängt sein und in gut lesbarem Zustande erhalten werden.

Bekanntmachung des Staatsministeriums des Innern vom 13. 11. 16 über den Vollzug des Art. 58 des Brandversicherungsgesetzes.

Unter Aufhebung der Ministerial-Bekanntmachung vom 28. Oktober 1914 (MBl. S. 466) werden als harte Dachungen im Sinne des Art. 58 des Brandversicherungsgesetzes zugelassen:

Teer- und Asphaltpappendächer, Pappendächer aus sonstigen, unter besonderem Namen in den Handel gebrachten Pappen, wenn sie den nachstehenden Grundsätzen entsprechen.

A. Teer- und Asphaltpappendächer.

1. Die Rohpappe muß für einlagige Dächer ein Mindestgewicht von 500 g/qm, für doppelt und dreilagige Dächer von 333 g/qm haben. Das Reißgewicht (für 15 mm breite Streifen in Längsrichtung) der Rohpappe von 333 g/qm muß mindestens 4 kg betragen und mit der Pappenstärke zunehmen.

Zur Herstellung von Rohpappe dürfen lediglich folgende Arten von Rohstoffen verwendet werden: Lumpen, Abfälle aus der Textilindustrie, soweit sie faseriger Art sind, Altpapier. Auswahl und Mischungsverhältnisse der Rohstoffe bleiben den Herstellern überlassen. Der unmittelbare Zusatz von Holzschliff, Strohstoff, Torf, Sägemehl und mineralischem Füllstoff ist verboten.

Der Aschengehalt darf nicht mehr als 12 Prozent betragen. Lufttrockene Pappe darf nicht mehr als 12 Prozent Wassergehalt führen. Alle Pappen, die für Anthracenöl geringere Aufnahmefähigkeit als 120 Prozent nach dem Eintauchen haben, gelten für ungeeignet.

2. Als Tränkemasse ist ein Steinkohlenteer zu verwenden, dem durch fraktionierte Destillation das Ammoniakwasser, die leichten Kohlenwasserstoffe und sonstigen bis zu 250 Grad Celsius verflüchtenden Stoffe entzogen sind. Auch andere Tränkemassen sind zulässig, wenn sie keine leichtentzündlichen und bis zu 250 Grad Celsius verflüchtenden Bestandteile enthalten.

3. Bei einlagigen Pappendächern müssen die Dachpappen beiderseits gesandet sein. Nach dem Verlegen müssen sie mit einem Deckanstrich der gleichen Eigenschaft wie die Tränkemasse sowie mit einer Sandung oder Rieselauflage versehen werden. Die Sand- oder Rieselauflage ist einzuwalzen oder aufzuspachteln. Die Riesel sollen durch ein Drahtgitter von 5—7 mm Maschenweite oder ein Sieb mit kreisrunden Löchern von 7—9 mm Durchmesser noch geworfen werden können. Größere Bekiesung ist unzulässig.

4. Bei mehrlagigen Pappendächern (sogenannten Klebepappendächern) müssen

a) die Rohpappen, Tränkemittel und Deckanstriche sowie die Sandung oder Rieselauflage den oben angeführten Bestimmungen entsprechen, außerdem

b) die einzelnen Pappenlagen miteinander durch einen Anstrich verbunden werden, der den Vorschriften der Ziff. 2 entspricht.

B. Pappendächer aus sonstigem, unter besonderem Namen in den Handel gebrachten Pappen.

1. Die Rohpappen müssen den unter Buchstabe A Ziff. 1 angeführten Grundsätzen entsprechen.

Ausnahmen können je nach dem Ergebnis der Prüfung zugelassen werden.

2. Die Tränkemasse, sowie etwaige Zwischen- und Deckanstriche dürfen im Fertigerzeugnis keine leichtentzündlichen und bis zu 250 Grad Celsius verflüchtenden Bestandteile enthalten. In kaltem Zustande anzuwendende Zwischenanstriche sowie etwa zur Instandhaltung nötige äußere Deckanstriche dürfen nach der Trocknung die Feuersicherheit der Dachpappe nicht ungünstig beeinflussen.

C. Gemeinsame Bestimmungen.

1. Der Nachweis, daß ein bestimmtes Erzeugnis hinsichtlich der Rohstoffe und seiner sonstigen Beschaffenheit den Grundsätzen entspricht, ist zu erbringen durch ein Prüfungszeugnis des Chemisch-Technischen Laboratoriums der Technischen Hochschule München oder des Materialprüfungsamtes der Bayerischen Landesgewerbeanstalt Nürnberg.

Die zur Prüfung nötigen Rohstoffe und Fertigerzeugnisse entnimmt die Prüfungsstelle entweder aus dem freien Verkehr oder durch Vermittlung der Baupolizeibehörden aus den Lagerbeständen der Fabrik oder deren Nebenlagern.

2. Die Prüfungszeugnisse nebst Mustern der Rohstoffe und Fertigerzeugnisse hat der Hersteller durch Vermittlung der Versicherungskammer, Abteilung für Brandversicherung dem Staatsministerium des Innern vorzulegen. Ist der Nachweis geliefert, so läßt das Staatsministerium des Innern eine entsprechende Nachricht im „Bayer. Staatsanzeiger“ veröffentlichen.

Die Nachprüfung bereits zugelassener Erzeugnisse, die Abänderung der Zulassungsbedingungen oder die Zurücknahme der Zulassung bleibt vorbehalten.

Die Befugnis der Baupolizeibehörden zum Vollzuge des § 31 der allgemeinen und 41 der Münchener Bauordnung bleibt unberührt. Um nachträgliche Anstände aus Art. 58 des Brandversicherungsgesetzes zu vermeiden, werden die Baupolizeibehörden veranlaßtenfalls in die Baugenehmigung die Bedingungen aufnehmen, unter denen das zu verwendende Erzeugnis als harte Dachung anerkannt ist.

3. Alle zur Herstellung harter Dachungen bestimmten Dachpappen, die in Bayern in den Handel kommen, sind vom Erzeuger mit einem deutlichen Vermerk (Stempeleindruck oder Verschlußplombe mit Fabrikzeichen und dergl.) zu versehen, daß sie den geprüften Mustern entsprechen.

Entschließung des Staatsministeriums des Innern vom 27. 5. 21, Anbringung von Sperrklappen in den Rauchabzugsrohren betr.

Die Anbringung von Sperrklappen in den Rauchabzugsrohren, die einen Zimmerofen mit einem Kamin verbinden, ist nach § 21 Ziffer 4 Absatz 2 (§ 29 Absatz II) der Bauordnungen verboten.

Die bestehende Brennstoffknappheit läßt jedoch im Interesse der Brennstoffsparnis die Anbringung von Sperrklappen in weiterem Umfange, als dies bisher zulässig war, unter gewissen Voraussetzungen als erwünscht erscheinen.

Bei der wärmewirtschaftlichen Bedeutung der Frage hat das Staatsministerium des Innern deshalb die Möglichkeit einer umfassenderen Verwendung von Sperrklappen vom technischen und gesundheitlichen Standpunkt neuerdings geprüft. Die Untersuchung hat ergeben, daß Sperrklappen, wenn sie nach ihrer Bauart die untenstehenden Voraussetzungen erfüllen, technisch zweckmäßig sind und gesundheitsschädliche Wirkung nicht haben. Die unbeschränkte Verwendung von Sperrklappen in Rauchabzugsrohren ist daher vom Standpunkt des § 21 Ziffer 4 Absatz 2 BO. (§ 29 Absatz II MBO.) bis auf weiteres im Hinblick auf § 13 (§ 17) Absatz III der Bauordnungen dann nicht zu beanstanden, wenn folgende Voraussetzungen erfüllt sind:

1. die angebrachten Sperrklappen müssen auch bei völliger Schließung noch mindestens ein Viertel des gesamten Querschnittes des Abzugsrohres für den Abzug der Rauchgase freilassen,
2. die durchzugsfreie Fläche (mindestens ein Viertel der Querfläche der Sperrklappe) muß einen zusammenhängenden Ausschnitt eines Kreises bilden,
3. die Klappe muß leicht zugänglich, tunlichst leicht herausnehmbar, leicht nachzusehen, zu überwachen und zu reinigen sein,
4. aus dem Handgriff an der Klappe muß ihre Stellung erkennbar sein,
5. die Klappe muß so gebaut sein, daß eine Verrußung möglichst verhindert ist,
6. die Reinigung des Rauchabzugsrohres muß gewährleistet bleiben.

Vorstehende Bestimmungen über Sperrklappen gelten auch für Sperrklappen in Rauchrohren, die Küchenherde mit einem Kamin verbinden. Es empfiehlt sich, bestehende Sperrklappen abweichender Bauart unter Hinweis auf ihre Gefahr für die Gesundheit den vorstehenden Bestimmungen möglichst anzupassen.

Entschließung des Staatsministeriums des Innern vom 3. 9. 21, Fabrikschornsteine und andere Turmschornsteine betr.

Bis zum Erlaß einheitlicher deutscher Bestimmungen über die Errichtung von Fabrik- und anderen Turmschornsteinen sind in Bayern für die Berechnung, Prüfung und Ausführung solcher Schornsteine die preußischen Bestimmungen gemäß Erlaß des Ministers für öffentliche Arbeiten vom 30. April 1902 (abgedruckt im Zentralblatt der Bauverwaltung 1902 Nr. 49 S. 297) mit nachstehenden Ergänzungen und Abweichungen sinngemäß anzuwenden.

1. Als Winddruck gegen eine zur Windrichtung senkrechte ebene Fläche sind einheitlich 150 Kilogramm für 1 Quadratmeter anzunehmen.

2. Die Druckbeanspruchung des Backsteinmauerwerks darf bei gewöhnlichem Ziegelmauerwerk in Kalkmörtel 1:3,7 Kilogramm, bei Mauerwerk aus hartgebrannten Steinen in Kalkzementmörtel, der kein schlechteres Mischungsverhältnis als 1 Raumteil Zement, 2 Raumteile Kalk und 6 Raumteile Sand haben darf, 15 Kilogramm für 1 Quadratzentimeter nicht übersteigen.

Unter hartgebrannten Steinen sind dabei Ziegel zu verstehen, die eine nachgewiesene Druckfestigkeit von mindestens 250 kg/qcm besitzen.

3. Die Wandstärke gemauerter Backsteinkamine soll an der Mündung bei rechteckigem Querschnitt bis zu 1 Meter Lichtweite wenigstens 12 Zentimeter, bei rundem Querschnitt bis zu 1.5 Meter Lichtweite wenigstens 15 Zentimeter betragen.

Bei größeren Lichtweiten sind die angegebenen Wandstärken entsprechend den Maßen der vorhandenen Formsteine zu vergrößern.

Bei der Ausbildung der Kaminköpfe sollen weitausladende Formen vermieden werden. Die untere Wandstärke hat mindestens ein Hundertstel der Schornsteinhöhe zu betragen.

Die äußeren und inneren Ansichtsflächen der aus Backsteinen hergestellten Kaminteile sind zu verputzen oder sorgfältig zu verbanden.

4. Schornsteine, in die dauernd Gas mit höherer Temperatur als 300 Grad Celsius eingeleitet wird, sind mindestens auf ein Drittel ihrer Höhe mit einem Isolierfutter aus Backsteinen oder Eisenbeton zu versehen;

bei Temperaturen des Gases über 400 Grad Celsius ist dieses Futter bis nahe an die Mündung des Kamins zu führen und aus Backsteinen herzustellen; bei Temperaturen über 600 Grad muß das Futter aus feuerfesten Steinen hergestellt werden.

Es ist zulässig, und bei Futter von größerer Höhe sogar empfehlenswert, die Futtermauern teleskopartig auf Absätzen des äußeren Kaminmauerwerks aufzusetzen.

5. Die Herstellung von Fabrik- und anderen Turmschornsteinen aus Eisenbeton oder aus Betonformsteinen mit Eisenbewehrung ist gestattet; für solche Kamine gelten mit Ausnahme der Ziff. 3 die gleichen Vorschriften wie für Backsteinkamine; bei der Ausführung solcher Kamine sind außerdem noch die nachstehenden Regeln einzuhalten.

a) Die Berechnung hat nach den oberpolizeilichen Vorschriften für die Ausführung von Bauwerken aus Eisenbeton vom 25. März 1918 (GVBl. S. 225) zu erfolgen, soweit nicht gemäß der oberpolizeilichen Vorschriften vom 13. August 1921 gleichen Betreffs (GVBl. S. 404) nachstehend Sondervorschriften erlassen sind.

b) Die größte Druckspannung des Betons darf an den monolithischen Schornsteinen 40 kg/qcm nicht übersteigen; an den Schornsteinen aus Betonformsteinen mit Eisenbewehrung müssen diese nach 28tägiger Erhärtung eine nachgewiesene Mindestdruckfestigkeit vom 6fachen Betrag der in der statistischen Berechnung ermittelten größten Druckspannung besitzen.

c) Die Zugspannungen müssen durch die Eiseneinlagen aufgenommen werden, wobei diese nur mit 1000 kg/qcm beansprucht werden dürfen. Nur die Schraubenverbindungen können mit 1200 kg/qcm Eisenspannung berechnet werden.

Für Abzugs- und Lüftungskamine, die keine heißen oder andere für die Bewehrung schädlichen Gase abführen, gelten die in den oberpolizeilichen Vorschriften vom 25. März 1918 angegebenen Zahlenwerte für die Zugsbeanspruchung des Eisens.

d) Zur Aufnahme der Wärmespannungen und aus sonstigen konstruktiven Rücksichten sind in die wagrechten Fugen der aus Formsteinen gemauerten Kamine, sowie in entsprechenden Abständen auch bei den Monolithen Ringbewehrungen einzulegen, deren Stöße versetzt werden müssen.

e) Auf eine gute Verbindung der senkrechten Bewehrungseisen ist sowohl bei den monolithischen als auch bei den aufgemauerten Eisenbetonschornsteinen besondere Rücksicht zu nehmen. Nach Möglichkeit ist die Anwendung von Schraubenmuffen vorzusehen.

f) Für die Aufmauerung und Ausfüllung von Hohlräumen der zur Verwendung kommenden Betonformsteine ist Zementmörtel im Mischungsverhältnis 1:3 zu verwenden.

g) Aus statischen wie aus architektonischen Gründen sind die Eisenbetonschornsteine mit Anlauf oder äußeren Absätzen aufzuführen.

h) Alle Eiseneinlagen der Eisenbetonschornsteine (monolithischer und aufgemauerter) sollen mindestens 5 Zentimeter stark mit Beton überdeckt sein.

i) Die Wandstärke dieser Eisenbetonschornsteine bis zu 1,5 Meter oberer Lichtweite muß mindestens 12 Zentimeter, bei größerer Lichtweite mindestens 15 Zentimeter an der Mündung betragen. Die Innenseiten oberhalb des Futters sind mit einem Zementspritzwurf zu versehen.

6. Fabrik- und andere Turmschornsteine müssen mit Blitzableitern versehen werden. Bei Eisenbetonschornsteinen dürfen die Eiseneinlagen nicht als Blitzableiter benützt werden.

7. Soweit die vorstehenden Bestimmungen für Fabrik- und andere Turmschornsteine von den Vorschriften der Bau-Ordnungen abweichen, haben die Regierungen bis auf weiteres Befreiung zu erteilen.

Entschließung des Staatsministeriums des Innern vom 29. 1. 24, über Turmkamine.

Im Frühjahr 1922 hat die Versicherungskammer, Abteilung für Brandversicherung, ein Merkblatt über die Kehrfristen an die Bezirksverwaltungsbehörde hinausgegeben. In § 7 dieses Merkblattes ist vorgesehen, daß Dampfkessel- und sogen. Turmkamine jährlich wenigstens einmal durch den Kaminkehrer untersucht und nach Bedarf gereinigt werden müssen und daß solche Kamine von dieser Bestimmung befreit werden können, wenn eine amtliche Untersuchung durch Sachverständige und längere Beobachtung ergeben, daß der Rußansatz infolge rauchschwacher Feuerung oder infolge Selbstreinigung des Kamins auf ein geringes Maß beschränkt wird.

Soweit die einzelnen Bezirksausschüsse ihre Kehrordnungen entsprechend diesem Merkblatt aufgestellt haben, ist es Sache der Bezirksverwaltungsbehörde, den Sachverständigen zu bestellen. Sie ist in der Auswahl des Sachverständigen nur durch ihr pflichtgemäßes Ermessen beschränkt. Außer dem Bezirksbaumeister kommt als Sachverständiger auch ein Kaminkehrer in Betracht, der die heiztechnische Prüfung mit Erfolg bestanden hat.

Entschließung des Staatsministeriums des Innern vom 3. 4. 22, die Feuersicherheit der Wanderzirkusse mit teilweiser Holzkonstruktion betreffend.

Während die früheren zeitweiligen Zirkusse (Wanderzirkusse) fast allgemein nur aus einem von Masten getragenen Zeltdach und Zeltwänden bestanden, sind in neuerer Zeit Zirkusse gebaut worden, deren Zeltdach von einem Sparren- und Stützwerk von Holz getragen wird, während die Wände aus Holztafeln bestehen.

Für diese Art von Wanderzirkussen hat die Preußische Regierung, abgesehen von den allgemein geltenden Vorschriften folgende Sonderanforderungen hinsichtlich der Bau- und Feuersicherheit gestellt:

1. Sämtliches Holzwerk muß gehobelt und mit Anstrich versehen werden.
2. Die gesamten Leinwandflächen müssen schwer entflammbar gemacht sein. Daß sie diese Eigenschaft noch besitzen, ist durch eine Bescheinigung der Feuerwehr nachzuweisen, die nicht älteren Datums als sechs Monate sein darf.
3. Die Dekorationen dürfen nur aus unverbrennlichen Stoffen bestehen.
4. Die elektrische Beleuchtungsanlage muß den Bestimmungen des Vereins deutscher Elektrotechniker entsprechen.
5. Es muß eine Anzahl Hydranten im Zirkusse oder in seiner unmittelbaren Nähe vorhanden sein.

Diese Anforderungen erweisen sich — auch vom Standpunkte der Einheitlichkeit der Sachbehandlung — als zweckmäßig auch für Bayern. Sie sind deshalb gegebenenfalls bei Handhabung des Vollzugs der Ministerial-Bekanntmachung vom 10. Mai 1897, die Bau- und Feuersicherheit der Theater und sonstigen größeren Versammlungslokalen betreffend (MABl. S. 145), zu beachten. Der Vollzug kann anläßlich der Erteilung der Erlaubnis oder im Wege des § 368 Nr. 8 des Reichsstrafgesetzbuches gesichert werden.

Entschließung der Staatsministerien des Innern und für Handel, Industrie und Gewerbe vom 11. 6. 22, Wärmewirtschaft betr.

Bei der schweren Brennstoffnot, die zurzeit herrscht und die sich voraussichtlich noch steigern wird, gewinnen die Bestrebungen nach wirtschaftlicher Verwertung der Brennstoffe besondere Wichtigkeit. Die Bayerische Landeskohlenstelle hat im Benehmen mit den fachlichen Wärmestellen für Kachelöfen und Hauskamine, dann dem Bayerischen Verein der Gas- und Wasserfachmänner und der technischen Organisation der Kaminkehrer Richtlinien über die wirtschaftliche Ausnutzung der Brennstoffe im Hausbrand aufgestellt. Diese Richtlinien sind nachstehend abgedruckt. Weitere Ergänzung der Richtlinien bleibt vorbehalten. Die Durchführung der Richtlinien ist zurzeit nur zum Teil erzwingbar, nämlich insoweit sie sich auf Bestimmungen der Bauordnung stützen (z. B. II. Abschnitt B Ziff. 1 Satz 1, Ziff. 2 a Satz 1, E Buchst. a) oder als feuerpolizeiliche Anordnungen unter § 368 Ziffer 8 des Reichsstrafgesetzbuches fallen können (z. B. II. Abschnitt B Ziffer 2 b, c, C Ziffern 3 und 4).

Bei der großen Wichtigkeit der Wärmewirtschaft und der Notwendigkeit, hier nach jeder Richtung zu sparen, wird jedoch gewärtigt, daß die Richtlinien, auch insoweit als sie polizeilich nicht erzwingbar sind, Beachtung finden. Es darf wohl mit Bestimmtheit auf die verständnisvolle Mitwirkung der Hausbesitzer, der Architektenschaft, der Bauwerber und des gesamten Baugewerbes in dieser wichtigen wirtschaftlichen Frage vertraut und die Hoffnung ausgesprochen werden, daß sie sich den bewährten Richtlinien, die auch in anderen deutschen Staaten in ähnlicher Fassung Annahme gefunden haben, auch ohne polizeilichen Zwang unterwerfen. Jedenfalls werden die mit der Baupolizei beschäftigten Stellen und Behörden insbesondere bei der Prüfung der Baugesuche im Benehmen mit den Ortsheizämtern und den staatlichen heiztechnischen Beratungsstellen bemüht sein, im Wege der Belehrung und Überredung die Richtlinien zur Durchführung zu bringen und die Überzeugung von der Richtigkeit der in den Richtlinien aufgestellten Grundsätze allmählich in der Bevölkerung wachzurufen.

Richtlinien über die wirtschaftliche Ausnützung der Brennstoffe im Hausbrand.

I. Abschnitt: Allgemeines.

Alle Heiz- und Kochanlagen einschließlich der Hauskamine sollen so gebaut und unterhalten werden, daß die Brennstoffe wirtschaftlich ausgenützt werden können. Aufschluß darüber, ob die Anlagen diesen Anforderungen entsprechen, erteilen die Ortsheizämter und staatlichen heiztechnischen Beratungsstellen.

II. Abschnitt: Besondere Richtlinien für die Ausführung der Heiz- und Kochanlagen.

A. Querschnitt, Größe und Belastung der Kamine.

1. Die Lichtweite nicht besteigbarer Kamine für kleinere Öfen und Herde soll mindestens betragen:

a) wenn nur eine Feuerung einmündet 200 Quadratzentimeter,
b) wenn nur zwei Feuerungen einmünden 300 Quadratzentimeter,
c) wenn nur drei Feuerungen einmünden 450 Quadratzentimeter,
d) wenn vier Feuerungen einmünden 600 Quadratzentimeter.

Mehr als vier Feuerungen sollen in einem nicht besteigbaren Kamin nicht eingeleitet werden.

Bei rechteckigem Querschnitt des Kaminschlauches soll die lange Seite des Rechtecks nicht mehr als das eineinhalbfache seiner Breite betragen.

2. Die innere Weite der besteigbaren Kamine soll mindestens 50 Zentimeter im Quadrat betragen. In besteigbare Kamine sollen nicht mehr als sechs gewöhnliche Hausbrandfeuerungen eingeleitet werden.

3. Der einmal angenommene Querschnitt der Kamine soll in Form und Größe gleichmäßig beibehalten werden.

4. Die Kaminzunge soll bei gemauerten Kaminen mindestens in einer Stärke von einem halben Stein = 12 Zentimeter hergestellt werden.

5. Die Kamine sind in ausreichender Zahl anzuordnen und so zu verteilen, daß lange Rauchrohrleitungen unnötig werden.

6. Für größere gewerbliche Feuerungsanlagen, größere Heiz- und Kochanlagen sowie für Kessel und Sammelheizungen und zentralen Warmwasserbereitung sollen eigene Kamine mit runden oder möglichst dem Quadrat sich näherndem Querschnitt nach besonderer Berechnung angelegt werden. Bei Kesselanlagen, deren Belastung wechselt, soll die Kaminanlage entsprechend unterteilt werden.

7. In Häusern mit Sammelheizung sind neben den für die Sammelheizungsanlagen, die Koch- und Waschküchen und die Badeöfen erforderlichen Kaminen noch soviele Kamine vorzusehen, daß in jeder Wohnung mit 5 und mehr heizbaren Räumen mindestens zwei weitere Feuerstellen und in jeder kleineren Wohnung mindestens e i n e weitere Feuerstelle angeordnet werden können.

B. Verputz der Kamine; Reinigungstüren.

1. Kaminmauern müssen innen und außen auf ihre ganze Höhe verputzt werden. Auf den inneren Verputz kann verzichtet werden, wenn gut geformte Backsteine verwendet und diese sachgemäß verbandet werden.

Die Verwendung von Kaminformsteinen zum Bau der Hauskamine ist wirtschaftlich.

2. a) Die Putzöffnungen der nicht besteigbaren Kamine müssen mit dicht schließenden, mit Schlüssel oder Riegel versperrbaren, aus Eisen hergestellten Doppeltüren oder mit Türen, die als Kaminputztüren besonders zugelassen sind, verschlossen werden. Die Mindestlichtweiten der Türen sollen für Kamine mit 14 Zentimeter Weite 12 Zentimeter, für alle übrigen Kamine 19 Zentimeter betragen.

b) Die Putzöffnungen der Kamine sind an leicht zugänglichen Stellen und so anzubringen, daß die Reinigung ohne Gefahr für die Arbeiter ausgeführt werden kann.

c) Bei langen Rauchröhren und Rauchkanälen müssen die Putzöffnungen in entsprechender Anzahl und an passenden Stellen angebracht sein.

C. Verhinderung von Falschluftzutritt.

1. Werden die Abgase von Gasverbrauchsapparaten in einen Kamin abgeleitet, so gilt nachstehendes:

a) in Neubauten empfiehlt es sich, für die Abzugsrohre eigene Kamine anzulegen. In solche Kamine dürfen keine sonstigen Feuerungen eingeleitet werden.

b) In bestehenden Gebäuden ist nach Möglichkeit ein Rauchkamin als Abzugskamin für die Gasfeuerungen frei zu machen.

c) Ist dies unmöglich, dann müssen die Abzugsrohre der Gasfeuerungen geeignete Absperrvorrichtungen erhalten, durch die der Eintritt von Falschluft aus unbenützten Gasverbrauchsapparaten in die Rauchkamine verhindert wird.

2. Waschkesselfeuerungen in Häusern, die mehr als zwei Wohnungen enthalten, sollen nicht in Kamine geleitet werden, die andere Feuerungen enthalten.

3. Alle Kamine und Rauchrohre müssen dicht sein.

4. Die Kamine dürfen nicht ineinandergeleitet, Kaminzungen dürfen an der Sohle des Kamins nicht durchbrochen werden.

D. Wärmeschutz der Kamine.

Kamine, Rauchrohre und Rauchkanäle müssen vor starker Abkühlung, Feuchtigkeit und vor den nachteiligen Wirkungen des Windanfalles nach Möglichkeit geschützt werden. Die Führung der Kamine an Außenmauern ist tunlichst zu vermeiden.

E. Kaminführung über Dach.

a) Die Kamine sind — unbeschadet der Vorschriften der beiden Bauordnungen — soweit über die Dachung hinauszuführen, als zur Erzielung eines guten und ungestörten Kaminzuges und aus Gründen der Feuersicherheit notwendig ist.

b) Sie sollen nach oben offen ausmünden.

Entschließung des Staatsministeriums des Innern vom 13. 7. 23 über Wärmewirtschaft.

Die im Herbst 1922 von der Versicherungskammer, Abteilung für Brandversicherung, herausgegebenen Merkblätter über die Kehrfristen [1]) enthalten in ihrem § 11 den Hinweis, daß jede neue Kaminanlage vom Kaminkehrer sowohl im Rohbau als auch nach Einleitung der Rauchrohre abzuziehen und auf Feuersicherheit und Wärmewirtschaft zu untersuchen ist. Der Baumeister oder der Hausbesitzer hat den Kaminkehrer von der Fertigstellung der Kamine im Rohbau zu verständigen.

Die rechtliche Grundlage, die Richtlinien dieses Merkblattes in Vollzug zu setzen, ist in § 2 Absatz XIII der Verordnung vom 26. 3. 1903 über die Kaminkehrer gegeben; wo es heißt, daß es den Bezirksverwaltungsbehörden vorbehalten bleibt, die Tätigkeit der Kaminkehrer durch Dienstvorschriften zu regeln.

In einem einzigen Bezirk hat der Kaminkehrer innerhalb kurzer Zeit bei der Untersuchung der neugebauten Kamine eine geradezu erschreckende Anzahl von Zuwiderhandlungen gegen die Bauordnung und gegen die von den Staatsministerien des Innern und für Handel, Industrie und Gewerbe erlassenen Richtlinien über die Wärmewirtschaft (Entschließung dieser Ministerien vom 11. 6. 1922, StAnz. 1922 Nr. 136), festgestellt.

Aus zahlreichen Fällen seien nur folgende hervorgehoben:

In einer Anzahl von Fällen waren in den Fehlböden Balken in die Kamine eingemauert (§ 17 Ziffer 2 der Bauordnung), einzelne Kamine waren aus Schwemmsteinen, aus Bruchsteinen, aus Beton, ja sogar aus Rabitz hergestellt (§ 17 Ziffer 1 der Bauordnung), andere fertiggestellte Kamine im Fehlboden nicht verputzt (§ 26 Absatz 5 der Bauordnung), eine große Zahl von Kaminen war durch Einleitung von zu viel Rauchrohren überlastet (Richtlinien A Ziffer 1 und 2) andere Kamine waren ohne Verband an die rauhe Umfassungsmauer angesetzt (§ 17 Ziffer 1 der Bauordnung), bei manchen waren die Kaminmauern zu schwach (§ 17 Ziffer 4 der Bauordnung), bei anderen Kaminen war wieder der Innenverputz fast vollständig gelöst (§ 17 Ziffer 1 der Bauordnung und Richtlinien B Ziffer 1) in einzelnen Fällen war der Querschnitt der Kamine verengert (Richtlinien A Ziffer 3, § 18 Ziffer 7 der Bauordnung), in einer Anzahl von Fällen war das Mauerwerk der Kamine infolge von Einlage und Durchleitung von Licht- und Kraftstromleitungen geschwächt (§ 17 Ziffer 4 der Bauordnung), andere Kamine waren auf Balken aufgesetzt (§ 17 Ziffer 2 der BO.), auch fanden sich Kamine an den Umfassungswänden angebracht (Richtlinien D) und anders mehr.

---

[1]) Siehe S. 48.

Diese Feststellungen zeigen, wie notwendig eine rechtzeitige Überwachung der Kaminbauten ist und welche Wichtigkeit den hierbei getroffenen Feststellungen zukommt. Es ergeht strenge Weisung, in dieser Richtung den bestehenden Vorschriften genauesten Vollzug zu sichern und insbesondere auch die Bauhandwerker und Bauunternehmer entsprechend anzuweisen und zu überwachen. Zuwiderhandlungen sind strafrechtlich zu verfolgen.

Entschließung des Staatsmin. d. J. vom 29. 12. 25 Nr. 4306 a I/7 über Wärmewirtschaft.[1])

Die Richtlinien über die wirtschaftliche Ausnützung der Brennstoffe im Hausbrand (M.E. v. 11. 6. 22) haben ihre Wichtigkeit keineswegs verloren, wenn auch die Kohlenversorgung günstiger geworden ist. Bei der allgemein anerkannten Notwendigkeit überall zu sparen, machen sich auch Einsparungen an Brennmaterial, wie sie durch die Befolgung der Richtlinien herbeigeführt werden, fühlbar. Da die Richtlinien seit ihrer letzten Veröffentlichung im Jahre 1922 vielfach in Vergessenheit geraten zu sein scheinen, werden sie nachstehend wiederholt abgedruckt. Architekten, Baumeister, Bauunternehmer, kurz alle mit dem Bauen beschäftigten Personenkreise sind immer wieder auf die Richtlinien hinzuweisen. Bei der Prüfung der Pläne sind die in den Richtlinien zum Ausdruck gelangten Grundsätze zu beachten und im Vollzuge zu sichern. Auch ist die Bevölkerung immer wieder über die Wichtigkeit und die wirtschaftliche Bedeutung dieser Grundsätze aufzuklären und zu belehren.

Entschließung des Staatsministeriums des Innern vom 28. 9. 22, Verwendung von Zementsteinen zu Kaminköpfen über Dach betr.

Nach der Bauordnung § 17 (Münchener Bauordnung § 22) müssen Kamine 80 Zentimeter über die Dachfläche oder 40 Zentimeter über den First aus gelegten Backsteinen gemauert werden. Da mehrfach insbesondere in Gegenden, wo das Backsteinmaterial weniger gut ist, wahrgenommen worden ist, daß betonierte Kaminköpfe sich besser bewähren als die aus gelegten Backsteinen hergestellten und ungenügend abgedeckten Kaminendigungen, wird auf Grund des § 13 Abs. III BO. (§ 17 Abs. III Münchener Bauordnung) allgemein zugelassen, daß die Kaminendstücke von der Oberkante bis auf 50 Zentimeter herab in gutem Beton oder wetterfestem Naturstein hergestellt werden.

Das äußere Verputzen der Kamine über Dach kann entfallen, wenn der verwendete Baustoff wetterfest und dicht ist und die Fugen sorgfältig verstrichen werden.

Entschließung des Staatsministeriums d. J. und für Handel, Industrie und Gewerbe vom 22. 3. 24, über das Schaumlöschverfahren.

Zur Löschung brennender feuergefährlicher Flüssigkeiten und Stoffe hat sich das Schaumlöschverfahren bisher gut bewährt. Das Verfahren wird von verschiedenen Firmen vertreten, die geeignete Löscheinrichtungen für verschiedene Gefahrenfälle herstellen (z. B. Gießapparate, Spritzapparate,

---

[1]) Mit Entschl. vom 17. 6. 26 (St. A. Nr. 137) hat das Staatsm. nochmals auf die Richtlinien vom 11. 6. 22 hingewiesen.

Berieselungsanlagen usw.). Das Schaumlöschverfahren eignet sich ganz besonders zur Bekämpfung von Brandfällen in Betrieben, die feuergefährliche Flüssigkeiten erzeugen oder verwenden, z. B. Extraktionsbetriebe, Benzolfabriken, Benzinwäschereien, chemische Fabriken, Farbenfabriken usw.

Etwa in Betracht kommende Betriebe sind in ihrem eigenen Interesse auf dieses Verfahren hinzuweisen. Nähere Aufschlüsse erteilt die Zentralstelle für Feuerlösch- und Rettungswesen beim Bayerischen Landesfeuerwehrausschuß in München, Pündterplatz 5.

Auch empfiehlt es sich, bei der Genehmigung derartiger Anlagen zur Wahrung der Feuersicherheit die Bereitstellung geeigneter Löscheinrichtungen für das Schaumlöschverfahren vorzuschreiben.

Voraussetzung ist, daß das Betriebspersonal und die Feuerwehr an Ort und Stelle mit der Bedienung der Löscheinrichtungen genau vertraut ist. Hiernach ist das weitere zu veranlassen.

Entschließung des Staatsministeriums des Innern vom 3. 7. 25, Vollzug der Bauordnung, hier Malzdarren betr.

Nach § 24 Abs. III der allgemeinen und § 58 Abs. II der Münchener Bauordnung müssen die Dunstabzüge bei Malzdarren mit selbstschließenden Metallklappen versehen werden.

Diese Bestimmungen haben zunächst den Zweck durch Öffnen oder Schließen der Darre deren Zug zu regeln. Die Klappen sollen ferner verhindern, daß durch den Dunstkamin Ruß oder sonstige Verunreinigungen, Regenwasser oder Dunstwasser auf die obere Horde gelangen.

Des weiteren dient die Klappe auch feuerpolizeilichen Zwecken. Sie soll auch das Eindringen von Funken in die Darre von oben her verhindern und, falls ein Brand in der Darre entstanden ist, durch ihre selbsttätige Schließung die Zufuhr von Frischluft abschließen.

Für den Vollzug der Bauordnung kommen lediglich die feuerpolizeilichen Zwecke der Klappe in Betracht. Wo in Darren anderweitige Vorrichtungen vorhanden sind, die im Brandfalle die sofortige Abstellung der Frischluftzufuhr ermöglichen, kann von der Anbringung der selbsttätig schließenden Klappe im Wege der Befreiung Umgang genommen werden.

Jedenfalls ist jedoch auch darauf zu sehen, daß zur Verhütung der Ausbreitung eines Feuers vom Darrenraum auf die anstoßenden Räume die eisernen Verschlüsse der Türöffnungen des Darraumes an der äußeren Seite der Darrmauern mit selbstschließenden Vorrichtungen (etwa durch ein Gegengewicht) versehen werden.

Entschließung des Staatsmin. d. Inn. vom 19. 5. 26 über die Zulassung von Zementschlackensteinen zu Brandmauern.

Nach § 13 der allgemeinen und § 17 der Münchener Bauordnung ist die Wahl der Baustoffe dem Bauherrn überlassen. Der gewählte Baustoff muß jedoch solche Ausmaße und eine solche Beschaffenheit haben, daß eine feste, feuersichere und den gesundheitspolizeilichen Anforderungen entsprechende Bauführung gewährleistet ist. Ob diese Gewähr gegeben ist, haben die Baupolizeibehörden im Einzelfalle zu prüfen.

Im allgemeinen werden Schlackensteine zur Verwendung für Bauteile ohne außergewöhnliche Belastung, für leichtere Gewölbe und für Fachwerkausmauerungen zugelassen werden können, wenn eine entsprechende Druckfestigkeit nachgewiesen ist.

Um stets Gewähr zu haben, daß immer gleich gut hergestellte Zementschlackensteine verwendet werden, werden sich die Baupolizeibehörden vorbehalten, erforderlichenfalls auf Kosten des Bauherrn oder des Herstellers die zur Verwendung gelangenden Steine durch eine amtliche Baustoffprüfungsanstalt (Bayer. Landesgewerbeanstalt Nürnberg; Technische Hochschule, München) auf ihre Druckfestigkeit prüfen zu lassen.

Bei belasteten Bauteilen ist in jedem einzelnen Falle statischer Nachweis darüber zu bringen, daß die Beanspruchung 1/10 der nachgewiesenen Druckfestigkeit nicht überschreitet und in keinem Falle mehr als 4 kg/qcm beträgt.

Mauerwerk aus Zementschlackensteinen ist beiderseits dauerhaft zu verputzen. Dies gilt insbesondere für Brandmauern.

Zur Herstellung von solchen Brandmauern, für welche die Bauordnung ausdrücklich gebrannte Backsteine vorschreibt, sowie zur Herstellung von Kaminen dürfen Zementschlackensteine nicht verwendet werden.

Auszug aus der Verordnung vom 18. 1. 27, über die Einrichtung und den Betrieb von Aufzügen (Aufzugsverordnung).

Auf Grund der Art. 2 Ziff. 14, 101 Abs. II und 131 des Polizeistrafgesetzbuches, ferner des § 368 Nr. 8 des Reichsstrafgesetzbuches, dann des § 120e Abs. II der Reichsgewerbeordnung, erlassen die Staatsministerien des Innern und für Soziale Fürsorge nachstehende Verordnung:

Geltungsbereich.

§ 1. I. Den Bestimmungen dieser Verordnung sind vorbehaltlich des § 16 Abs. III alle Aufzugsanlagen mit mehr als 2 Meter Hubhöhe, einschließlich derjenigen auf Schiffen, unterworfen, deren Fördergeräte zwischen Führungen bewegt werden und diese nicht verlassen. Aufzugsanlagen, deren Tragkraft 20000 kg überschreitet oder deren Fördergerät bei mehr als 20 qm Fußbodenfläche mehr als ein Paar Führungen erhält, unterliegen den Bestimmungen dieser Verordnung mit der Maßgabe, daß über ihre technische Einrichtung eine Vereinbarung zwischen den Beteiligten zu erfolgen hat, die der Zustimmung des Sachverständigen (§ 11) bedarf.

II. Ausgenommen sind Aufzüge in den der Aufsicht der Bergbehörden unterstehenden Betrieben, Versenkvorrichtungen in Theatern, Umlaufaufzüge für Lasten, Schiffshebewerke, Wagenkipper, Schrägaufzüge für Ofenbeschickung, Bauaufzüge mit Handbetrieb und Kleinlastenaufzüge mit Handbetrieb für höchstens 20 kg Tragkraft.

Einteilung der Aufzüge.

§ 2. Die Aufzüge werden eingeteilt in

a) Personenaufzüge:
   1. Aufzüge mit Führerbegleitung, die zur Beförderung von Personen oder von Lasten bestimmt sind (Führeraufzüge),
   2. Aufzüge zur Beförderung von höchstens 6 Personen ohne Führerbegleitung (Selbstfahrer),
   3. Aufzüge, die sowohl mit Führerbegleitung zur Beförderung von Personen und Lasten, als auch ohne Führerbegleitung nur zur Beförderung von Lasten dienen (Umstellaufzüge),
   4. Umlaufaufzüge für Personen (Personenumlaufaufzüge);

b) Lastenaufzüge:
   5. Aufzüge, die nur zur Beförderung von Lasten ohne Führerbegleitung dienen (Lastenaufzüge),
   6. kleine Aufzüge zur Beförderung von Lasten von höchstens 100 kg Gewicht, die nicht betretbar sind und deren Schacht nicht mehr als 1 qm Querschnitt hat (Kleinlastenaufzüge);

c) Sonderaufzüge:
   7. Bremsfahrstühle für kleine Getreidemühlen, die täglich nicht mehr als 10000 kg Getreide verarbeiten können (Bremsaufzüge),

8. Schachtgerüstbauaufzüge und offene Bauaufzüge ohne Schachtgerüst, die maschinell angetrieben und bei Bauten oder Abbruchsarbeiten zur Beförderung von Baustoffen vorübergehend benutzt werden und ihren Aufstellungsort dementsprechend wechseln (Bauaufzüge),
9. Lastenfördermittel, bei denen das beladene Fördergerät unter dem Einfluß der Last nach unten geht, während das zweite leere Fördergerät oder das Gegengewicht dadurch nach oben gezogen wird (Ablaßvorrichtungen),
10. Lastenaufzüge, deren Führungen gegen die Senkrechte geneigt sind oder deren senkrechte Führungen in Schräg- oder Bogenführungen übergehen (Schrägaufzüge).

Anzeigepflicht.

§ 3. I. Wer eine nach § 1 unter den Geltungsbereich dieser Verordnung fallende Aufzugsanlage aufstellen oder eine vorhandene Aufzugsanlage wesentlich verändern will, hat

a) die Genehmigung der Baupolizeibehörde für den baulichen Teil der Aufzugsanlage (Fahrschacht, Durchbrechung der Decken, Errichtung in Treppenhäusern, Lichthöfen an der Außenseite von Gebäuden usw.) herbeizuführen,

b) dem Sachverständigen (§ 11) von der beabsichtigten Errichtung oder Änderung des maschinellen Teiles der Aufzugsanlage, sowie bei Personenaufzügen (§ 2 Nr. 1 bis 4) von der Auswechslung von Tragmitteln Anzeige zu erstatten. Der Sachverständige hat auf Anfrage zu entscheiden, ob die beabsichtigte Änderung des maschinellen Teiles anzeigepflichtig ist.

Verpflichtet hiezu ist der Aufzugsbesitzer, d. h. derjenige, für dessen Rechnung und Gefahr die Anlage betrieben wird, bei sogenannten Mietaufzügen der Vermieter des Aufzuges.

Anlage 1. II. Der Anzeige gemäß Abschnitt I b sind je zwei Beschreibungen und Zeichnungen beizufügen, aus denen alle in dieser Verordnung geforderten und alle sonstigen zur Prüfung und Berechnung der Aufzugsanlage oder ihrer Änderung erforderlichen Angaben hervorgehen müssen. Für die Beschreibung ist das Muster Anlage 1, nötigenfalls unter entsprechenden Ergänzungen, zu benutzen. Bei der Anzeige über die Auswechselung von Tragmitteln an Personenaufzügen sind Beschreibungen und Zeichnungen nicht erforderlich wenn das neue Tragmittel dem bisherigen nach Art und Beschaffenheit gleicht.

III. Tritt ein Wechsel in der Person des nach Abschnitt I verpflichteten Aufzugsbesitzers ein, so hat der neue Besitzer hiervon dem Sachverständigen binnen 6 Wochen Anzeige zu erstatten.

Allgemeine Grundsätze.

Anlage 2. Anlage 3. **§ 4.** I. Die Aufzugsanlagen müssen in bezug auf Bauart, Ausführung und Ausrüstung den folgenden Bestimmungen und den anerkannten Regeln der Wissenschaft und Technik entsprechen. Als solche gelten neben den allgemeinen Regeln und den in Betracht kommenden Baupolizeivorschriften die vom deutschen Aufzugsausschuß auf Grund der Anlage 2 aufgestellten technischen Grundsätze.

II. Für die in § 2 c) aufgeführten Aufzüge werden die technischen Grundsätze vom deutschen Aufzugsausschusse mit den Berufsgenossenschaften vereinbart.

III. Die technischen Grundsätze werden im Reichsanzeiger veröffentlicht.

Fahrschacht.

§ 5. I. Die Fahrbahn der in § 2 Nr. 1 bis 6 und 9 genannten Aufzüge muß in ihrer ganzen Ausdehnung nach Maßgabe der für den Aufstellungsort geltenden Baupolizeivorschriften oder, wenn in diesen keine Bestimmungen enthalten sind, nach dem Ermessen der Baupolizeibehörde von feuerbeständigen oder mindestens dichten und feuerhemmenden Wänden umschlossen sein. [1])

Außerhalb des Fahrschachtes liegende Bahnen für Gegengewichte, Ketten oder Seile, die eine Deckendurchbrechung von mehr als 100 qcm erfordern, sind ebenso wie die Fahrschächte zu umschließen. Kleinere Deckendurchbrechungen müssen mit einer feuerhemmenden Auskleidung versehen sein, die mindestens 0,5 m in den Raum unterhalb der Decke hineinreicht. Die Bahnen müssen mindestens unfallsicher umkleidet sein.

II. Abweichend von den Bestimmungen im Abschnitt I genügt für alle Aufzüge, die

a) im Freien an der Außenseite von Gebäuden, in Treppenhäusern oder in Lichthöfen angelegt werden oder

b) im Innern von Gebäuden übereinander gelegene Galerien verbinden oder

c) nur zwei unmittelbar übereinanderliegende Geschosse verbinden, wenn in diesen Geschossen keine leicht brennbaren oder schwer zu löschenden Stoffe hergestellt, verarbeitet oder gelagert werden,

eine Umkleidung der Fahrbahn an allen Stellen, wo Menschen an sie herangelangen können. Die Umkleidung muß mindestens 2,5 m über dem Fußboden hoch sein. Bei Aufzügen, die im Innern von Gebäuden liegen, ist sie mindestens an den Seiten der Fahrbahn, an denen das Fördergerät offen ist, in ganzer Höhe durchzuführen. Ferner ist die Umkleidung an den Seiten in ganzer Höhe durchzuführen, wo Deckendurchbruchskanten, Treppenläufe und dergl. so nahe (40 cm) an die Fahrbahn heranreichen, daß auf der Fahrkorbdecke beschäftigte Personen dadurch zu Schaden kommen können. Bei den unter a) genannten Aufzügen muß die Umkleidung aus unverbrennlichen Stoffen bestehen.

Zu Umkleidungen verwendetes Drahtgeflecht darf eine Maschenweite von höchstens 2 cm bei mindestens 1,8 mm Drahtstärke, Bandeisen, Hölzer und dergleichen dürfen einen lichten Abstand von höchstens 2 cm voneinander haben.

III. Feuerbeständig oder feuerhemmend hergestellte Fahrschächte müssen auch feuerbeständig oder feuerhemmend abgedeckt sein, falls nicht die Schachtwände 0,3 m über Dach hinausgeführt sind. Etwaige Entlüftungsrohre müssen ebenfalls mindestens 0,3 m über Dach münden.

IV. Fahrschachtmündungen, die im Verkehrsbereiche liegen, sind so zu umwehren, daß Menschen nicht an sie herangelangen können.

Rollengerüste und sonstige Bauteile des Aufzugs, die oberhalb oder außerhalb des Fahrschachtes angebracht sind, müssen unfallsicher zu erreichen und zu begehen sein. Fahrschachtabdeckungen und Rollengerüstböden, Bedienungsbühnen und ihre Zugänge sind fest zu verlegen und an ihren freien Seiten mindestens mit Geländer und Fußleiste zu versehen.

V. Durch die im Abschnitt IV genannten Abdeckungen und Rollengerüstböden oder durch besondere Unterfangungen, Drahtnetze oder dergleichen muß verhindert werden, daß Triebwerksteile oder andere Gegenstände

---

[1]) Als feuerbeständig gelten z. B.:
Gemauerte, mindestens 12 cm starke Wände,
10 cm starke Betonwände,
6 cm starke Eisenbetonwände,
ausgemauertes Eisenfachwerk, dessen Eisenteile glutsicher ummantelt sind,
massive Decken, deren etwaige Eisenteile, Unterzüge und Stützen glutsicher ummantelt sind,
Elektrofliesen oder Drahtglas, das 5 cm tief in die Mauer eingreift.

Als feuerhemmend gelten z. B.:
Wände aus ausgemauertem und verputztem Fachwerk,
Rabitzdecken und -Wände,
Zement- und Gipsdielen,
Weißdecken,
Türen, die hinsichtlich ihrer Bauart dem § 16 der B.O. entsprechen.

in den Fahrschacht fallen können. Durchbrechungen (für Seile, Seilrollen usw.) in der Unterfangung sind möglichst zu beschränken. Abdeckungen aus Glas müssen mit einem engmaschigen Drahtnetz unterfangen werden, wenn sie nicht aus Drahtglas bestehen.

VI. Lichtöffnungen in Fahrschachtwänden sind durch Fenster zu verschließen, die nicht in die Fahrbahn hineinschlagen dürfen und von Unbefugten nicht geöffnet werden können. Die Fenster sind aus Drahtglas von mindestens 10 mm Stärke oder aus einem gleich widerstandsfähigen Glase dicht herzustellen. Die Gesamtgröße der Lichtöffnungen in feuerbeständig oder feuerhemmend hergestellten Schächten darf in keinem Stockwerk ein Zehntel der Schachtfläche übersteigen.

VII. Personen-Umlaufaufzüge in Gebäuden, insoweit sie nicht nach Abschnitt II von der Vorschrift feuerbeständiger oder feuerhemmender Fahrschachtwände ausgenommen sind, müssen einen Vorraum haben, dessen Wände feuerbeständig oder feuerhemmend ausgeführt sind.

VIII. Für die im § 2 Nr. 7, 8 und 10 genannten Aufzüge gelten die vorstehenden Bestimmungen über die Ausführung des Fahrschachtes nicht.

Fahrschachtzugänge.

§ 6. Die Zugangstüren zu feuerbeständigen oder feuerhemmenden Fahrschächten sind feuerhemmend und dicht herzustellen.

Die Zugangstüren zu Aufzügen in Warenhäusern, deren Fahrbahn von feuerbeständigen Wänden umschlossen ist, müssen aus Eisen mit mindestens 5 mm starker Asbestzwischenlage oder in gleichwertiger Ausführung hergestellt werden.

Die Zugangstüren der im § 2 Nr. 6 genannten Kleinlastenaufzüge können falzlose, auf einer Seite mit mindestens 0,75 mm starkem Eisenblech oder mit einem gleich widerstandsfähigen Stoffe beschlagene Holztüren oder einfache Eisentüren sein.

Im übrigen gelten für die Ausführung der Fahrschachtzugänge die an die Fahrschächte gestellten Anforderungen.

Aufstellung des Triebwerkes.

§ 7. I. Das Triebwerk der im § 2 Nr. 1—5 genannten Aufzüge ist in einem trockenen, hellen, hinreichend geräumigen, im Mittel mindestens 1,8 m hohen verschließbaren Raum aufzustellen. Die Aufzugsmaschine muß gut zugänglich sein.

Bei den im § 2 Nr. 6 genannten Kleinlastenaufzügen ist die Höhe des Triebwerksraumes von 1,8 m nicht erforderlich, wenn das Triebwerk über dem Schacht angebracht und gut zugänglich ist.

II. Wenn ausnahmsweise das Triebwerk unter dem Schacht angeordnet werden muß und die Führungen nicht auf ein besonderes Widerlager nach unten durchgeführt oder nicht sicher aufgehängt sind, muß die Decke des Maschinenraumes, soweit sie die Fahrschachtsohle bildet, so stark sein, daß sie die Widerlager der Führungen aufnehmen kann.

Beleuchtung.

§ 8. I. Die Fahrschachtzugänge müssen durch Tageslicht oder künstliches Licht ausreichend beleuchtet sein, solange der Aufzug benutzt werden kann.

Bei den im § 2 Nr. 4 genannten Personenumlaufaufzügen sind auch die Umsetzstellen der Fahrkörbe während des Betriebs durch Tageslicht oder künstliches Licht ausreichend zu beleuchten.

II. Die Fahrkörbe der im § 2 Nr. 1 bis 4 genannten Personenaufzüge müssen, solange sie benutzt werden können, dauernd durch Tageslicht oder künstlich beleuchtet sein. Die Verwendung von Mineralölen oder ähnlichen leicht entzündbaren Flüssigkeiten für die Beleuchtung im Innern der Fahrkörbe ist unzulässig. Von der dauernden Beleuchtung kann bei den Fahrkörben der im § 2 Nr. 1—3 genannten Aufzüge dann abgesehen werden, wenn die Beleuchtungseinrichtung so beschaffen ist, daß sie mit dem Öffnen der Fahrschachttür in Tätigkeit gesetzt wird und während der Aufzugsbenutzung in Tätigkeit bleibt.

Die Fahrkörbe der übrigen Aufzugsarten müssen bei offenen Schachtzugangstüren ausreichend beleuchtet sein.

III. Elektrische Beleuchtung muß unabhängig von der Leitung für die Antriebsmaschine sein. Schalter für die elektrische Beleuchtung müssen außerhalb des Schachtes unter Verschluß oder im Triebwerksraum untergebracht sein.

IV. Der Triebwerksraum muß durch fest angebrachte Lampen künstlich beleuchtet werden können; außerdem muß eine Handlampe in ihm vorhanden sein.

§ 9. (Aufzugsschilder).

§ 10. (Betrieb der Aufzüge).

§ 11. Sachverständige.

Als Sachverständige im Sinne dieser Verordnung gelten

a) in Anlagen des Reichs, des Staates und der deutschen Reichsbahngesellschaft die durch die vorgesetzte Dienststelle dazu ermächtigten Beamten oder sonstigen Sachverständigen,

b) im übrigen die durch die Staatsministerien des Innern und für Soziale Fürsorge gemeinsam bestimmten Personen oder Stellen.

§ 12. (Abnahmeprüfung).

§ 13. (Laufende Überwachung).

§ 14. (Prüfungskosten).

Schluß- und Übergangsbestimmungen.

§ 15. I. Die unter den Geltungsbereich dieser Verordnung fallenden und bei ihrem Inkrafttreten bestehenden Aufzugsanlagen sind,

a) soweit sie bereits einer Prüfung durch Sachverständige auf Grund bestehender Vorschriften unterlegen und letzteren entsprochen haben, nur erneut gemäß § 3 anzumelden, wenn eine wesentliche Änderung vorgenommen werden soll;

b) soweit sie bisher einer Prüfung durch Sachverständige nicht unterlegen haben, innerhalb dreier Monate nach Inkrafttreten dieser Verordnung gemäß § 3 anzumelden.

II. Die zur Zeit des Inkrafttretens dieser Verordnung in Aufstellung begriffenen Aufzugsanlagen sind, soweit sie unter ihren Geltungsbereich fallen, binnen 6 Wochen gemäß § 3 anzumelden.

III. Für die in den vorstehenden Abschnitten I und II genannten Aufzugsanlagen können Anforderungen, die über die bisher gültigen hinausgehen, auf Grund dieser Verordnung nur gestellt werden, wenn sie zur Beseitigung erheblicher Gefahren für Leben und Gesundheit der mit den Aufzugsanlagen in Berührung kommenden Personen erforderlich sind oder ohne unverhältnismäßige Aufwendungen ausführbar erscheinen.

Ausnahmen und weitergehende Bestimmungen.

§ 16. I. Die Bezirkspolizeibehörden sind befugt, für einzelne Anlagen Ausnahmen von den Vorschriften dieser Verordnung und von den Bestimmungen der technischen Grundsätze nach Anhörung des Sachverständigen und soweit Aufzüge in gewerblichen Betrieben in Frage kommen, des Gewerbeaufsichtsbeamten zuzulassen. Bei den in § 2c genannten Sonderaufzügen wird sich die Behörde zunächst mit der zuständigen Berufsgenossenschaft ins Benehmen setzen. Diese Befugnis erstreckt sich jedoch nicht auf zwingende baupolizeiliche Vorschriften. Genehmigungen dieser Art sind dem Aufzugsuntersuchungsbuche beizuheften.

II. Ausnahmen für bestimmte Arten von Aufzügen können hinsichtlich der Vorschriften dieser Verordnung gemeinsam von den Staatsministerien des Innern und für Soziale Fürsorge und hinsichtlich der Bestimmungen der technischen Grundsätze vom Deutschen Aufzugsausschusse zugelassen werden.

III. Für Lastenaufzüge ohne festgeführte Förderschalen (Kübel-, Sackaufzüge und dergl. gelten folgende besondere Bestimmungen:

1. Das Seil (Kette oder dergl.) muß die zulässige größte Gesamtförderlast mit 5facher Sicherheit freihängend zu tragen vermögen.

2. Die zulässige größte Gesamtförderlast muß in deutlich sichtbarer Weise angegeben werden.
3. Aufzugsseile (Ketten oder dergl.) sind bei Kübel-, Sack- und ähnlichen Aufzügen mit Schließhaken zu versehen.
4. Bodenöffnungen müssen entsprechend umfriedet sein. Klapptürverschlüsse sind hierbei zulässig, soferne mittels derselben eine genügend hohe Einfriedigung hergestellt werden kann.
5. Im untersten Geschoß ist die Aufzugsbahn von der Decke herab so weit durch Gitterwerk oder dergl. einzufriedigen, daß die Bahn als solche hierdurch gekennzeichnet ist und ein ungehinderter Verkehr in derselben nicht stattfinden kann.
6. Bei Kübel- und Sackaufzügen mit außerhalb des Betriebsgebäudes liegender Aufzugsbahn müssen an den Einzugsstellen Schutzklappen, Ladebühnen mit Falldeckeln oder andere Einrichtungen zum sicheren Einbringen des Ladegutes vorhanden sein.
7. Aufzugswinden sind mit Lastdruckbremsen und bei Lastenniedergang mit stillstehenden Kurbeln (Sicherheitskurbeln) oder mit selbstsperrenden Windwerken zu versehen. An bestehenden Aufzügen müssen die Aufzugswinden wenigstens mit einer wirksamen Sperrvorrichtung und für den Lastenniedergang mit Bremsen sowie stillstehenden Kurbeln versehen sein.
8. Erfolgt die Lastenförderung durch mehrere Geschosse, so muß eine Verständigung zwischen den verschiedenen Ladestellen gesichert sein.

IV. Unberührt bleibt die Befugnis der zuständigen Behörden, bei Aufzugsanlagen, die der Gewerbeaufsicht unterliegen, im Wege der Verfügung gemäß § 120d der Gewerbeordnung weitergehende Anordnungen zum Schutze des Lebens und der Gesundheit der Arbeiter zu treffen.

Strafbestimmungen.

§ 17. Übertretungen dieser Verordnung werden, soweit nicht nach den Strafgesetzen eine höhere Strafe eintritt, nach Art. 101 und 131 des Polizeistrafgesetzbuches und § 368 Nr. 8 des Reichsstrafgesetzbuches bestraft.

Inkrafttreten.

§ 18. I. Diese Verordnung tritt mit ihrer Verkündung in Kraft.

II. Die Bestimmungen zur Ausführung dieser Verordnung werden von den Staatsministerien des Innern und für Soziale Fürsorge gemeinsam erlassen.

Bemerkung.

Die Anlagen 1 mit 7 enthalten die technischen Grundsätze, Formblattmuster, Gebührenordnung usw.

Auszug aus der Bekanntmachung der Staatsministerien des Innern und für Soziale Fürsorge zur Ausführung der Verordnung vom 18. 1. 27, über die Einrichtung und den Betrieb von Aufzugen.

Gemäß § 18 Abschnitt II der Verordnung vom 18. Januar 1927 über die Einrichtung und den Betrieb von Aufzügen erlassen die Staatsministerien des Innern und für Soziale Fürsorge nachstehende Bekanntmachung:

1. Zu § 1 Abschnitt I:

Bei Errichtung von Aufzugsanlagen, deren Tragkraft 20000 kg überschreitet oder deren Fördergerät bei mehr als 20 qm Fußbodenfläche mehr als ein Paar Führungen erhält, ist die in der Verordnung vorgesehene Vereinbarung zwischen dem Besteller und dem Hersteller zu treffen. Die Zustimmung des Sachverständigen ist unter Vorlage der in § 3 Abschnitt II der Verordnung aufgeführten Unterlagen herbeizuführen.

2. Zu § 3 Abschnitt I:

Bauaufzüge sind bei jeder Neuaufstellung dem Sachverständigen anzuzeigen. Hierbei sind jedoch die in § 3 Abschnitt II aufgeführten Unterlagen nur dann beizufügen, wenn der maschinelle Teil einschließlich der Tragmittel gegenüber der erstmaligen Aufstellung wesentlich geändert ist.

3. Zu § 4 Abschnitt I:

Alle elektrischen Einrichtungen von Aufzügen müssen den jeweils gültigen Vorschriften, Normen und Leitsätzen des Verbandes Deutscher Elektrotechniker entsprechen.

4. Zu § 5 Abschnitt I:

Was als feuerbeständig und feuerhemmend im Sinne der Verordnung gilt, ist in Beispielen in der Fußnote zur Verordnung erläutert.

5. Zu § 11:

Als Sachverständige im Sinne des § 11 Buchstabe b werden bestimmt:
- a) der Bayerische Revisions-Verein in München, Kaiserstraße 14,
- b) die Bayerische Landesgewerbeanstalt in Nürnberg,
- c) der Pfälzische Revisions-Verein in Kaiserslautern.

Mitglieder dieser beiden Revisionsvereine und der Bayerischen Landesgewerbeanstalt können die Prüfungen nach ihrem Ermessen einer der vorgenannten Stellen übertragen.

Für die übrigen Besitzer oder Benützer von Aufzügen werden:
- a) in den Regierungsbezirken Oberbayern, Niederbayern, Oberpfalz, Oberfranken der Bayerische Revisionsverein in München,
- b) in den Regierungsbezirken Mittelfranken, Unterfranken, Schwaben und Neuburg die Bayerische Landesgewerbeanstalt in Nürnberg,
- c) im Regierungsbezirke Pfalz der Pfälzische Revisionsverein in Kaiserslautern bestimmt.

— — — — — — — — — —

10. Zu § 17:

Die Verordnung ist auch auf Art. 131 des PStrGB. gestützt. Nach Absatz II dieser Bestimmung ist die Polizeibehörde berechtigt, den Gebrauch der in Abs. I bezeichneten Gegenstände bis zur erfolgten Prüfung oder Herstellung des entsprechenden Zustandes zu untersagen.

Zu Anlage 7:

Die Gebühren der amtlich bestimmten Sachverständigen werden nach der anliegenden Gebührenordnung festgesetzt.

Entschließung des Staatsministeriums des Innern vom 18. 3. 27 über Feuerschutz, hier Einrichtung von Ortsfeuerschutznetzen.

An die Bezirksverwaltungs- und Gemeindebehörden, dann an die Feuerwehrausschüsse und freiwilligen Feuerwehren.

In einigen Bezirken Bayerns sind sog. Ortsschutznetze eingerichtet. Es ist in einer Reihe von Anwesen eine größere Zahl von Handfeuerlöschern hinterstellt, die beim Entstehen eines Brandes und bis zum Eintreffen der Feuerwehr mit Erfolg eingesetzt werden können.

Mit diesem Verfahren ist schon mancher im Entstehen begriffene Brand erfolgreich bekämpft worden. Der Nutzen dieser sog. Ortsschutznetze kann nicht bestritten werden. Voraussetzung für eine wirksame Bekämpfung von Anfangsbränden auf diese Weise ist, daß

1. die Handfeuerlöscher stets gebrauchsfertig sind,
2. ihr Standort bekannt ist,
3. alle Berufenen mit dem Handfeuerlöscher umgehen können,
4. die sofortige Verständigung der Feuerwehr nicht unterlassen wird.

Unter diesen Umständen erweist sich die Einrichtung derartiger Ortsschutznetze als sehr vorteilhaft zur Bekämpfung von Entstehungsbränden.

Selbstverständlich ersetzt die Bereitstellung derartiger Feuerlöscher **nie** die Bereitstellung der gewöhnlichen Löschgeräte.

Auszug aus den Vorschriften für Außenantennen.

(Aufgestellt durch den Verband Deutscher Elektrotechniker in Berlin unter Mitwirkung der zuständigen Reichs- und sonstigen Behörden und der Interessentenkreise, u. a. des Verbandes öffentlicher Feuerversicherungsanstalten in Deutschland zu Berlin.)

I. Gültigkeit.

§ 1. Geltungsbereich.

a) Diese Vorschriften gelten für Außenantennen, deren Herstellung nach dem 1. Oktober 1925 begonnen wird,

b) Auf Balkonantennen, die über den Balkon nicht hinausragen und sich über nicht mehr als ein Stockwerk erstrecken, sowie auf Außenantennen, die nicht mehr als 5 m über dem Erdboden liegen und nicht länger als 25 m sind, finden nur die §§ 12 bis 14 Anwendung.

§ 2. Begriffserklärung.

a) Außenantennen sind Antennen, deren Drähte ganz oder teilweise im Freien angeordnet sind.

b) Inwieweit Antennen im Dachraum eines Hauses als Außenantennen gelten, geht aus § 12 b hervor.

II. Bauerlaubnis.

§ 3. a) Öffentliche Plätze und Verkehrswege, sowie Bahnkörper und der Luftraum über ihnen dürfen nur mit Genehmigung der zuständigen Stellen benutzt werden. Bei Überkreuzung elektrischer Bahnen ist auch das Einverständnis des Bahnunternehmens erforderlich.

Die Antennen einschließlich ihrer Träger sollen das Straßen-, Stadt- und Landschaftsbild nicht stören. Sie sind nach Möglichkeit so anzulegen, daß sie von Straßen aus nicht sichtbar sind; sie sollen also möglichst auf den von der Straßenseite abgelegenen Dachflächen liegen. Dieses gilt besonders für Mehrleiterantennen (siehe § 5 d).

III. Bauvorschriften.

§ 4. Normale Baustoffe und Querschnitte.

a) Als normale Baustoffe für Antennenleiter gelten Kupfer, Bronze und Aluminium, deren Beschaffenheit folgenden Bedingungen entspricht:

Hartkupfer	40 kg/mm²	Zugfestigkeit,
Bronze	50—60 kg/mm²	Zugfestigkeit,
Aluminium	18 kg/mm²	Zugfestigkeit.

b) Die Antennenleiter sind nach folgender Zahlentafel zu wählen: (siehe: DIN VDE 8300):

— — — — — — — — — —

§ 5. (Gestänge und Rahen).

§ 6. (Isolierung und Abspannung).

§ 7. Abspannpunkte.

a) Als Abspannpunkte dürfen Schornsteine, turmartige Aufbauten, Hausgiebel und Fahnenstangen nur dann Verwendung finden, wenn diese Teile den zu erwartenden Beanspruchungen gewachsen sind, und wenn durch die Führung der Antennenleiter sowie der Abspannungen und Verankerungen der freie ungehinderte Zugang zu den Schornsteinen, deren Reinigung und die Ausführung sonstiger Arbeiten auf den Dächern nicht beeinträchtigt werden.

1. Mit Rücksicht auf die Begehbarkeit der Dächer soll eine lichte Höhe von mindestens 2 m zwischen der Antenne und dem betreffenden Gebäudeteil vorhanden sein.
2. Bei Errichtung einer Antenne ist auf vorhandene Anlagen Rücksicht zu nehmen. Parallele oder nahezu parallele Führung zweier Antennen bewirkt starke Kopplung. Daher ist bei T- und L-Antennen ein Mindestabstand der parallel geführten Teile von 5 m vorzusehen. Stehen die Drähte zweier Antennen senkrecht oder im Winkel zueinander oder kreuzen sie sich, so soll ihr Abstand an der Stelle der größten Näherung nicht unter 2 m sein.

b) Antennenleiter dürfen nicht über Gebäude mit weicher Bedachung (Stroh-, Rohr-, Ret- Schindel-, Lehmschindel- u. dgl. Dächer) geführt werden.

c) Sind Antennen gegen einen Baum abgespannt, so muß den Schwankungen durch den Wind Rechnung getragen werden.

d) Eiserne Dachständer, die als Gestänge dienen, müssen geerdet, hölzerne Dachständer mit Blitzableitern versehen werden. Für die Erdung der Gestänge bezw. der Blitzableiter genügt eine Verbindung mit geerdeten Metallteilen der Gebäude. Vorhandene Blitzschutzanlagen sind mit den Dachständern zu verbinden.

Diese Erdungen sind als „verzweigte Leitungen" nach den Sonderbestimmungen des Ausschusses für Blitzableiterbau auszuführen (Mindestquerschnitt bei Eisen 50 mm², bei Kupfer 25 mm²).

§ 8. Antennenableitung.

a) Der Querschnitt der Ableitung muß bis zum Überspannungsschutz bezw. bis zum Erdungsschalter mindestens der gleiche wie der für einen Antennenleiter vorgeschriebene sein. Bei mehrdrähtigen Antennen ist der Querschnitt entsprechend stärker zu nehmen.

§ 9. Kreuzungen von Hochspannungsleitungen.

a) Kreuzungen von Hochspannungsleitungen und Fahrleitungen elektrischer Bahnen sind verboten, sofern die Betriebspannung über 750 V gegen Erde beträgt.

b) Kreuzungen von solchen Leitungen mit Betriebspannungen über 250 bis einschließlich 750 V gegen Erde sind möglichst zu vermeiden. Werden derartige Kreuzungen erforderlich, so sind folgende Sicherheitsmaßnahmen anzuwenden:

α) Nur Einleiterantennen aus mehrdrähtigen Kupfer- oder Bronzeleitern mit einem Durchmesser des Einzeldrahtes nicht unter 0,4 mm sind zulässig. Die auftretende Höchstzugspannung soll im Antennenleiter im ungünstigsten Belastungsfalle bei Hartkupfer 10 kg je mm², bei Bronze 12,5 kg je mm² nicht überschreiten. Der Antennenleiter ist an den beiden Befestigungspunkten doppelt, zweckmäßig an in wagerechter Richtung angeordneten Querträgern, abzuspannen. Zu Abspannungen ist der gleiche Baustoff und mindestens der gleiche Querschnitt wie für den Antennenleiter zu verwenden.

β) Die Isolatoren sind in den Antennenleiter so einzubauen, daß sie nur auf Druck beansprucht werden, damit der Antennenleiter bei Isolatorbruch nicht herabfallen kann. Die Verbindung der Isolatoren mit dem Antennenleiter ist besonders sorgfältig auszuführen.

γ) Die Gestänge müssen bei Höchstbeanspruchungen eine vierfache Sicherheit gegen Zug, Druck, Biegung und Knickung haben, Ankerdrähte,

Seile und Streben dagegen eine fünffache Sicherheit aufweisen. Die größte Entfernung zwischen den Gestängen soll nicht mehr als etwa 60 m betragen.

b) Außer den in den §§ 12 und 13 verlangten Schutzmaßnahmen ist ein Schutzkondensator (siehe „Vorschriften für Verbindungsgeräte, die die Verwendung von Starkstromleitungen bis 440 V Nennspannung als Antenne oder Erde ermöglichen") zwischen Erdungschalter und Empfänger möglichst kurz hinter der Einführung anzuordnen.

c) Bei Annäherung an solche Leitungen muß die Antennenanlage einschließlich der Abspanndrähte in einem solchen Abstande verlegt werden, daß auch bei Drahtbruch eine Berührung unter allen Umständen ausgeschlossen ist. Bei Spannungen über 750 V gegen Erde darf der wagerechte Abstand keinesfalls weniger als 10 m betragen.

§ 10. (**Kreuzungen von Niederspannungsleitungen**).

§ 11. (**Kreuzungen von Fernmeldeleitungen**).

§ 12. **Überspannungsschutz.**

a) Außenantennen müssen durch Überspannungsschutz für höchstens 350 V, der außerhalb oder innerhalb des Gebäudes angebracht werden kann, gesichert sein. Ein im Gebäude befindlicher Überspannungsschutz muß nahe der Einführung in einem solchen Abstande von leicht entzündbaren Teilen liegen, daß deren Entzündung ausgeschlossen ist. Überschlagstrecken von etwa 0,1 mm Funkenlänge oder die bei Fernmeldeanlagen üblichen Luftleerblitzableiter mit Grobschutzfunkenstrecke sowie Glimmlampen sind als Überspannungsschutz geeignet.

b) Das gleiche gilt für Antennen, die im Dachraum eines Hauses oder nach § 1b angeordnet sind.

§ 13. **Erdungschalter.**

a) Die Antennen müssen durch einen nahe der Einführung innen oder außen leicht zugänglich angeordneten Erdungschalter (Starkstromschalter für mindestens 6 A) geerdet werden, wenn die Anlage nicht gebraucht wird.

§ 14. **Erdzuleitungen.**

a) Der Querschnitt der Zuleitung zur Schutzerdung muß mindestens den doppelten des für einen Antennenleiter vorgeschriebenen Querschnittes erhalten.

b) Die Zuleitung zur Schutzerdung ist nach den Sonderbestimmungen des Ausschusses für Blitzableiterbau („Leitsätze über den Schutz der Gebäude gegen den Blitz usw.") auszuführen. Hiernach gelten auch Wasserleitung, Gasleitung oder Heizungsrohre, wenn sie mit der Wasserleitung metallisch verbunden sind, als ausreichende Schutzerdung.

c) Die Apparaterdung darf als Schutzerdung *nur* mitverwendet werden, wenn sie den vorstehenden Bedingungen entspricht.

IV. Bauausführung durch Fachleute.

§ 15.

a) Antennenanlagen nach den §§ 9 und 10 dürfen nur im Einvernehmen mit den Bauunternehmen oder den Elektrizitätswerken durch anerkannte Fachleute ausgeführt werden.

V. Überwachung.

§ 16.

a) Antennenanlagen sind in dauernd vorschriftsmäßigem Zustande zu erhalten.

b) Mängel sind sofort zu beseitigen.

Merkblatt der Versicherungskammer für tragbare Feuerstätten.

Die Benützung tragbarer Feuerstätten kann gestattet werden, wenn die Feuerstätten so aufgestellt sind, daß eine Gefährdung umliegender Gebäude oder gelagerter, brennbarer Stoffe ausgeschlossen ist. Solche Feuerungsanlagen dürfen nur dann unmittelbar an Gebäudeumfassungen aufgestellt werden, wenn die Gebäude mindestens Steinfachwerkumfassungen haben, die Umfassungen hinter der Feuerstätte, soweit sie nicht massiv sind, auf die die in § 21 Ziffer 2 der BO. vorgeschriebenen Entfernungen entweder massiv hergestellt oder durch eine mindestens 12 cm starke, gut verputzte Vormauerung geschützt werden und das Rauchrohr in einen gemauerten Kamin eingeleitet wird. Andernfalls müssen solche Feuerstätten in sinngemäßer Anwendung der Bekanntmachung zum Vollzug der Dampfkesselverordnung von Gebäuden folgende Abstände haben:

a) von Gebäuden mit feuersicheren Umfassungswänden und harter Dachung:
mindestens 1 m von der Traufkante, wenn die Gebäude keine leichtentzündlichen Gegenstände,
mindestens 3 m von der Traufkante, wenn sie solche Gegenstände enthalten;

b) von Gebäuden mit nicht feuersicheren Umfassungswänden oder mit weicher Dachung mindestens 5 m von der Traufkante.

Von allen Vorräten leichtentzündlicher Gegenstände sind ebenfalls 5 m Abstand einzuhalten.

Wenn es unter besonderen Verhältnissen die Feuersicherheit erfordert, z. B., wenn bei niedrigen Rauchröhren hölzerne Dachvorsprünge gefährdet erscheinen, wären größere Abstände zu verlangen.

Die Feuerungsanlage muß, wenn in der Nähe befindliche Gebäude oder Gegenstände durch Feuer gefährdet sind, mit einem verschließbaren Vorgelege aus Mauerwerk oder Eisen umgeben sein, das auch den Aschenkasten umschließt; das Rauchrohr muß mit einem wirksamen Funkenfänger versehen sein.

Nach dem Gebrauch dürfen solche Feuerungsanlagen erst dann in das Gebäudeinnere gebracht werden, wenn die Brennstoffe und die Asche völlig erkaltet sind.

Die erforderlichen Maßnahmen können im Einzelfall auf Grund des § 10 Abs. 3 der Verordnung vom 17. Juni 1898, die Feuerbeschau betreffend, oder allgemein durch orts- oder distriktspolizeiliche Vorschriften auf Grund des § 368 Ziffer 8 des Reichsstrafgesetzbuches angeordnet werden.

Merkblatt der Versicherungskammer für Hopfendarranlagen.

Vorbemerkung.

Im Laufe der Zeit sind zahlreiche Hopfendarren in einer den Bestimmungen über Feuerstätten und Kamine nicht entsprechenden Weise angelegt oder abgeändert worden. Hiedurch wird nicht nur die Feuersicherheit, sondern auch die Wirtschaftlichkeit des Betriebs beeinträchtigt. Denn je stärker die in den Darren entwickelte Hitze ist, desto eher verbrennt der Hopfen; je größer die Abstände zwischen den Heizrohren und den Horden sind, desto besser und wertvoller wird er.

Im Benehmen mit dem Landesinspektor für Hopfenbau hat daher die Versicherungskammer die Mindestforderungen zusammengefaßt, die aus Rücksichten der Feuersicherheit und zugleich aus wirtschaftlichen Gründen zu beachten sind. Gleichzeitig wurden Musterpläne angefertigt, welche die gebräuchlichsten und empfehlenswertesten Darranlagen genau ersehen lassen.

Insoweit etwa noch andere Anlagen als die auf den Musterplänen dargestellten bestehen oder errichtet werden, können sie ähnlich behandelt werden wie jene. Immerhin empfiehlt es sich aber, der einheitlichen Behandlung wegen, die Pläne derartiger Anlagen der Versicherungskammer vorzulegen, damit diese im Benehmen mit dem Landesinspektor für Hopfenbau die notwendigen Bedingungen angeben kann, falls die Anlagen etwa in der geplanten Ausführung nicht empfehlenswert sind.

Genehmigungspflicht und Planvorlage.

Zur Errichtung neuer Hopfendarren ist nach § 7, 3 der allgemeinen Bauordnung vorherige polizeiliche Genehmigung und die Vorlage von Plänen erforderlich. Um Änderungen hierin zu vermeiden, empfiehlt sich, die Baupläne den Musterplänen möglichst anzupassen, und die im folgenden bezeichneten Grundsätze bei den verschiedenen Darranlagen zu beachten.

Die Grundsätze gelten im allgemeinen für die sogenannten Hausdarren; gewerbliche Darranlagen werden zumeist wie die Malzdarren ausgeführt und müssen wie diese wegen ihrer stärkeren Benützung auch strengeren Anforderungen genügen.

Grundsätze für die einzelnen Darranlagen.

Es ist zu unterscheiden zwischen den Darren mit Warmluftschacht und solchen, bei welchen sich der Heizofen und die Horden in einem gemeinsamen Darraum befinden.

a) Darren mit Warmluftschacht.

Bei den Darren mit Warmluftschacht — gebräuchlich sind heute z. B. die Systeme Richter, Reill, Hahn — ist folgendes zu berücksichtigen:

1. Der Raum, worin der Heizschacht errichtet wird, muß entweder eine Weißdecke oder eine Holzdecke mit an den Fugen aufgenagelten Leisten erhalten, wenn er nicht gewölbt ist.

2. Der Schacht für den Ofen und der Warmluftschacht zur Darre sind aus gelegten Backsteinen 12 cm stark auf feuersicherer Unterlage zu mauern und außen und innen auf die ganze Höhe dicht zu verputzen. Die Verengung zwischen Ofen- und Luftschacht ist zu wölben. Holzteile dürfen in die Mauern nicht eingefügt sein; wo solche anstoßen, sind sie feuersicher abzuscheiden. Die Öffnungen des Ofenschachtes sind mit eisernen Türen verschließbar zu machen.

3. Der Warmluftschacht soll eine lichte Weite von mindestens 50×50 cm erhalten; mit gleichem Querschnitt sind die Öffnungen zur Zuführung der frischen Luft zu bemessen.

4. Die Entfernung der unteren Horde vom obersten Rauchrohre muß mindestens 2 m betragen; beträgt sie weniger als 3 m, so muß der obere Abschluß des Warmluftschachtes mit seitlichen, engmaschigen Gittern und mit zwei wagrechten, wenigstens 10 cm voneinander entfernten, starken Blechabdeckungen von entsprechender Größe erfolgen. Bei einer Entfernung von 3 m und darüber genügt eine auf eisernen Füßen stehende einfache Überdachung von starkem Eisenblech, welche das Einfallen von Hopfen und Hopfenmehl in den Schacht verhindert.

5. Die Fußbodenbretterung unter den Horden ist innerhalb des Darrkastens mit feuersicherem Belag zu versehen, welcher sich an den Rand des Heißluftschachtes dicht anschließt.

6. Der Boden vor der Heiz- und Aschenfallöffnung des Darrofens muß gepflastert oder sonst feuersicher mit Eisenblech belegt werden.

7. Das Rauchableitungsrohr des Darrofens ist in bauordnungsmäßig hergestellte Kamine einzuleiten; es muß von allen Holzteilen 45 cm und von Decken mit Mörtelverputz 25 cm abstehen.

8. Zum Schwefeln von Hopfen darf die Hopfentrockenanlage nicht verwendet werden.

9. Alljährlich vor Beginn des Hopfendarrens müssen die im Heizschachte befindlichen Heizrohre im Innern und an ihrer Oberfläche sorgfältig gereinigt, nach Erfordernis erneuert und der Schacht selbst von Staub, Spinngeweben u. dgl. Verunreinigungen gesäubert werden.

10. Die Hopfendarren sind dauernd in gutem, den vorstehenden Grundsätzen entsprechenden Zustande zu erhalten.

b) Hausdarren mit Darrgewölbe.

Die Darren sollen nicht mehr als 9 qm Hordenfläche haben und bei einer Horde nur etwa 1—1½ Zentner trockenen Hopfen täglich liefern. Im einzelnen ist zu beachten:

1. Der Darraum muß vollständig massiv hergestellt und von dem anstoßenden Gebäude durch massive, mindestens bis zum Abschlußgewölbe reichende, 25 cm starke Mauern getrennt werden. Türen und sonstige Öffnungen hierin sind mit feuersicheren Verschlüssen zu versehen.

2. Der Darraum ist mit einem massiven Gewölbe abzuschließen; der Entlüftungsschacht muß massive Wände haben.

3. Der Heizofen muß vollständig gemauert sein. Wird ein eiserner Ofen aufgestellt, so ist er in etwa 10 cm Abstand von einem gemauerten Mantel zu umgeben, der über dem Boden Luftzuführungsöffnungen erhalten kann. Die Ummauerung ist oben mit einem auf Füßen befestigten Blechdeckel abzudecken, der das Herabfallen von Hopfen auf die erhitzten Eisenteile des Ofens verhindert. Der Zugang zur Schüre ist, falls die Schüre nicht unmittelbar von außen geheizt wird, gegen den Darraum feuersicher abzuschließen (Vorgelege, das von außen zugänglich sein muß).

4. Die Heizrohre sind so anzulegen, daß sie an die Horde nicht näher als 1,5 m heranreichen. Die Heizgase sind in einen vorschriftsmäßigen Kamin einzuführen.

5. Die Hordenkästen sind auf eiserne Träger zu legen.

6. Alljährlich vor Beginn des Darrens sind die Heizrohre und der Heizofen durch den Kaminkehrer sorgfältig zu untersuchen und zu reinigen. Schadhafte Teile sind vor der Inbetriebnahme durch neue zu ersetzen.

c) Hausdarren (Hollebauerdarren) ohne Darrgewölbe und mit hölzernem Dunstkamin und Böhmische oder Linhardsche Darren.

Die Darranlagen sind nur als selbständige Gebäude oder als Anbauten zulässig, wenn sie von anstoßenden Bauten durch Brandmauern geschieden sind. Ferner ist zu beachten:

1. Der Heizofen muß vollständig gemauert sein. Wird ein eiserner Ofen aufgestellt, so ist er in etwa 10 cm Abstand mit einem gemauerten Mantel zu umgeben, der über dem Boden Luftzuführungsöffnungen erhalten kann. Die Ummauerung ist oben mit einem auf Füßen befestigten Blechdeckel abzudecken, der das Herabfallen von Hopfen auf die erhitzten Eisenteile des Ofens verhindert. Die Schüre ist unmittelbar von außen zu heizen. Andernfalls ist der Zugang gegen den Darraum vollständig mit massiven, mindestens 12 cm starken Mauern und mit einer unverbrennlichen Decke (Gewölbe) abzuschließen.

2. Die Heizrohre müssen von der untersten Horde mindestens 3 m entfernt sein.

Die Heizgase sind in einen vorschriftsmäßigen Kamin einzuführen.

3. Die Hordenkästen sind auf eiserne Träger zu legen.

4. Alljährlich vor Beginn des Darrens sind die Heizrohre und der Heizofen durch den Kaminkehrer sorgfältig zu untersuchen und zu reinigen. Schadhafte Teile sind vor der Inbetriebnahme durch neue zu ersetzen.

d) Württembergsche Hausdarren.

(System Enz und Diebold, in manchen Gegenden auch Gsänger benannt, Stahl usw.)

Derartige Darren bedürfen einer besonderen distriktspolizeilichen Würdigung, weil sie durch zwei Geschoße reichen und in Räumen aufgestellt zu werden pflegen, welche den sonst an beheizte Räume zu stellenden Anforderungen nicht entsprechen; sie ragen mit ihrem Oberteile meist in den offenen Dachraum, wo Feuerstätten überhaupt nicht zulässig sind. Außerdem zeigte sich bei verschiedenen ausgeführten Anlagen, daß sie vor der neuerlichen Benützung auseinandergenommen, aber nicht mehr sorgfältig zusammengestellt wurden. Bei der Aufstellung ist jedoch wegen der ganzen Bauart besondere Vorsicht veranlaßt, da sonst die Feuersicherheit der Gebäude wesentlich beeinträchtigt wird. Die zu stellenden Forderungen sind daher folgende:

1. Der Raum, worin der Ofen aufgestellt wird, muß eine verputzte Decke (§ 26 der Bauordnung) haben. Balken und sonstige Holzteile in der Nähe des Heizschachtes sind feuersicher zu umhüllen und von Metallteilen der Darranlage mindestens 20 cm entfernt zu halten.

2. Der Heizofen ist mit versenkter Feuerung und Chamotteauskleidung zu versehen (Dauerbrandofen) und auf eine Stein- oder Metallplatte zu setzen. Der Boden vor dem Ofen ist zu pflastern oder sonst feuersicher zu belegen. Das Rauchrohr muß von der verputzten Decke mindestens 25 cm, von etwaigen Holzteilen mindestens 45 cm entfernt gehalten und auf möglichst geradem Weg in einen vorschriftsmäßigen Kamin eingeführt werden. Die Herumführung um den Schachtmantel behufs Ausnützung der Wärme der Verbrennungsgase ist unzulässig.

3. Der aus Eisenblech bestehende Warmluftschachtmantel muß mindestens doppelt so weit sein als der Durchmesser des Ofens ist. Er ist am oberen Ende mit doppelter Blechabdeckung (Abstand der beiden Bleche mindestens 10 cm) und seitlichen engmaschigen Gittern abzuschließen.

4. Die unterste Horde muß von der Oberkante des Ofens mindestens 2 m entfernt sein.

5. Die Fußbodenbretterung unter den Horden ist innerhalb des Darrkastens mit feuersicherem Belag zu versehen. Über den Ausschnitt in der Zwischendecke ist ein starkes Eisenblech (Schwarzblech) zu legen, das sich an den Rand des Warmluftschachtes dicht anschließt.

6. Die Darranlage ist alljährlich vor Beginn des Darrens durch den Kaminkehrer zu untersuchen; hiebei ist besonders darauf zu achten, ob die einzelnen Teile auch richtig und sorgfältig zusammengesetzt sind. Die Schachtwände und das Rauchrohr sind außen und innen sorgfältig zu reinigen.

e) Darranlage Saazia (Hersteller Benno Schilde, G. m. b. H., Hersfeld)

Die Darre ist ihrer Größe und Leistungsfähigkeit nach nicht mehr zu den kleinen Darren zu zählen, wird aber immerhin noch als größere Hausdarre zu betrachten sein. Sie ist nur als selbständiges Gebäude oder Anbau zulässig, wenn sie von anstoßenden Bauten durch Brandmauern geschieden ist. Im einzelnen ist folgendes zu beachten:

1. Die Türen und sonstigen Öffnungen, die von der Darranlage nach einem anstoßenden Gebäude führen, sind mit feuersicheren festversteiften Türen oder Läden, welche in 6 cm Stein-, Beton- oder Eisenfälze schlagen, abzuschließen.

2. Der Raum für den Heizofen ist gegen den Darraum mit einem massiven Gewölbe abzuschließen. Öffnungen hierin sind mit engmaschigen Drahtgittern zu sichern. Die das Gewölbe durchbrechenden Frischluftrohre sind an der oberen Mündung mit Schutzdeckeln zu versehen.

3. Die Schüre des Heizofens muß vollständig feuersicher ausgestaltet werden. Das Vorhaus über der Ofenschüre ist gegen den Heißluftraum

vollkommen abzuschließen; Holzteile des Vordaches müssen von der Schüre mindestens 60 cm entfernt sein.

4. Im Darraum sind die Öffnungen der Heißluftschächte außer den zu ihrem Abschluß nötigen Blechschiebern auch noch mit engmaschigen Gittern zu verwahren. Die Heißluftöffnungen unterhalb der unteren Klapphorde müssen sich mindestens 2 m über der Oberkante des Ofens befinden.

5. Die Heizgase sind in einen vorschriftsmäßigen Kamin einzuführen, dessen Wandungen aus liegenden Backsteinen hergestellt und nirgends schwächer als 12 cm sind.

6. Alljährlich vor Beginn des Hopfendarrens müssen der Ofen, die Heiz- und sonstigen Blechrohre im Innern und an ihrer Oberfläche sorgfältig gereinigt, nach Erfordernis erneuert und von Staub und sonstigen Verunreinigungen gesäubert werden.

7. Die Darranlagen sind dauernd in gutem Zustand zu erhalten.

Schlußbemerkungen.

Die Hopfendarren sind bei der Feuerbeschau genau zu besichtigen; die hiebei wahrgenommenen feuergefährlichen Zustände sind alsbald anzuzeigen. Die vorstehenden Grundsätze sind als Mindestforderungen zu erachten.

Besonders feuergefährlich und daher unzulässig sind die sogenannten Koksdarren und die ganz aus Blech hergestellten Darren. Beide Arten werden meist von ortsansässigen Handwerkern gefertigt. Die Koksdarren bestehen aus einem oben und unten offenen Blechkörper, der im Dachraum eines Gebäudes zumeist am Kehlgebälk aufgehängt zu werden pflegt, mit der Unterkante etwa 3/4 m über dem Dachboden. In der Höhe des Kehlgebälkes ist eine Horde angebracht; in der Mitte des Blechkörpers steht auf einem Sockel ein kleiner Koksofen, dessen Rauchgase durch ein Rauchrohr meist unmittelbar ins Freie, selten in einen Kamin, gehen.

Bei den Blechdarren bilden Blechwände — meist Wellblech — den Abschluß des Heiz- und Darraumes (Blechgewölbe); der Lüftungskamin ist ebenfalls aus Blech hergestellt. Mitunter werden auch Blechdarren verwendet, bei welchen der Heizofen mit der Horde in einem verhältnismäßig engen Blechkasten untergebracht ist. Bei allen diesen Anlagen bilden die sich stark erhitzenden Blechwände eine Entzündungsgefahr für die in der Nähe befindlichen brennbaren Gegenstände wie Futter, Getreide, getrockneten Hopfen, auch Holzteile des Dachstuhls und der Balkenlagen.

Merkblatt der Versicherungskammer für die Aufstellung von Benzin- und ähnlichen Motoren.

Die Motoren dürfen nicht in Treppenhäusern, in Räumen mit leicht brennbarem Inhalte (z. B. Scheunen, Schreinereien), in Räumen, worin mit Staubentwicklung zu rechnen ist (z. B. Getreidemühlen), ferner in Räumen, welche Feuerstätten enthalten oder durch offenes Licht beleuchtet sind, aufgestellt und betrieben werden.

Die Motorräume müssen feuerhemmende Wände, Fußböden und Decken haben. Sie dürfen mit den vorbezeichneten Räumen in keiner Verbindung stehen. Etwaige Riemenschlitze sind daher durch einen feuerhemmenden, mit den Wänden dicht verbundenen Schutzkasten (z. B. Rabitz) zu sichern. Der Schutzkasten muß die Riemenscheibe auf der Antriebwelle einschließen. Die Wellendurchführung ist abzudichten.

Die Türen der Motorräume müssen nach außen aufgehen und versperrbar sein.

Heizkaminöffnungen, Heizvorrichtungen Gas- oder Wassermesser dürfen sich in den Räumen nicht befinden.

Eine etwa erforderliche künstliche Beleuchtung der Räume ist mittels elektrischer Glühlampen mit Überglocken — welche auch die Fassung dicht umschließen — und Drahtschutz herzustellen; die Ausschalter müssen sich außerhalb der Räume befinden. Es sind nur Glühlampen zulässig, welche im luftleeren Raum brennen. Die Verwendung anderer Lichtquellen ist gestattet, wenn die Beleuchtung von außen geschieht und die Flammen durch eingemauerte dicke Glasscheiben von dem Innenraume vollkommen luftdicht abgeschlossen werden. Zur vorübergehenden Beleuchtung dürfen nur zuverlässige Sicherheitslampen verwendet werden.

Das Auspuffrohr und der etwa vorhandene Auspufftopf (Schalltopf) müssen von allen Holzteilen und sonstigen brennbaren Körpern mindestens 0,45 m entfernt gehalten oder, wenn eine geringere Entfernung unvermeidlich ist, mit einem feuerhemmenden, schlechten Wärmeleiter (Asbest oder dergl.) genügend stark ummantelt sein. Feuerungskamine, Lüftungsrohre, Regenabfallrohre, Abflußkanäle oder dergl. dürfen nicht zur Ableitung der Auspuffgase verwendet werden. Die Auspuffleitung muß ausschließlich ihrem Zwecke dienen und ins Freie münden. Gase der Auspuffleitung dürfen nicht gegen Holzteile oder sonstige brennbare Körper ausströmen können, welche weniger als 5 m von der Ausmündung entfernt sind. Auspuffrohre, welche durch das Dach geführt sind, müssen die Dachfläche des Gebäudes mindestens um ½ m überragen.

Betriebstoffe dürfen im Motorenraume nicht vorhanden sein, soweit sie sich nicht in dem zum Motor gehörigen Behälter befinden. Der Vorrat an Betriebsstoffen ist in einem vorschriftsmäßigen Lager, am zweckmäßigsten im Freien in einer gemauerten oder betonierten, flüssigkeitsdichten Grube unterzubringen, die mit einem versperrbaren Eisendeckel versehen ist.[1])

Der Betriebsstoff darf vom Hauptbehälter (Faß) bis zum Motor nur in Rohrleitungen befördert werden, die vollständig geschlossen und mit den Betriebsstoffgefäßen und dem Motor dicht verschraubt sind; dabei ist, wenn erforderlich, eine geeignete mechanische Vorrichtung (Flügel- oder Luftdruckpumpe) anzuwenden. Ist die Beförderung in geschlossenen Rohrleitungen nicht angängig, so dürfen zum Umfüllen der Betriebsstoffe nur metallene, zerknallsichere Kannen verwendet werden.

Das Rauchen ist verboten. Das Verbot ist am Eingange des Raumes ersichtlich zu machen.

Bek. d. Versicherungskammer vom 16. 12. 27 betr. Grundsätze für fahrbare oder tragbare Benzin-, Spiritus- und ähnliche Motoren.

Fahrbare oder tragbare Benzin-, Spiritus- und ähnliche Motoren dürfen nur in solchen Räumen betrieben werden, welche feuerhemmende Wände, eine feuerhemmende Decke und einen unverbrennlichen Fußboden haben. Die Räume dürfen weder leichtbrennbare Gegenstände noch Feuerstätten enthalten, auch nicht mit Räumen in Verbindung stehen, welche brennbare Gegenstände oder Feuerstätten enthalten. Die Aufstellung und der Betrieb solcher Motoren in Scheunen ist also unzulässig.[2])

Im Freien dürfen die Motoren betrieben werden, wenn die Auspuffleitung und der Auspufftopf von hölzernen Gebäuden, von Heu, Stroh und anderen leichtbrennbaren Gegenständen mindestens 3 Meter entfernt sind.

---

[1]) Für größere Mengen von Betriebsstoff wird zweckmäßig eine unterirdische Tankanlage errichtet.

[2]) Ausnahmen werden zugelassen werden können, wenn Motoren verwendet werden, deren Bauart vom Ausschuß zur Behandlung feuergefährlicher Anlagen als feuersicher anerkannt ist. Das gleiche dürfte für Motoren gelten, die nach den preußischen Richtlinien für Höhenförderer amtlich zugelassen sind.

Der auf dem Motor befestigte Brennstoffbehälter ist so anzubringen, daß eine gefährliche Erwärmung ausgeschlossen ist. Das Verschütten von Brennstoff ist sorgfältig zu vermeiden; etwa verschüttetes Benzin ist sogleich auf gefahrlose Weise zu beseitigen.

Während der Füllarbeit muß der Motor außer Betrieb gesetzt werden. Kannen sind gefüllt oder leer stets verschlossen zu halten. Betriebsstoffvorräte sind vorschriftsmäßig aufzubewahren. Größere Betriebsstoffvorräte werden am besten im Freien in gemauerten oder betonierten, flüssigkeitsdichten Gruben gelagert, welche mit einem versperrbaren Eisendeckel versehen sind.

Merkblatt der Versicherungskammer für Motoren, die mit brennbaren Flüssigkeiten betrieben werden, deren Flammpunkt über 55 ° Celsius liegt.

(Rohölmotoren, Dieselmotoren usw.)

Die Motoren dürfen nicht in Räumen mit leicht brennbarem Inhalt oder in Räumen, worin mit Staubentwicklung oder mit der Bildung explosibler Gase zu rechnen ist, aufgestellt und betrieben werden.

Motorräume dürfen gegen die vorbezeichneten Räume keine unverschlossenen Öffnungen haben. Etwaige Riemenschlitze sind durch Schutzkästen, die mit den Wänden fest und dicht verbunden sind und die Riemenscheibe auf der Antriebwelle einschließen, zu sichern.

Das Auspuffrohr und der etwa vorhandene Auspufftopf (Schalltopf) müssen von allen Holzteilen und sonstigen brennbaren Körpern mindestens 0,45 m entferntgehalten, oder, wenn eine geringere Entfernung unvermeidlich ist, mit einem unverbrennlichen, schlechten Wärmeleiter (Asbest oder dergl.) genügend stark ummantelt werden.

Im Motorenraum darf nicht mehr als der Tagesbedarf an Betriebsstoffvorrat vorhanden sein. Der übrige Treibmittelvorrat ist vorschriftsmäßig aufzubewahren.

Merkblatt der Versicherungskammer für Dampfsägewerke.

I. Dampfsägewerke sind im allgemeinen nach § 47 der BO. zu beurteilen (vgl. auch § 6 Ziffer II der VO. vom 24. 11. 09, die Anlegung und den Betrieb von Dampfkessel betreffend, wonach feststehende Dampfkessel in Schneidsägen, Schreinerwerkstätten oder in sonstigen Gebäuden in denen leichtentzündliche Gegenstände gelagert oder verarbeitet werden, nicht geheizt oder betrieben werden dürfen und ME. vom 14. 7. 10, die Erbauung von Dampfsägewerken betr.).[1])

II. Nach den Bauvorschriften müssen daher Dampfsägewerkanlagen mit massiven Mauern umgeben und wenn sie mit anderen Gebäuden zusammenhängend gebaut werden sollen, von diesen durch Backsteinbrandmauern getrennt werden. Außerdem kann noch eine allseitig freie Lage bis zu 9 m Entfernung von anderen Gebäuden gefordert werden. Dieser Abstand wird auch sinngemäß für die Lagerung von Holzstapeln gelten.

III. Das Kesselhaus ist vom Sägewerk durch eine mindestens 25 cm starke und 30 cm über die Dachung des höheren Gebäudes ragende Brandmauer zu trennen. In der Brandmauer dürfen sich keine Tür- oder Fensteröffnungen befinden. Die Antriebwelle ist beim Durchgang durch die Brandmauer beiderseits der Brandmauer durch Büchsen zu schließen, deren

[1]) Siehe Seite 147.

Flanschen in die Brandmauer eingeschraubt sind. Zwischen Büchsen und Welle darf höchstens 15 mm Spielraum sein. Müssen Riemenschlitze in der Brandmauer angebracht werden, so sind diese durch einen massiven, gewölbten und nur vom Kesselhaus aus zugänglichen Einbau zu sichern, der die Riemenscheibe auf der Antriebwelle mit umschließt. Der Durchgang der Antriebwelle ist wie vor beschrieben herzustellen.

IV. Das Kesselrauchrohr ist beim Durchgang durch das Dach in einem Abstand von 50 mm mit einem Eisenblechrohr zu umgeben; der Zwischenraum ist mit Schlacken, Sand oder dergl. unverbrennlichen, die Wärme schlecht leitenden Stoffen, auszufüllen.

V. Bei kleinen freiligenden Sägehallen können hinsichtlich der Umfassungen der Sägehalle Ausnahmen gestattet werden. Die Sägehalle kann bei solchen Anlagen aus Holz hergestellt werden, wenn sie keine Feuerstätte enthält und mindestens 5 m von der Grenze und 10 m von anderen Gebäuden entfernt ist. Bei ganz kleinen Sägen werden unter günstigen Bedingungen noch geringere Grenz- und Gebäudeabstände zugelassen. Unter allen Umständen — also auch dann, wenn hinsichtlich der Umfassungen Ausnahmen gestattet werden — ist zwischen Sägehalle und Kesselhaus eine vorschriftsmäßige Brandmauer unerläßlich.

VI. Werden an hölzerne Sägehallen heizbare Sägestübchen eingebaut, so dürfen diese keinesfalls aus Holz hergestellt werden. Sie sind von der Sägehalle selbst durch eine Brandmauer zu trennen. Etwaige Türöffnungen in der Brandmauer sind mit feuerhemmenden Verschlüssen nach § 16 der BO. zu versehen. Das Rauchrohr des Ofens ist stets in einen vorschriftsmäßig gemauerten Kamin einzuleiten, der so hoch zu führen ist, daß die Umgebung nicht gefährdet wird.

VII. Eine etwaige elektrische Licht- und Kraftanlage muß den Vorschriften des Verbandes Deutscher Elektrotechniker entsprechen.

VIII. Bestimmungen über die Holzlagerung können von Fall zu Fall von der zuständigen Behörde getroffen werden[1]).

Merkblatt der Versicherungskammer für Holz- und Ersatzbauweisen für Wohn- und Siedlungsbauten.

Die Anwendung von Holz- und Ersatzbauweisen kann für Siedlungsbauten im Einzelhaus (offene Bauweise) im Rahmen des § 57 der Bauordnung von den Baupolizeibehörden im Einzelfalle gestattet werden. Zu einer allgemeinen Zulassung nach § 13 Abs. 3 der Bauordnung, wofür

---

[1]) **Auszug aus dem Urteile des Obersten Landesgerichtes vom 27. 5. 03. Feuerpolizeiübertretung betr.**

Unterm 18. Juli 1892 erließ der Magistrat M. gegen den Sägewerksbesitzer B. eine feuerpolizeiliche Anordnung dahin, daß ihm auf denjenigen Parzellen der Plan Nr. 1676, welche seiner Säge sowie seiner Mühle vorliegen, die Lagerung von Holz, Brettern, Riegeln oder Läden gänzlich untersagt, daß hingegen auf der restierenden Fläche der Plan Nr. 1676 über dem Bache die Belegung mit Holz resp. Holzschnittwaren bis zu einer Höhe von 3 Meter erlaubt werde, ferner, daß auf den Flächen Plan Nr. 1634, 1632 eine Lagerung von Holz und Holzschnittwaren nur bis zu einer Höhe von 2 Meter und hinsichtlich der Plan Nr. 1634 nur im Abstand von 1,5 Meter von der Mauer des nächsten Gebäudes für zulässig erklärt werde.

Der Magistrat hat die Anordnungen erlassen auf Grund des § 368 Nr. 8 des Strafgesetzbuchs, Artikels 2 Ziffer 14 des Polizeistrafgesetzbuchs und der ortspolizeilichen Vorschrift vom 29. September 1874, Abstellung feuergefährlicher Zustände betreffend.

Bem. Die Anordnung wird als zu Recht erlassen anerkannt.

das Staatsministerium des Innern zuständig wäre, besteht für solche Bauweisen kein Anlaß. Im allgemeinen sind außer den für die Gewährung der Standfestigkeit erforderlichen Auflagen folgende Bedingungen zu stellen:

Die Gebäude müssen mindestens 5 m von der Grenze und 10 m von von anderen Gebäuden abstehen und dürfen höchstens zwei Geschosse haben.

Die Vorschriften über Kamine und Feuerstätten (§§ 17 und 21 der allgemeinen, 22 ff. der Münchener Bauordnung) und über die Stockwerksabscheidung (§§ 26 und 33 der beiden Bauordnungen) sind einzuhalten. Insbesondere müssen die Kamine von Wänden aus Holz oder in Ersatzbauweisen 7 cm abgerückt und die Zwischenräume zwischen dem Kaminmauerwerk und den Wänden mit Mörtel oder Beton dicht ausgefüllt werden.

Wände aus Holz oder in Ersatzbauweisen sind hinter den Feuerstätten auf die in §§ 21 Ziffer 2 und 27 Abs. II der beiden Bauordnungen vorgeschriebenen Entfernungen (60 cm gegen die Heizöffnungen, sonst 30 cm) durch massives Mauerwerk zu ersetzen oder durch eine 12 cm starke verputzte Vormauerung oder durch einen Tonplattenbelag auf Ziegeldrahtputz zu sichern.

Rauchrohre müssen von solchen Wänden und Decken, wenn sie mindestens 2½ cm stark verputzt sind, 25 cm, andernfalls 45 cm entfernt gehalten werden. Damit die Durchführung von Rauchrohren durch solche Wände nicht notwendig wird, ist eine entsprechende Anzahl von Kaminen vorzusehen.

Zur Auffüllung des Fehlbodens ist ein unverbrennlicher Baustoff (Sand oder Lösch) zu verwenden.

Leitsätze für die Errichtung elektrischer Starkstromanlagen in der Landwirtschaft.[1])

Aufgestellt von dem Ausschuß für Errichtungs- und Betriebsvorschriften des Verbandes Deutscher Elektrotechniker (abgekürzt VDE) in Zusammenarbeit mit dem Bayerischen Staatsministerium des Innern, der Deutschen Landwirtschaftsgesellschaft, dem Verbande öffentlicher Feuerversicherungsanstalten in Deutschland, der Arbeitsgemeinschaft privater Feuerversicherungsgesellschaften in Deutschland, dem Verbande der Berufsgenossenschaften, der Vereinigung der Elektrizitätswerke usw.

---

[1]) Die Leitsätze, die seit 1. 1. 26 in Kraft sind, gelten für alle Um- oder Neubauten sowie Erweiterungen elektrischer Anlagen.

Sonderdrucke der „Leitsätze" mit Bekanntmachungen der Versicherungskammer über Beitragserhöhungen bei vorschriftswidrigen elektr. Anlagen können in kleinen Mengen vorerst unentgeltlich von den Brandversicherungsämtern und der Versicherungskammer München 22 bezogen werden.

Für elektrische Anlagen in der Landwirtschaft, welche in der Zeit vom 1. 7. 22 bis 1. 1. 26 eingerichtet oder geändert wurden, waren die Bestimmungen des am 1. 7. 22 in Kraft getretenen „Merkblattes für die Errichtung elektrischer Starkstromanlagen in der Landwirtschaft" zu beachten. Die vor dem 1. 7. 22 eingerichteten elektrischen Anlagen in der Landwirtschaft mußten nach den allgemeinen Errichtungsvorschriften des Verbandes Deutscher Elektrotechniker ausgeführt werden.

Ist jedoch die Beseitigung von Mißständen (z B. Leitungen aus Zink, Eisen und anderen Ersatzbaustoffen mit ungenügendem Isolationszustand. Dachständereinführungen und Sicherungen in Räumen mit leichtentzündlichem Inhalt, offene Motoren und ungeschützte Zubehörteile in der Nähe von leichtentzündlichen Stoffen usw.) zur Verhütung einer Brand- oder Unfallgefahr unerläßlich, so sind die seit 1. 1. 26 geltenden „Leitsätze", soweit erforderlich auch auf ältere elektrische Anlagen anzuwenden, und zwar auch dann, wenn diese Anlagen entsprechend den jeweils giltigen, vorgenannten Vorschriften ausgeführt worden sind.

§ 1. Allgemeines.

a) Die Ausführung elektrischer Anlagen ist nur zuverlässigen Unternehmern zu übertragen. Nur gewissenhafte Arbeit unter Verwendung besten Materials ergibt störungsfreien Betrieb und Sicherheit gegen Brandgefahr und Unfälle.

b) Gut gebaute Anlagen ersparen häufige Reparaturen; sie sind daher die billigsten im Betriebe, auch wenn sie bei der ersten Einrichtung höhere Kosten erfordern.

c) Die Anlagen müssen den Vorschriften und Normen des VDE entsprechen.

Es empfiehlt sich, darauf zu dringen, daß nur Installationsmaterial verwendet wird, das mit dem Prüfzeichen des VDE versehen ist.

d) Vor Inbetriebnahme ist die ordnungsmäßige Beschaffenheit der Anlagen durch den Stromlieferer oder einen behördlich anerkannten Sachverständigen festzustellen.

e) Im einzeln sind bei der Errichtung die nachstehenden Punkte besonders zu beachten.

§ 2. Leitungen im Freien und Leitungseinführungen.

a) Hauptleitungen sind tunlichst im Freien zu verlegen. Ihre Führung ist so einfach wie möglich zu gestalten.

b) Über Fahrwegen und Wirtschaftshöfen sind die Leitungen in solcher Höhe zu verlegen, daß beim Verkehr beladener Wagen die darauf befindlichen Personen nicht gefährdet werden.

c) Einführungsstellen der Leitungen in die Gebäude mittels Dachständer oder Mauerdurchführungen sind so zu wählen, daß die Leitung zwischen der Einführung und der Hausanschlußsicherung möglichst kurz wird.

d) Dachständer-Einführungen dürfen nicht an solchen Teilen von Räumen münden, die zur Aufnahme leicht entzündlicher Stoffe bestimmt sind (z. B. Heu- und Strohlager)[2]).

e) Die Dachständer und ihre Tragkonstruktionen müssen kräftig ausgeführt sein. Die Durchführung muß gegen das Dach sorgfältig abgedichtet sein. Schutzrohre für Leitungen müssen so gebaut und verlegt sein, daß kein Wasser eindringen und das Schwitzwasser ablaufen kann.

f) Mauerdurchführungen sind so herzustellen, daß Wasser von außen nicht eindringen und das Schwitzwasser ablaufen kann.

§ 3. Leitungen in Gebäuden.

a) Als Leitungsbaustoff ist Kupfer zu verwenden.

b) In ständig trockenen Räumen ist die Verlegung in Rohr oder Rohrdraht die Regel.

c) Sind die Räume zeitweilig feucht, (z. B. Haus- und Wohnküchen), so müssen Rohre einen Schutzanstrich erhalten.

d) Sind die Räume feucht (Stallungen, Molkereien, Futterküchen usw.), so empfiehlt es sich, die Leitungen an der Außenseite der Gebäude zu verlegen und nur kurze Ableitungen zu den einzelnen Verbrauchsstellen einzuführen.

---

[2]) Dachständer-Einführungen sind also für Städel, Scheunen, Heu-, Stroh- oder Futterböden jeder Art, Dreschtennen, Holzlegen usw. verboten, es sei denn, daß die Einführuug in einen vollständig abgetrennten Raum erfolgt, der auch nicht vorübergehend zur Lagerung von Heu, Stroh und ähnlichen leicht entzündlichen Stoffen verwendet wird.

Dieser Raum muß Wände und Böden aus feuerhemmenden Baustoffen (vgl. Anmerkung 10 Abs. 2) haben. Wenn der Abstand vom Dachständerrohr allseits mindestens 1 m beträgt, sind ausnahmsweise auch fugendichte Wände aus gehobelten Brettern zulässig, die durch Deckleisten, Fälze oder durch Nuten und Federn miteinander verbunden sind.

e) In feuchten Räumen ist außerhalb des Handbereiches offene Verlegung auf Porzellanglocken oder Mantelrollen von mindestens 65 mm Höhe, sonst Verlegung in gut abgedichteten Panzerrohren auf Abstandschellen oder Verlegung in Kabeln oder kabelähnlichen Leitungen (gegen chemische und mechanische Beschädigungen geschützt) zulässig. Rohre müssen einen dauerhaften Schutzanstrich erhalten, der in angemessenen Zeiträumen zu erneuern ist.

f) Für spannungführende Leitungen, die innerhalb feuchter Betriebsräume offen verlegt werden, darf NGAW-Leitung[3]) nach den „Vorschriften für isolierte Leitungen in Starkstromanlagen" verwendet werden. Für geerdete Leiter ist NL-Leitung[4]) nach den „Normen für umhüllte Leitungen in Starkstromanlagen" zu verwenden.

g) Für Wand- und Deckendurchführungen in feuchten Räumen sind, soweit nicht offene Durchführung oder Verlegung in Kabeln oder kabelähnlichen Leitungen verwendet wird, nur fabrikations- oder werkstattmäßig hergestellte Durchführungen zu verwenden. Durchführungen, die am Orte der Verwendung vergossen werden müssen, sind unzulässig. Die fabrikationsmäßig hergestellten Durchführungen müssen so ausgeführt sein, daß ein Niederschlag von Feuchtigkeit innerhalb der Durchführungen vollständig ausgeschlossen ist. Die Einführungsstellen der Leitungen in die Durchführungen müssen abdichtbar sein.

h) In Räumen mit leicht entzündlichem Inhalt (Heu- und Strohlager usw.) sollen Leitungen nur soweit verlegt werden, als sie dort benötigt werden. Die Leitungen sind in Stahlpanzerrohren, als Kabel oder kabelähnliche Leitungen zu verlegen und so anzuordnen, daß sie möglichst kurz sind. Im allgemeinen soll das Durchführen von Leitungen durch solche Räume, wenn in ihnen selbst keine Stromverbraucher angeschlossen sind, vermieden werden.[5])

§ 4. Biegsame Leitungen.

a) Biegsame Leitungen für bewegliche Stromverbraucher müssen, soweit sie nicht in Wohnräumen Verwendung finden, besonders kräftige und dauerhafte Schutzhüllen besitzen, die nicht aus Metall bestehen dürfen.

§ 5. Abschaltbarkeit.

a) Die elektrische Anlage eines landwirtschaftlichen Betriebes muß im ganzen oder in ihren Teilen in allen unter Spannung gegen Erde stehenden Polen abschaltbar sein. Zur Abschaltung können Schalter, Sicherungen[5], Selbstschalter und Stecker dienen.

§ 6. Sicherungen, Schalter, Steckvorrichtungen und Lampen.

a) Schalter, Zähler und Sicherungen müssen leicht zugänglich angebracht und vor Beschädigungen geschützt sein.

b) Sicherungen sind in Räumen mit leicht entzündlichem Inhalt (Heu- und Strohlager usw.) verboten (über Zulassung von Sicherungen in Verbindung mit Motorschaltern siehe § 7).

c) Als Schalter sind in Stallungen und sonstigen feuchten Räumen Stangenschalter oder ähnliche Bauarten aus Isolierstoff zu verwenden.

d) Steckvorrichtungen sind in Räumen mit leicht entzündlichem Inhalt (Heu- und Strohlager usw.) nur ausnahmsweise[6]) und nur in feuersicher gekapselter Ausführung zulässig.

---

[3]) Normalgummiaderleitung mit wetterfester und säurebeständiger Imprägnierung.

[4]) Nulleiterdraht mit wetterfester Umhüllung.

[5]) Plombierte Hausanschlußsicherungen sind nicht als Abschaltvorrichtung im Sinne dieser Bestimmung zu erachten; jedoch genügen sie zur Erfüllung der obigen Forderung hinsichtlich des Anlagenteiles zwischen Hausanschlußsicherung und Verteilungssicherung.

[6]) Solche Ausnahmen können nur dann gestattet werden, wenn die anderweitige Anbringung außergewöhnliche Schwierigkeiten bereiten würde und vollstän-

e) Lampen in feuchten Räumen (Stallungen, Molkereien, Futterküchen usw.) sowie in Räumen mit leicht entzündlichem Inhalt (Heu- und Strohlager usw.) müssen Fassungen aus Isolierstoff haben und mit starken Überglocken, die auch die Fassungen abschließen, bei Gefahr der Beschädigung auch mit Schutzkörben versehen sein.

§ 7. Motoren und Zubehör.

a) In Räumen mit leicht entzündlichem Inhalt (Heu- und Strohlager usw.) ist das Aufstellen von Motoren mit ihren Anlassern, Schaltern und Sicherungen möglichst zu vermeiden[7]).

oder die Motoren nebst Zubehör sind innerhalb dieser Räume in besondere feuersichere Kammern[8]) einzubauen, die ausreichend[9]) zu bemessen oder durch besondere Lüftung zu kühlen sind,

---

dig gußeisengekapselte Steckvorrichtungen an einer stets von leichtentzündlichen Stoffen freibleibenden Stelle auf feuerbeständiger, schlecht wärmeleitender Unterlage (Mauerwerk und dgl.) angebracht sind. Diese gekapselten Steckvorrichtungen müssen außerdem so gebaut sein, daß das Einstecken und Ausziehen des Steckers unter Spannung unmöglich ist.

[7]) Aus Rücksichten der Feuersicherheit sollen innerhalb von Räumen mit leichtentzündlichem Inhalt (Heu, Stroh und dgl.) nur verwendet werden:

entweder 1. geschlossene Motoren im Sinne des § 19 Abs. c der „Regeln für die Bewertung und Prüfung von elektrischen Maschinen" (REM),

oder 2. solche Sonderbauarten von Motoren, bei welchen wenigstens alle blanken, ständig oder zeitweise spannungführenden Teile derart gekapselt sind, daß diese Schutzkapselungen (außer bei einer vollständigen Zerlegung der Motoren, z. B. durch Abnahme eines Lagerschildes usw.) nicht ganz oder teilweise entfernt, abgeschraubt oder ausgehängt, sondern nur durch drehbare oder schiebbare, beim Betrieb geschlossen zu haltende Klappen, Türen oder dgl. geöffnet werden können,

oder 3. Drehstrom-Kurzschlußanker-Motoren (ohne Schleifringe, Bürsten und andere funkenbildende Teile) mit geschlossenen Anschlußklemmen.

Motoren aller Bauarten müssen so aufgestellt sein, daß etwa auftretende Feuererscheinungen keine Entzündung von brennbaren Stoffen hervorrufen können; ferner müssen die isolierten, ständig oder zeitweise spannungführenden Teile der Motoren durch besondere Vorkehrungen (Schutzgitter oder dgl.) gegen mechanische Beschädigungen geschützt werden, soweit dieser Schutz nicht schon durch die Bauart der Maschinen selbst erzielt wird.

Die Motor-Zubehörteile (Schalter, Anlasser und in Ausnahmefällen auch Sicherungen — vgl. auch § 6 Abs. b — müssen innerhalb von Stäbeln, Scheunen usw. in besonderen, an Umfassungen, Decken und Türen aus feuerhemmenden Stoffen (vgl. Anm. 10 Abs. 2) hergestellten verschließbaren Nischen oder Kammern verwahrt sein

oder

das Zubehör muß vollständig gußeisengekapselt und an einer stets von leichtentzündlichen Stoffen freibleibenden Stelle auf feuerbeständiger, schlecht wärmeleitender Unterlage (Mauerwerk oder dgl.) angebracht sein.

[8]) Abhebbare oder sonstige nicht ortsfeste Schutz„kästen" (auch mit unverbrennlicher Verkleidung) gelten nicht als Kammern im Sinne dieser Bestimmung.

Die Wände, Decken, Böden und Türen der Kammern müssen aus feuerbeständigen oder mindestens feuerhemmenden Baustoffen bestehen. Als feuerhemmend gelten bei derartigen Kammern z. B.

Wände aus ausgemauertem Fachwerk,
Rabitzdecken und -Wände,
Zement- und Gipsdielen,
Weißdecken,
Hartholz mit Eisenblechauskleidung,
Zementestrich auf Holzunterlage,
Eisenblech mit glutsicherer Auskleidung.

[9]) Die feuersicheren Kammern müssen mindestens den 15 fachen Inhalt des Raumes haben, der den Motor in drei Raumrichtungen äußerlich umgrenzt. Ist

oder die Motoren sind mit geschlossenen Anschlußklemmen[10]) auszurüsten. Dabei ist die Umgebung der Motoren nebst Zubehör von entzündlichen Stoffen freizuhalten. Anlasser, Schalter und Sicherungen sind in diesem Fall nur in geschlossener Ausführung zulässig.

b) In allen Fällen ist in Drehstromanlagen die Verwendung von Motoren mit Kurzschlußläufern zu empfehlen.

c) Ortsveränderliche Motoren fallen ebenfalls unter die vorstehenden Bestimmungen[11]), wenn sie nicht mit ihrem Zubehör in Wagen oder dgl. eingebaut sind, die allseitig abgeschlossen werden können. § 6c, Absatz 3 der Errichtungsvorschriften ist hierbei zu beachten[12]).

Unter geschlossener Ausführung für die Anschlußklemmen, Anlasser, Schalter und Sicherungen ist zu verstehen:

Vollständige Abdeckung ohne ausgesprochene Öffnungen, die eine Berührung blanker, spannungführender Teile und das Eindringen von Fremdkörpern verhindert. Vollständiger Schutz gegen Staub, Feuchtigkeit oder Gasgehalt der Luft wird nicht erzielt.

§ 8. Erdung und Nullung.

a) Bezüglich der Erdung und Nullung von metallenen Bestandteilen der Gebäude und metallenen Schutzhüllen der elektrischen Einrichtungen sind die „Leitsätze für Erdungen und Nullung in Niederspannungsanlagen" zu beachten.

Merkblatt für die Behandlung elektrischer Starkstromanlagen in der Landwirtschaft.

(Gültig ab 1. Januar 1926.)

Landwirte! Beachtet den Zustand Eurer elektrischen Anlagen und sorgt für ihre Instandhaltung. Ordnungsmäßig unterhaltene elektrische Anlagen sind unbedingt betrieb- und feuersicher. Vernachlässigte Anlagen führen zu Störungen, Unfällen und Bränden. Besonders ist zu beachten:

1. Haltet die Anlage in allen ihren Teilen rein und in gutem Zustande.
2. Haltet die Schalter, Sicherungen und Motoren zugänglich. Verstellt den Zugang nicht durch Maschinen, Geräte oder sonstige Gegenstände.

   Sorgt dafür, daß die Einführungsstellen von Leitungen in Gebäuden von entzündlichen Stoffen freigehalten und der ständigen Beobachtung zugänglich bleiben.
3. Vermeidet jede Berührung ungeschützter Teile von Leitungen, Maschinen, Schaltern, Sicherungen und Lampen sowie herabhängender gerissener Freileitungen.

   Vermeidet bei Aussästen von Bäumen und bei Bauarbeiten die Berührung benachbarter Freileitungen. Errichtet nicht Mieten in der Nähe solcher Leitungen.

---

z. B. ein 3 PS.-Schleifringmotor 0,5 m lang, 0,3 m breit und 0,37 m hoch, so berechnet sich der erforderliche Raum auf mindestens $15 \times 0{,}5 \times 0{,}3 \times 0{,}37 = 0{,}83$ cbm. Die Kammer muß also mindestens etwa $1{,}0 \times 1{,}0 \times 0{,}83$ m groß sein.

[10]) Motoren dieser Bauart genügen nicht für die offene Aufstellung in Scheunen usw.

[11]) Das in der Anmerkung 9 für ortsfeste Motoren Gesagte gilt sinngemäß auch für ortsveränderliche (trag- oder fahrbare) Motoren.

[12]) Die Vorschrift besagt: Verschläge für luftgekühlte Motoren müssen so beschaffen und bemessen sein, daß ihre Entzündung ausgeschlossen und die Kühlung der Motoren nicht behindert ist. (Vgl. Anmerkung 10 und 11).

4. Vermeidet unter allen Umständen, Drahtzäune und metallene Gitter mit Masten und anderen Trägern von Hochspannungsleitungen in Berührung zu bringen.
5. Benutzt nicht die Schutzschränke und Schutzkasten zum Aufbewahren von Gegenständen.

   Benutzt nicht die Schaltergriffe, Isolatorenträger und Leitungen zum Aufhängen von Kleidungsstücken oder Geräten, wie Peitschen, Ketten, Stricke oder dergl.
6. Verwendet nur die vorgeschriebenen Sicherungen, haltet stets für alle Sicherungen einige Ersatzstücke von der richtigen Sorte vorrätig.

   Laßt Euch durch einen Fachmann angeben, welche Sicherungen Ihr braucht.

   Niemals darf eine Sicherung durch Draht oder Metallteile überbrückt werden. Dieses bedeutet eine hohe Gefahr für die Anlage und ist strafbar.

   Geflickte, d. h. wiederhergestellte Sicherungen sind unwirksam, schützen nicht vor Feuersgefahr und sind verboten.

   Beim mehrmaligen Durchbrennen der Sicherungen eines Stromkreises muß dieser durch Fachleute nachgeprüft werden.
7. Sorgt dafür, daß alle Schutzkappen für Schalter, Sicherungen, Steckkontakte usw. stets in Ordnung und richtig befestigt sind.

   Ersetzt beschädigte oder fehlende Teile sofort.

   Laßt den Motor öfter reinigen, entfernt von ihm vor der Inbetriebsetzung Stroh, Heu, Häcksel, Staub usw.
8. Prüft die Anschlußkabel für bewegliche Anlagen vor jeder Benutzung daraufhin, ob Schutzhülle und Stecker noch in Ordnung sind. Führt sie bei Gebrauch über kleine Holzgabeln oder dergl. Bedeckt sie nicht mit Stroh oder dergl. Schützt sie vor dem Überfahren und Betreten.

   Laßt beschädigte Kabel unverzüglich ausbessern oder ersetzen.
9. Übertragt die Bedienung Eurer gesamten elektrischen Anlagen einer bestimmten Person. Laßt diesen Bedienungsmann durch Vermittlung des stromliefernden Elektrizitätswerkes genau unterweisen; haltet ihn an, die gegebenen Bedienungsvorschriften genau zu befolgen; dieses gilt vor allem für die Leute, die bewegliche Anlagen zum Anschluß an Hochspannungsleitungen bedienen, und besonders für das Anbringen der Erdzuleitungen und ähnlicher Schutzvorkehrungen.
10. Laßt Arbeiten an und auf Gebäuden nur nach Abschaltung aller in der Nähe der Arbeitsstelle befindlichen Leitungen ausführen. Entfernt die Sicherungen der betreffenden Stromkreise und haltet sie unter Verschluß, damit kein Unberufener sie während der Arbeiten einsetzen kann. Für etwaige Unfälle, die durch Nichtabschaltung von Leitungen entstehen, seid Ihr strafbar.
11. Laßt neue Anlagen, Erweiterungen und Reparaturen nur von Installateuren ausführen, die vom Elektrizitätswerk zugelassen sind. Beachtet dabei die „Leitsätze für die Errichtung elektrischer Starkstromanlagen in der Landwirtschaft".
12. Laßt Eure Anlagen in regelmäßigen Zeiträumen durch Sachverständige prüfen, die vom Elektrizitätswerk oder von Behörden anerkannt sind. Sorgt für sofortige Abstellung der dabei festgestellten Mängel.
13. Bei Nichtbeachtung der vorstehenden Vorschriften und dadurch hervorgerufenen Unglücksfällen oder Brandschäden kann der Besitzer durch die Berufsgenossenschaft bestraft oder von der Feuerversicherung seiner Entschädigung verlustig erklärt, auch kann er nach den Gesetzen bestraft und für weitere Schäden haftbar gemacht werden.

Betriebsanweisung für die Bedienung elektrischer Starkstromanlagen für Hochspannung in der Landwirtschaft.

(Gültig ab 1. Januar 1926.)

I. Allgemeines.

Die Bedienung betriebsmäßig hochspannungsführender Teile, wie Masttransformatoren, Anschluß von beweglichen Transformatoren oder Anschluß von Hochspannungsmotoren, darf nur von besonders ausgebildeten Personen vorgenommen werden die sich im Besitze eines schriftlichen, vom Elektrizitätswerk anerkannten Ausweises befinden.

An Transformator- und Motorwagen müssen die Vorschriften des Verbandes Deutscher Elektrotechniker über „Anleitung zur ersten Hilfeleistung bei Unfällen im elektrischen Betriebe“ und diese Betriebsanweisung angeschlagen sein.

II. Inbetriebsetzung eines fahrbaren Transformators.

1. Stelle den Transformatorwagen nach dem Anfahren so auf, daß die einzuhängenden Anschlußleitungen zum Mastschalter möglichst straff sind und keinesfalls auf dem Wagendach aufliegen.
2. Bringe die Erdungen sehr gut an. Lege Wert auf guten Zustand der Klemmverbindungen.
3. Hänge bei offenem Mastschalter die Anschlußleitungen mittels Schaltstange ein.
4. Schließe das Kabel zum Motorwagen im Transformatorwagen an.
5. Führe das Kabel über kleine Holzgabeln. Lasse es nicht auf der Erde liegen.
6. Friedige den Transformatorwagen ein und hänge die Warnungsschilder an.
7. Stelle den Isolierschemel neben den Schaltermast und schließe vom Schemel aus den Mastschalter mittels Schaltstange oder Winde. Einschalten ohne Benutzung des Schemels ist unter allen Umständen verboten.
8. Lasse nach der Schließung durch eine Winde die Kurbel in der Winde stecken.

III. Außerbetriebsetzung eines fahrbaren Transformators.

1. Setze den Motor außer Betrieb.
2. Öffne den Mastschalter unter Benutzung des Isolierschemels mittels der Winde oder der Schaltstange.
3. Hänge die Schaltstange aus dem Mastschalterhebel aus bzw. nimm die Kurbel aus der Winde heraus.
4. Hänge die Hochspannungs-Anschlußleitung vom Mastschalter nur mittels Schaltstange ab. Dann erst nimm den weiteren Abbau vor.
5. Rolle das Kabel auf und überzeuge dich, daß Türen und Steckdosen am Transformator- und Motorwagen gut verschlossen sind.

Bek. d. Staatsministeriums d. Inn. v. 17. 3. 27 Nr. 9109 e 83 über elektrotechnische Beratungsstellen.

Die vom Staatsministerium des Innern anerkannten, geschäftlich unabhängigen elektrotechnischen Beratungsstellen sind derzeit:

Der Bayerische Revisionsverein in München (Kaiserstr. 14, Fernspr. 32407). Er hat seinen Revisionsbezirken Augsburg (Klinkertorplatz 3, Fernspr. 306), Hof (Königstr. 49, Fernspr. 483), Nürnberg Rosenaustraße 4, Fernspr. 27931) und Würzburg (Schillerstr. 11, Fernspr. 2639) je einen Elektroingenieur dauernd zugeteilt, der in Zusammenarbeit mit der Elektrotechnischen Abteilung des Vereins in München alle auf dem Fachgebiet vorkommenden Prüfungs- und Beratungsarbeiten vornimmt;

die Bayerische Landesgewerbeanstalt, Elektrotechnische Abteilung in Nürnberg (Gewerbemuseumsplatz 2, Fernspr. 26 639) mit Revisoren für elektrische Anlagen bei ihren Zweigstellen in Augsburg (Peutingerstraße D 119, Fernspr. 1479), Bayreuth (Friedrichstr. 18, Fernspr. 149), Hof (Ludwigstr. 24, Fernspr. 67), Landshut (Altstadt 28, Fernspr. 2), Regensburg (Neupfarrplatz 19, Fernspr. 402) und Würzburg (Maxstr. 2, Fernspr. 3550);

die Vereinigte elektrotechnische Beratungs- und Prüfungsstelle der landwirtschaftlichen Genossenschaften G. m. b. H. mit dem Geschäftssitze in Regensburg (Weißenburgerstr. 1, Fernspr. 590), einer Zweigniederlassung in Nürnberg (Eilgutstr. 9, Fernspr. 24 280) und Zweigstellen in München (Bayerstr. 43, Fernspr. 56 653) und in Würzburg (Steinstr. 12, Fernspr. 2925);

das Pfälzische Gewerbe-Museum, Elektrotechnische Abteilung, in Kaiserslautern (Villenstr. 5, Fernspr. 160 und 162);

der Pfälzische Revisions-Verein in Kaiserslautern (Pirmasenserstr. 62 Fernspr. 15);

das Elektrotechnische Laboratorium München (Agnesstr. 40, Fernspr. 31 493).

Die genannten Beratungsstellen übernehmen die Erteilung von Auskünften, die Ausarbeitung und Prüfung von Kostenanschlägen und Verträgen, die Ausarbeitung, Prüfung und Begutachtung von Entwürfen in technischer und wirtschaftlicher Beziehung. Sie befassen sich ferner mit Bau- und Betriebsüberwachungen, mit der Abnahme und Überwachung von elektrischen Anlagen, mit Schätzungen und Rechnungsprüfungen.

Der Polytechnische Verein in Bayern (München, Briennerstraße 8, Fernspr. 26 773) erstattet den staatlichen und gemeindlichen Behörden in allen technischen, elektrotechnischen und wirtschaftlichen Fragen Gutachten. Gebühren werden hiefür nicht erhoben, sondern nur die unmittelbaren Auslagen wie Reisekosten usw. verrechnet. Die Prüfung von Ortsnetzen und Inneneinrichtungen übernimmt der Polytechnische Verein nicht.

Entschl. d. Staatsmin. d. Inn. vom 13. 9. 28 über die Ausschmückung von Versammlungsräumen.

Die zur Ausschmückung von Sälen und sonstigen Versammlungsräumen bei Festlichkeiten und anderen Veranstaltungen verwendeten Gegenstände begünstigen unter Umständen das Entstehen und die Ausbreitung von Bränden. Nachstehend werden daher Richtlinien bekanntgegeben, die bei Ausschmückung von Versammlungsräumen beachtet werden sollen. Die Bezirks- und Ortspolizeibehörden haben für geeignete Bekanntgabe und für Beachtung der Richtlinien Sorge zu tragen. Es bleibt den Ortspolizeibehörden unbenommen, im Falle bestehenden Bedürfnisses die Richtlinien auf Grund des § 368 Ziffer 8 StrGB. und Art. 2 Ziffer 14 PStGB. als ortspolizeiliche Vorschriften einzuführen. Bestehende besondere polizeiliche Vorschriften bleiben unberührt.

Richtlinien für die Ausschmückung von Versammlungsräumen.

1. Zur Ausschmückung von Versammlungsräumen sollen schwer entflammbare oder durch Imprägnierung schwer entflammbar gemachte Gegenstände verwendet werden.

Holz in Form von Latten und Leisten soll gehobelt oder durch Anstrich schwer entflammbar gemacht werden.

Rupfen und Stoffe sollen mit einem bewährten Imprägnierungsmittel getränkt sein. Im Notfalle können solche Stoffe durch ausgiebiges Bespritzen mit einer Wasserglaslösung einigermaßen schwer entflammbar gemacht werden.

Abgeschnittene Bäume und Pflanzenteile sollen nur in grünem Zustand verwendet werden. Ausgetrockneter Baum- und Pflanzenschmuck ist zu entfernen.

Brennbare Ausschmückungsgegenstände müssen von Dampfleitungen, Öfen und Ofenrohren mindestens 60 cm entfernt sein.

2. Die Zugänge und Notausgänge, sowie die Notlampen und Löscheinrichtungen dürfen durch Ausschmückungsgegenstände nicht verstellt oder verhängt werden.

Verkleidungen und Behänge an Brüstungen sind so anzuordnen, daß Zigarren- und Zigarettenabfälle oder Streichhölzer sich nicht darin fangen können.

3. Die Verkleidung der ganzen Wände oder der ganzen Decke mit leicht brennbaren Stoffen sowie die Herstellung vollkommen geschlossener Abteilungen ist unzulässig.

4. Umfangreichere Ausschmückungsgegenstände aus Papier dürfen nur außer Reichweite der Saalbesucher angebracht werden. Sie müssen von Beleuchtungskörpern, Heizkörpern und Heizleitungen einen solchen Abstand haben, daß sie sich nicht gefährlich erwärmen oder entzünden können. Von Öfen und Rauchrohren müssen sie mindestens 1 m entfernt sein.

Nachtrag zu Seite 113.

Benzol-Verband, G. m. b. H., Bochum, (Änderung) Pumpanlagen ohne Schutzgas, Typ EMC, ME. v. 15. 11. 27 Nr. 3734 aa 101, 28. 8. 28 Nr. 3734 aa 81;
Typ EZ und Typ EC (neu), ME. v. 15. 11. 27 Nr. 3734 aa 101, 27. 8. 28 Nr. 3734 aa 81.

Fabrik explosionssicherer Gefäße, G. m. b. H., Salzkotten, (Änderung) Pumpanlagen ohne Schutzgas, ME. v. 26. 9. 24 Nr. 3734 d 9, 31. 3. 25 Nr. 3734 d 9, 15. 5. 25 Nr. 3734 a 10, 4. 8. 25 Nr. 3737 a 65, 10. 9. 25 Nr. 3734 a 80, 30. 9. 25 Nr. 3734 a 101, 1. 7. 26. Nr. 3734 aa 84;
Typen C und CM, ME. v. 19. 7. 26 Nr. 3734 aa 94, 22. 12. 26 Nr. 3734 aa 182, 20. 4. 27 Nr. 3734 aa 49;
Typen Za und Zb, ME. v. 3. 8. 28 Nr. 3734 aa 69.

„Mabag" Maschinen- und Apparatebau, AG., Nordhausen, (Änderung) Pumpanlagen ohne Schutzgas, ME. v. 10. 8. 28 Nr. 3734 aa 74 (gemäß ME. v. 3. 8. 28 Nr. 3737 aa 69).

Rhenania-Ossag, Mineralölwerke, AG., Düsseldorf, (Änderung) Pumpanlagen ohne Schutzgas Typ 1924, ME. v. 24. 9. 24 Nr. 3734 d 10, 21. 7. 28 Nr. 3734 aa 64;
Typ D, ME. v. 24. 6. 25 Nr. 3734 d 22, 10. 9. 25 Nr. 3734 d 36, 20. 11. 25 Nr. 3734 aa 14, 18. 5. 26 Nr. 3734 aa 52, 3. 11. 26 Nr. 3734 aa 159, 13. 1. 28 Nr. 3734 aa 3, 21. 7. 28 Nr. 3734 aa 64;
Typ G, ME. v. 3. 7. 26 Nr. 3734 aa 85, 13. 1. 28 Nr. 3734 aa 3, 21. 7. 28 Nr. 3734 aa 64;
Typ H, ME. v. 23. 8. 26 Nr. 3734 aa 126, 13. 1. 26 Nr. 3734 aa 3, 21. 7. 28 Nr. 3734 aa 64.

Rhenania-Ossag, Mineralölwerke, AG., Düsseldorf, Typ J, ME. v. 6. 8. 27 Nr. 3734 aa 75, 21. 7. 28 Nr. 3734 aa 64;
Typ K (neu), ME. v. 29. 8. 28 Nr. 3734 aa 79.

Schwelmer Eisenwerk Müller & Co., AG., Schwelm i. W., Pumpanlage ohne Schutzgas Typ SE 25, ME. v. 4. 8. 28 Nr. 3734 aa 72;
Doppeldreiweghahn EX 1649, ME. v. 25. 8. 28 Nr. 3734 aa 80.

Sachregister.

Die Zahlen bedeuten die Seiten.

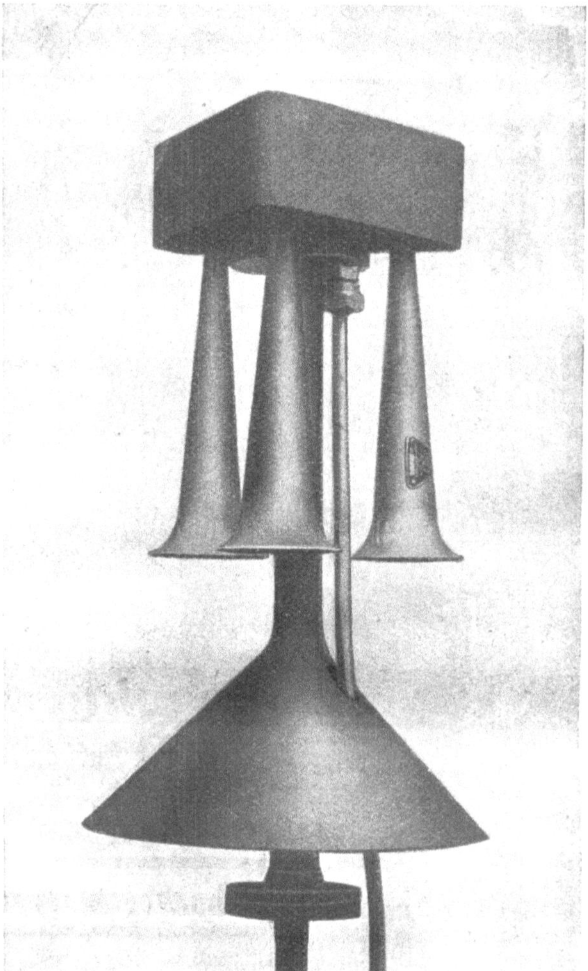

Das
Schoferkamin
ist großartig!
hervorragende Zugwirkung für Heizung und Lüftung. Größte Feuersicherheit.
Generalvertretung i. Bayern:
Technisches Büro
H. & G. Jahn
München
Sonnenstraße 26/I
Tel.: 51524
PROPAGANDA STUTTGART
Schoferkamin-&
Ziegelwerke G.m.b.H. Waiblingen
vorm. Aktien-Ziegelei

Kolibri 360 GmbH
Ferdinand-Jühlke-Straße 7
99095 Erfurt, Deutschland
produktsicherheit@kolibri360.de